全国中等职业教育水利类精品教材

全国农村水利技术人员培训教材

污水处理与中水利用技术

主编　郑丽娟　汪宝会　郭鑫宇　郭振有

·北京·

内容提要

本书应新时期水务发展实际需要编写，内容由排水系统构成、污水的物化和生物处理以及中水回用技术三部分组成，注重知识与技能相结合，体现“能学懂、会应用”的职业教育特点。

本书可以作为职业院校水工及给排水专业课程教学使用，也可以用于“污水处理、中水设施运行管理”技术培训，而且对于提高再生水运行管理人员的理论和操作水平，保证再生水设施安全、经济和稳定运行等有着重要的参考作用。

图书在版编目（CIP）数据

污水处理与中水利用技术 / 郑丽娟等主编. -- 北京：中国水利水电出版社，2019.6
全国中等职业教育水利类精品教材 全国农村水利技术人员培训教材
ISBN 978-7-5170-7779-4

Ⅰ. ①污… Ⅱ. ①郑… Ⅲ. ①污水处理－中等专业学校－教材 Ⅳ. ①X703

中国版本图书馆CIP数据核字(2019)第131410号

书　　名	全国中等职业教育水利类精品教材 全国农村水利技术人员培训教材 **污水处理与中水利用技术** WUSHUI CHULI YU ZHONGSHUI LIYONG JISHU
作　　者	主编　郑丽娟　汪宝会　郭鑫宇　郭振有
出版发行	中国水利水电出版社 （北京市海淀区玉渊潭南路 1 号 D 座　100038） 网址：www. waterpub. com. cn E - mail：sales@waterpub. com. cn 电话：（010）68367658（营销中心）
经　　售	北京科水图书销售中心（零售） 电话：（010）88383994、63202643、68545874 全国各地新华书店和相关出版物销售网点
排　　版	中国水利水电出版社微机排版中心
印　　刷	天津嘉恒印务有限公司
规　　格	184mm×260mm　16 开本　13.75 印张　335 千字
版　　次	2019 年 6 月第 1 版　2019 年 6 月第 1 次印刷
印　　数	0001—1500 册
定　　价	**42.00** 元

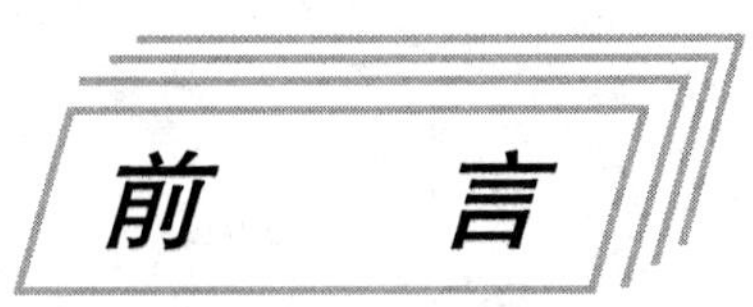

前言

为贯彻落实新时期治水方针，推动治水思路战略性转变，按照人与自然和谐发展的理念，北京水务逐渐实现了从水源地保护、供水、节水、排水、水环境治理、再生水回用的全面管理，为应对北京的水资源紧缺发挥了重大作用。

实施污水处理再生利用，可以有效缓解社会需求对水资源带来的压力，实现社会经济的可持续发展。编写《污水处理与中水利用技术》，对培养实用型人才、推动再生水利用、实现污水资源化意义深远。

本书编写时，注重知识与技能相结合，体现“能学懂、会应用”的职业教育特点，以突出培养第一线应用型人才为目标。

书中系统地介绍了“排水系统”“污水的物化和生物处理”“中水回用技术”三大部分。“排水系统”包括排水体制、系统组成与特点、附属构筑物。“污水的物化和生物处理”介绍污水处理中最常用的物化、生物处理方法，将污水水质指标、污水处理理论、原理和工艺技术紧密结合，并对常见的处理工艺进行系统介绍，使学生对不同水质的水处理理论的方法有全面、系统的认识。“中水回用技术”主要介绍中水利用意义，中水利用措施，中水处理主要工艺流程，中水水质标准与检测方法，中水运行管理、安全使用管理、设备仪表运行管理等。

本书在编写过程中，由于作者水平所限，难免有错误和不足，敬请读者批评指正。

编者

2019年1月

前言

目录

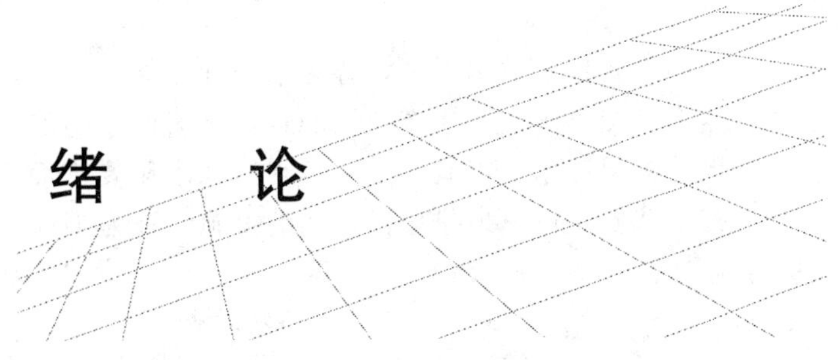

绪　论

第一节　水资源与水循环

一、水资源

1. 水资源及其分布

水资源（water resourses）是指现在或将来一切可能用于生产和生活的地表水和地下水源。地球上水的总量约有 14 亿 km^3，储量相当丰富，以不同的形式分布于不同的区域，包括海洋水（约占 97.3%）、淡水湖水（约占 0.009%）、盐湖和内海水（约占 0.008%）、河流水（约占 0.0001%）、土壤水（约占 0.005%）、地下水（约占 0.6%）、冰冠和冰川水（约占 2.1%）、大气水（约占 0.001%）。以海洋水储量最大，但因其含有大量的矿物盐类，不宜被人类直接使用。地球表面 70%以上被水所覆盖，但其中便于取用的淡水量仅为地球总水量的 0.2%左右。

2. 我国水资源的特点

我国地域辽阔，年平均降水总量约为 $6.19\times10^3 km^3$，河川径流量为 $2.7\times10^3 km^3$，占世界储藏量的 5.7%，居世界第六位。但人均淡水资源占有量仅为 $2.3\times10^3 m^3$，只有世界人均水量的 1/4，被列为世界 13 个贫水国家之一。水资源的地区分布也极不均匀，径流量由东南向西北递减，东南沿海湿润多雨，西北内陆干燥少雨，南北水资源相差悬殊。另外，我国大部分地区冬春少雨，夏秋多雨，年降雨集中在汛期，易造成一些地区旱、涝灾害频繁。

二、水循环

水在自然界呈循环状态。在太阳能及其他自然力作用下，水的形态也在不断发生变化，通过受热或遇冷的方式进行着固、液、气态的转化。地球上的循环水量每年大约为 $4.2\times10^5 km^3$。

1. 水的自然循环

由自然力促成的水循环，称为水的自然循环。海水蒸发为云，随气流迁移到内陆，与冷气流相遇，凝为雨雪降落，称为降水。一部分降水沿地表流动，汇于江河湖海；另一部分渗于地下，形成地下水流。在流动过程中，地面径流和地下径流两种水流不时地相互转化或补给，最后复归大海。海洋-内陆-海洋的循环称为大循环；在小自然区域内的循环称为小循环。不论何种循环，使水蒸发的基本动力是太阳能，使云气运动的动力是密度差造成的大气环流，使水流动的动力是地球引力。

2. 水的社会循环

由人的因素促成的水循环，称为水的社会循环，它是直接为人的生活和生产服务的。取之自然而直接供生活和生产使用的水，称为给水；使用后因丧失使用价值而排放的水，称为排水。为保证给水能满足水量、水质和水压要求而使用的工程设施，称为给水工程；为保证排水能安全可靠地排放而使用的设施，称为排水工程。给水工程和排水工程构成水的社会循环。

第二节　国内外治污与中水利用状况

一、国外农村生活污水的治理措施

1. 澳大利亚“FILTER”污水处理系统

澳大利亚土地丰富，以“小麦-牧草”混合农业为主。澳大利亚科学和工业研究组织的专家提出了一种利用土壤过滤、暗管排水相结合的污水再利用系统，称为“非尔脱（FILTER）”高效、持续性污水灌溉新技术，其目的是利用污水进行农作物灌溉，通过灌溉土地处理后，再用地下暗管将其汇集和排出。该系统一方面可以满足农作物对水分和养分的要求，同时可降低污水中氮、磷等元素的含量，使之达到污水排放标准。其特点是过滤后的污水都汇集到地下暗管排水系统中，并设有水泵，可以控制排水暗管以上的地下水位以及处理后污水的排出量。

“FILTER”污水处理系统实质上是以土地处理系统为基础，结合污水灌溉农作物。该工艺对生活污水的处理效果好，其运行费用低，特点是适用于土地资源丰富、可以轮作休耕的地区，或是以种植牧草为主的地区。

2. 韩国的湿地污水处理系统

韩国的农业系统是最大用水户，占总用水量的53%。韩国农村的居民分散居住，小型和简易的污水处理系统适合在农村应用，而兴建集中的污水处理系统造价太高。因此，研究了一种湿地污水处理系统，使污水中的污染物质经湿地过滤或被土壤吸收，或被微生物转变成无害物。这种方法需要的能源少，维护成本低。

韩国实验研究的湿地污水处理系统，实质上也是一种土地-植物系统，至今已广泛用于欧洲、北美、澳大利亚和新西兰等。湿地上多种芦苇、香蒲和灯心草等，对病原体的去除效果好。但其缺点是需要大量土地，并要解决土壤和水中的充分供氧问题以及受气温和植物生长季节的影响等。一般来说，利用湿地处理后的污水灌溉水稻，可取得更好的净化效果。

3. 日本农村生活污水处理系统

日本在法律上规定，要求严格保持河流、湖泊和海域的优良水质。因此，把污水处理工作放在十分重要的位置，并有很高的污水处理能力。

（1）生物膜法和浮游生物法。日本农村污水处理协会主要负责日本乡镇污水处理的技术发展工作，研究了一系列适合于农村城镇中应用的污水处理设备。设计了JARUS模式的15种不同型号污水处理装置，主要采用物理、化学与生物措施相结合的处理过程，取得了很好的效果。这15种不同型号的处理装置可分为两大类：一类采用生物膜法，污水

通过塑料制成的滤层，上面附有微生物，通过生物膜后可使污水中的生物耗氧量下降到20mg/L以下，悬浮固体物下降到50mg/L以下，总氮含量在20mg/L以下；另一类是采用浮游生物法，通过漂浮在污水中的微生物氧化作用，可使BOD降到10～20mg/L，SS降到15～50mg/L，COD降到15mg/L以下，TN降到10～15mg/L以下，TP降到1～3mg/L以下。

（2）“石井法”。日本石井勋教授发明的“石井法”是利用用过的乳酸饮料瓶作曝气池填料。滤料表面积越大，生物膜数量越多，但滤料之间的孔隙太小，影响通风和水流。因此，理想的滤料是表面积和孔隙率都比较大。近年来对滤料的研究有很大发展，如利用各种塑料和化学纤维制成的纤维球和蜂窝式滤料等，使每立方米滤料的比表面积大大增加，空隙率提高到93％～95％。

（3）生态厕所。生态厕所也最先见于日本，是在不使用水冲的前提下，在座便器下方建造一长方形池，内填充锯木屑作为载体，并辅以较小的动力搅拌，通过有氧微生物的发酵，将排泄物转化为无臭味的气体（水和CO_2）和较干燥的有机肥。生态厕所不需要用水，节约了大量的水资源；厕所内无臭味，不需要掏厕所；锯木屑本身是一种废弃物，到处可以找到，并且目前已有很多的其他基质可作为载体，替代锯木屑；有机肥回用部分解决了化肥施用过大的问题，减少了对水体的污染。

（4）毛细管土壤渗滤处理系统。毛细管土壤渗滤处理系统适用于污水管网不完备的地区，是一项处理分散排放污水的实用技术。被输送到渗滤场的污水先经布水管分配到每条渗滤沟，渗滤沟中的污水通过砾石层的再分布，在土壤毛细管的作用下上升至植物根区，通过土壤的物理、化学、微生物的生化作用和植物的吸收和利用得到处理和净化。该系统运行稳定、可靠、抗冲击负荷能力强，对BOD_5、氮、磷去除率高；维护简便，基建投资少，运行费用低；整个系统在地下，不会散发臭味，地面草坪还可美化环境；大肠杆菌去除率高；污水的储存、输送等过程均在地下进行，热损失较少，在冬季仍能保持一定温度，维持基本的生化反应，保证较稳定的去除效果。

4. 美国的高效藻类塘系统

美国加州大学伯克利分校的Oswald教授提出并发展的高效藻类塘是对传统稳定塘的改进，其充分利用菌藻共生关系，对污染物进行处理。正因其最大限度地利用了藻类产生的氧气，塘内的一级降解动力学常数值比较大，故称为高效藻类塘。与传统塘相比，高效藻类塘具有以下优点：停留时间短、占地面积小、基建投资少、建设容易、维护简单、运行费用低；BOD_5、NH_3-N、病原体等去除效率高；若高效藻类塘后接是高等水生生物塘，则其中的水生生物不但可以除藻，降低出水的SS，而且能进一步去除水中的氮磷，同时收割的高等水生植物可以作为优良的饲料和肥料。高效藻类塘为小城镇和农村的污水处理提供了一条可行途径，非常适合在经济相对落后、缺乏环保专业人员的农村地区进行生活污水的处理及回用。

同时，高效藻类塘也有自己的弱势，它受环境因素影响明显，特别是光照、气温等气候条件。例如，温度影响生物的组成、新陈代谢和反应速率，气温过高或较低时，藻类的生长受到抑制，从而影响处理效果。高效氧化塘处理太湖地区农村生活污水的研究表明：系统运行效果受季节性光照和温度变化影响很大，夏季停留时间需4d，冬季需8d。同时

pH 值也是影响因素之一，pH 值影响生物的适应能力、离子输送和新陈代谢。

高效藻类塘处理技术在我国具有广阔的应用前景，特别是对于那些需要运行费用和基建费用低、工艺管理维护方便和具有相对充足的土地资源的广大农村地区的生活污水的脱氮除磷，具有很好的推广应用价值。其存在的技术问题还有待在工程运行中进一步解决。

5. 法国的蚯蚓生态滤池

蚯蚓生态滤池根据蚯蚓具有提高土壤通气透水性能和促进有机物质的分解转化等功能而设计，是一种既可高效、低能耗地去除污水中的污染物质，又可大幅度降低剩余污泥处理和处置费用的全新概念的污水处理工艺。

生态滤池处理系统集初沉池（初次沉淀池）、曝气池、二沉池（二次沉淀池）、污泥回流设施以及供氧设施等于一身，大幅度简化了污水处理流程；运行管理简单方便，并能承受较强的冲击负荷；通过蚯蚓的运动疏通和吞食增殖微生物，解决了传统生物滤池所遇到的堵塞问题，处理系统基本不外排剩余污泥，其污泥产率大幅度低于普通活性污泥法。蚯蚓生态滤池由布水器、滤料床和沉淀室构成。布水器起到均匀布水的作用，蚯蚓主要活动在滤料层的表层，滤料表面还铺有一定厚度的弹性填料，它能够起到二次布水的作用，缓解水力冲刷对蚯蚓的影响，还能起到遮光、缓解环境温度剧烈变化的作用，为蚯蚓的正常生存提供保障。进入蚯蚓生态滤池的污水经过蚯蚓等其他生物的吞食、降解和滤池的截流后，进入滤池底部的集水池进行泥水分离，将澄清的上清液排出。

二、国外再生水利用状况

美国的再生水来源主要是集中式污水处理厂的出水，经处理后一般用于农业灌溉、工业、生态、景观等方面。日本分散处理并回用于城市生活杂用的再生水所占的比例很大，还有独特的工业水道。以色列将再生水利用纳入国家水量供需平衡管理中，认为把城市污水作为非传统的水资源加以开发利用是解决水资源长期短缺的唯一出路，将再生水作为非直接饮用目的的地表水和地下水补充水源也得到了较为广泛的关注。

美国 1980 年已有回用工程 536 项，年回用水量约 9.4 亿 m^3，其中 62%用于农灌，31.5%用于工业，5%用于地下回注，1.5%用于娱乐、渔业等。

美国西南地区的几个主要发电厂，包括核发电厂，普遍使用处理后的城市污水作为冷却水。马里兰州的伯利衡钢厂使用污水处理厂 40 万 m^3/d 再生水已有几十年历史。加州橘县水厂 1965 年开始研究将深度处理出水回灌地下，以阻止海水入侵，1972 年兴建有关工程，1976 年投入运行，回注水总量控制在 9.5 万 m^3/d。

日本是个面积窄小的岛国，资源匮乏。虽然年平均降水量较大，但河流较短，几乎没有大江大湖调蓄水资源。日本早在 1968 年就开始推广城市污水回用，中水在日本主要用于宾馆、饭店及住宅小区等。回用形式分两类：一是单体建筑物的污水经处理后仍回用于该建筑物，中水主要用作厕所冲洗，如较大的办公楼或者公寓大厦都有就地废水处理设备；二是区域水循环系统，这种系统将数栋建筑物生活污水集中处理后，再分配给这个范围内的建筑物使用，冲厕是它的主要用途。截至 1997 年年底，日本供建筑物、建筑物群、居民小区冲厕或其他杂用水的污水净化设施有 1475 套，回用水量 0.71 亿 m^3/a，占城市总供水量（165.5 亿 m^3/a）的 0.4%。很多城市都对中水的回用以规范的形式作出要求，如福冈市和东京市规定：面积在 30000m^2 以上或可回用水量在 100m^3/d 以上的建筑群，

都必须建造中水设施。日本的中水价格收费标准大约为饮用水价格的80%。

以色列在污水再生利用方面处于世界领先地位。该国法律规定：城市的每一滴水至少应回收利用一次，废水若未用尽，不可采用淡化的海水。污水再生成本大约是海水淡化的1/5～1/3，污水回用于灌溉、工业、冲厕、河流补水。再生水42%用于灌溉，30%回灌地下，回灌地下的再生水再抽出至管网系统，输送到南部地区，最南部地区甚至将它作为饮用水源。

新加坡早在20世纪20年代中期就将污水回用作为工业用水。目前，新加坡污水再生处理已经采用膜处理（微滤+反渗透）工艺，经过这样处理的水积为新生水。新加坡建成三个处理厂，总处理回用规模10万m^3/d，回用于工业和饮用水水库补水。2003年，每日已经有9000m^3的新生水补充到饮用水水库，占耗水量的1%。新加坡计划还要建设多个新生水水厂。

纳米比亚首都温得和克市于1968年建成了一座城市污水深度处理厂，将再生水直接供入自来水管网，在城市供水量中占的比例最高达30%。

巴西圣保罗市利用城市再生水灌溉公园、绿地，冲刷卫生间，冲洗道路、汽车，在利用再生水净化空气和美化环境方面进行了大量研究和实践。

英国的水资源相对丰富，但英国除严格要求工业企业自身实行废水回用等节水措施外，城市污水经处理后多排入河道而被间接回用。

三、国内污水处理及再生水利用状况

1. 北京地区

北京的中水利用工作始于20世纪80年代。总结并借鉴国外有关经验和国内试点经验，1987年市政府颁布实施了《北京市中水设施建设管理试行办法》，这是全国第一部由政府颁布的有关中水利用的管理办法。

《北京市中水设施建设管理试行办法》的施行，规范了全市中水设施建设工作，推动了我市中水设施建设和再生水利用工作全面展开。该办法规定了建筑面积超过2万m^2的饭店、公寓，3万m^2的机关、院校、大型公共建筑等，必须设计并建设中水设施，明确要求中水设施由建设单位负责设计和建设，并与主体工程同时设计、同时施工、同时交付使用。

2001年6月，北京市市政管理委员会、北京市规划委员会、北京市建设委员会联合发布《关于加强中水设施建设管理工作的通告》（以下简称《通告》）。《通告》在原《北京市中水设施建设管理试行办法》的基础上规定"建筑面积在5万m^2以上，或可回收水量大于150m^3/d的居住区和集中建筑区"必须建设中水设施。《通告》对建设项目的中水设施从设计、施工到验收、使用以及运行管理的各个环节都进行了规范，对于保障建筑中水设施的供水水质安全发挥了积极的作用。

北京市的再生水利用坚持大、中、小并举，集中与分散相结合的原则。在全面规划与建设城市集中污水处理设施的同时，又因地制宜积极推进中水设施建设。

目前，北京市的再生水回用工程建设上总体分为两个方面：一是单体建筑中水建设；二是市政再生水建设工程。

至2006年，北京市已运行的建筑中水设施约400座，中水设施规模一般在50～

300m^3/d，总处理能力12万m^3/d，实际总日处理中水约6万m^3，年利用中水2000万m^3。建成的中水设施主要集中在宾馆、饭店、居住小区和大专院校。中水的水源主要来自洗浴、盥洗等杂排水，经处理达到中水水质标准后，回用于冲厕、洗车、绿化、景观、河湖补水等。

北京师范大学中水回用工程建于2002年，主要收集学生公共浴室及全部15楼学生宿舍楼（13万m^2）盥洗间的废水和少量操场雨水，经处理后用于15栋学生宿舍楼的冲洗厕所、绿化喷灌（面积3万m^2）、冲洗两个大操场塑胶跑道和天然草坪足球场。并作为学校环境科学研究所的教学基地。该中水站设计能力每小时处理废水30m^3，日处理量600m^3。年节水量20万m^3。

新世纪饭店中水设施处理能力为20t/h。主要收集客房的盥洗水和职工浴室的洗浴废水，处理后用于客房冲厕、洗车、空调冷却补水及景观用水，年节水量达到10万m^3。

市政再生水建设工程是以规划建设的城市污水处理厂的常规二级处理后的出水为原水，深度处理后达到国家规定的水质标准，经城市回用管网供给工业、城市河湖、景观或集中居住小区回用。20世纪80年代末，北京开始了污水二级处理设施建设，历程如下：

（1）建设北小河污水处理厂。该厂位于朝阳区大屯乡，是北京城区第一座污水处理厂。它承担着朝阳北部地区污水收集及处理任务，服务流域面积30km^2，厂区占地面积6hm^2（1hm^2=10^4m^2），设计日处理规模为10万t。

（2）建设高碑店污水处理厂。该厂是北京市规模最大的污水处理厂，位于北京市朝阳区高碑店乡，承担北京城区大部分生活污水和东郊工业区、使馆区以及化工路区域的污水收集及处理任务，服务流域面积96km^2，处理厂占地面积68hm^2，设计日处理规模100万t。

（3）建设方庄污水处理厂。该厂位于北京市丰台区成寿寺路，承担着方庄住宅区全部生活污水和蒲凉管线的部分污水的收集及处理任务，服务流域范围1.48km^2，厂区占地面积4.92hm^2，设计日处理规模4万t。

（4）建设酒仙桥污水处理厂。该厂位于北京东北郊，承担东北郊地区、酒仙桥地区、望京新区、电子城等地区的污水收集及处理任务，服务流域面积为86km^2，1999年1月开工建设，2000年9月建成投入运行，日处理规模为20万t，采用氧化沟处理工艺。

（5）建设肖家河污水处理厂。该厂位于清河上游，占地面积2.2hm^2，日处理规模2万t，2001年12月开工，2003年7月投入运行，采用A^2/O二级处理工艺并附加化学除磷，处理出水达到市政杂用水水质标准。

（6）建设清河污水处理厂。该厂位于北京市海淀区东北侧，承担着北京市区北部、西北部和西郊地区的污水收集及处理任务，服务流域范围159km^2，厂区占地面积30.1hm^2，日处理规模为40万t。

（7）建设吴家村污水处理厂。该厂位于北京市丰台区卢沟桥大屯村，承担着石景山和丰台西部地区的污水收集及处理任务，服务流域范围14.5km^2，厂区占地12.8hm^2，日处理规模8万t，2002年开工，2003年9月建成投入运营。采用SBR处理工艺。

（8）建设卢沟桥污水处理厂。该厂位于丰台区看丹乡杨树村，承担着石景山、卢沟桥和丰台西部地区的污水收集及处理任务。服务流域面积55.8km^2，厂区占地面积16hm^2，

日处理规模为 10 万 t。2001 年 10 月开工建设，2004 年 10 月投入运行，采用改良型倒置 A^2/O 工艺。

（9）建设小红门污水处理厂。该厂位于朝阳区小红门乡肖村，承担着北京城区西部及南部大部分地域的污水收集及处理任务，服务流域范围 $223hm^2$，厂区占地面积 $47hm^2$，设计日处理规模 60 万 t。2002 年 10 月开工建设，2005 年 11 月建成投入运营，采用 A^2/O 二级处理工艺。

2008 年北京市政府批准了北京水务局提出的市区污水处理厂改造升级计划。把北京城市所有污水处理厂再生水水质标准，提高到地表水四类标准。

2013—2015 年，北京市加快污水处理和再生水利用设施建设三年行动方案，三年内落实再生水厂建设和污水处理厂升级改造、配套管线建设、污泥无害化处理设施建设、临时治污工程建设四大类工程，计划新建再生水厂 47 座，升级改造污水处理厂 20 座，新建改造污水管线 1290km，新建污泥无害化处理设施 14 处，建设完成河道干支流重点排污口污水处理设施 17 处，建设城乡结合部重点村庄和小区污水处理设施 42 处。通过四大类工程建设，污水处理率将由 83%提高到 90%。

2. 其他地区

我国的中水利用起步相对较晚，我国大连、天津、济南、青岛、昆明等城市率先建设城市污水处理回用工程，将城市污水处理后用于工业和市政等方面。

大连市率先建成 1 万 m^3/d 回用示范工程中，污水处理厂二级出水经深度处理后不仅供附近几家工厂作工业冷却水，还向全市的园林绿地、建筑施工工地、市政杂用、办公楼冲厕等供水。大连开发区建造了长 64km 的喷水管道，浇灌 116 万 m^2 道路中心绿化带，供水量 $3500m^3/d$，创全国最大规模再生水自动喷洒草地的先例。

青岛市率先建成的海泊河污水处理厂、李村河污水处理厂、团岛污水处理厂、麦岛污水处理厂共四座，总处理规模 36 万 m^3/d，海泊河污水处理厂 4 万 m^3/d 的深度处理装置已建成，拟回用于工业、建筑、景观、绿化、卫生等用途，解决周围 5km 范围内约 20 个单位的用水问题，还可形成海泊河水上公园。

天津开发区污水再生利用工程采用反渗透脱盐工艺。2003 年，已经建成连续流微滤（CMF）工程规模 2.9 万 m^3/d，反渗透（RO）1 万 m^3/d 处理工程（一期），并投入运行。

第三节　污水处理与中水回用的概念

一、污水的分类

人类在生活和生产活动中，要使用大量的水。水在使用过程中受到不同程度的污染，改变了原有的化学成分和物理性质，这些水称为污水或废水。按照污水来源不同，污水可分为生活污水、工业废水和降水三类。

1. 生活污水

生活污水是人类日常生活中使用过的水，它来自住宅区、公共场所、机关、学校、医院、商店以及工厂中的厕所、厨房、浴室、盥洗室、食堂和洗衣房等处排出的水。

生活污水含有较多的有机物，如蛋白质、动植物脂肪、碳水化合物、尿素和氨氮等，还含有肥皂和洗涤剂等，以及病原微生物，如寄生虫卵和肠道传染病菌等。这类污水需要经过处理后才能排入自然水体、灌溉农田或再利用。

2. 工业废水

工业废水是指在工业生产过程中所排出的废水，来自车间或矿场。由于生产类别、工艺过程和使用原材料不同，工业废水的水质繁杂多样。生产装置附近地区的初期雨水和冲洗水不仅会携带大量地面、屋顶或装置上积存的污染物，而且会将空气中的有毒有害粉尘冲刷下来，因此也要和工业废水一起排入工业废水处理厂。

(1) 工业废水按照污染程度的不同，可分为生产废水和生产污水两类。

生产废水是指在使用过程中只受到轻度污染或只是水温升高，如冷却水，通常经适当处理即可在生产中重复使用，或直接排放入水体。

生产污水是指在使用过程中受到较严重污染的水，其中大多具有各种危害性，有的含有大量有机物，有的含有氰化物、铬、汞、铅、镉等有害和有毒物质，有的含有多氯联苯、合成洗涤剂等合成有机化学物质，有的含有放射性物质，有的感官性状指标如色、味、泡沫十分恶劣。这类污水需要经过处理后才能排入自然水体、灌溉农田或再利用。

(2) 工业废水按所含主要污染物的化学性质，可分为三类：①主要含无机物，包括冶金、建筑材料等工业所排出的废水；②主要含有机物，包括食品工业、炼油和石油化工工业等废水；③同时含大量有机物和大量无机物，包括焦化厂、化学工业中的氮肥厂、轻工业中的洗毛厂等的废水。

(3) 工业废水按所含污染物的主要成分分类，如酸性废水、碱性废水、含氰废水、含铬废水、含油废水、含有机磷废水和放射性废水等。这种分类方法，明确地指出了废水中的主要污染物成分。

3. 降水

降水即大气降水，包括液态降水（如雨露）和固态降水（如雪、冰雹、霜等）。前者通常是指降雨。降雨形成的径流量一般较大，若不及时排泄，将使居住区、工厂、仓库等遭受淹没，交通受阻，积水为害，尤其山区的暴雨山洪危害更甚。雨水一般直接就近排入水体。但初降雨时的雨水径流会受到大气、地面和屋面上各种污染物质的污染，应予以控制。雨水综合管理应按低影响开发（LID）理念采用源头削减、过程控制、末端处理的方法进行，控制雨源污染，防止内涝灾害，提高雨水利用程度。

二、城镇污水

城镇污水是指排入城镇污水排水系统的生活污水和工业废水。在合流制排水系统中，还包括截流的雨水。城镇污水实际上是混合污水，因此城市污水的性质随各种污水的混合比例和工业废水中污染物的特性而有很大差异。城市污水中生活污水的比例较大，因此具有生活污水的一切特征；但在不同的城市，因工业的规模和性质不同，城市污水的性质又不可避免地受工业废水的影响。

污水量是以 L 或 m^3 计量的，单位时间（s、h、d）的污水量称为污水流量。污水中的污染物浓度，是指单位体积污水中所含污染物的数量，通常以 mg/L 或 g/m^3 计，用以表示污水的污染程度。

在城镇和工业企业中，应有组织地、及时地排除废水和雨水，以避免污染环境，影响生活和生产以及威胁人民健康。收集、输送、处理、再生和处置污水和雨水的设施以一定的方式组合成的总体，称为排水系统。排水系统通常由管道系统（即排水管网）和污水处理系统（即污水处理厂）组成。管道系统是收集和输送废水的设施，把废水从产生处收集、输送至污水处理厂或出水口，它包括排水设备、检查井、管渠、水泵站等工程设施。污水处理系统是处理和处置废水的设施，它包括城市及工业企业污水处理厂（站）中的各种处理构筑物等。

三、污水的最终处置

污水的最终处置或者是返回到自然水体、土壤、大气；或者是经过人工处理，使其再生成一种水资源而再利用；或者采取隔离措施。其中返回到自然界的处理，因自然环境容纳污染物的能力具有一定限度；不能超过这种限度；否则就会造成污染。这种某一环境所能容纳又不对人类活动造成影响的污染物最大负荷量，称为环境容量。

根据不同的要求，污水经处理后的出路有：①排入水体；②重复使用；③灌溉农田。排入水体是污水的自然归宿，水体对污水有一定的稀释与净化能力，也称污水的稀释处理法。灌溉农田是污水处理的一种方式，也是污水利用的一种方法，称为污水的土地处理法。重复使用是一种合适的污水处置方式。污水的治理由处理后达到无害化排放，发展到处理后重复使用，是控制水污染、保护水资源的重大进步，也是节约用水的重要途径。城市污水重复使用的方式有以下三种。

1. 自然复用

一条河流往往既是给水水源，又受纳沿河城市排放的污水，因而河流下游城市的水体中总是掺杂有上游城市排入的污水。地面水源水体在归入海洋之前，实际上已被沿河城市多次重复使用。

2. 间接复用

将城镇污水处理后回注入地下，补充地下水，作为供水的间接水源，也可防止地下水位下降和地面下沉。

3. 直接复用

将城镇污水处理后直接作为工业用水水源、城市杂用水水源而重复使用（或称再利用，也称回用）。工业废水或城市污水经二级处理和深度处理后供作回用的水，称为再生水（或回用水）。当二级处理出水满足特定回用要求并已回用时，二级处理出水也可称为再生水。

将废水或污水经二级处理和深度处理后回用于生产系统或生活杂用，被称为污水回用。污水回用的范围很广，从工业上的重复利用到水体的补给水和生活用水。杂用水主要用于冲洗厕所便器、汽车及园林绿化、景观和浇洒道路等不与人体直接接触的场所。污水回用既可以有效地节约和利用有限、宝贵的淡水资源，又可以减少污水或废水的排放量，减轻水环境的污染，还可以缓解城市排水管道的超负荷现象，具有明显的社会效益、环境效益和经济效益。

在城市用水中，70％以上为工业用水，而工业用水的70％～80％为对水质要求不高的冷却用水。由于工业用水户的位置相对集中，而且一年四季连续用水，因而是城市污水处理厂二沉池出水深度处理后回用的主要渠道之一。作为用水大户的大型工业企业常自备二级污水处理厂。因此，有时也可以将自备污水处理厂的二级生物处理出水深度处理后回用于本企业的工业循环冷却系统。

四、污水处理的方法

污水处理就是采用各种技术和手段，将污水中所含的污染物质分离去除、回收利用或将其转化为无害物质，使水得到净化。现代污水处理技术按原理可分为物理处理法、化学处理法和生物处理法三类；按处理程度可分为一级处理、二级处理和三级处理。

1. 按原理划分

(1) 物理处理法是利用物理作用分离污水中呈悬浮固体状态污染物质的方法。主要方法有筛滤法、沉淀法、上浮法、气浮法、过滤法和膜法等。

(2) 化学处理法是利用化学反应的作用，分离回收污水中各种污染物质（包括悬浮物、胶体和溶解物等）的方法。主要方法有中和、混凝、点解、氧化还原、气提、萃取、吸附、离子交换和电渗析等。化学处理法多用于处理工业废水和废水的再生利用。

(3) 生物处理法是利用微生物的新陈代谢作用使污水中呈溶解、胶体状态的有机污染物转化为稳定的无害物质的方法。主要分为两大类，即利用好氧微生物作用的好氧法和利用厌氧微生物作用的厌氧法。好氧法广泛应用于处理城市污水及有机性工业废水，其中有活性污泥法和生物膜法两种；厌氧法则多用于处理高浓度有机污水与污水处理过程中产生的污泥，现在也开始用于处理城市污水与低浓度有机污水。

2. 按处理程度划分

(1) 一级处理主要去除污水中呈漂浮、悬浮状态的固体污染物质，物理处理大部分只能完成一级处理的要求。经过一级处理的污水，BOD_5一般可去除30%左右，水质达不到排放标准。一级处理属于二级处理的预处理。

(2) 二级处理主要去除污水中呈胶体和溶解状态的有机污染物质（即BOD、COD），采用的方法主要是生物处理，BOD_5去除率可达90%以上，使出水的有机污染物含量达到排放标准的要求。

(3) 三级处理是在一级处理、二级处理之后，进一步处理难降解的有机物、氮和磷等可能导致水体富营养化的可溶性无机物等。主要方法有生物脱氮除磷法、混凝沉淀法、砂滤法、活性炭吸附法、离子交换法、电渗析法和膜法等。三级处理是深度处理的同义语，但两者又不完全相同。三级处理常用于二级处理之后以进一步改善水质或防止受纳水体发生富营养化和受到难降解物质污染（达到国家有关排放标准），而深度处理则是以污水的回收和再利用为目的，在一级、二级甚至三级处理后增加的处理工艺。

五、城市污水再生利用系统的组成

城市污水再生利用系统一般由污水收集系统、再生水厂、再生水输配系统和再生水管理等部分组成，如图0-1所示。

1. 污水收集系统

它是收集污水的管道系统。污水收集一般靠城市排水管网进行，管道不宜采用明渠。排水系统可采用分流制或合流制。

2. 再生水厂

它是以回用为目的对污水进行再生处理的水处理厂。其处理工艺流程，应通过试验或参考实际经验，根据再生水水质标准，通过技术经济比较确定。再生水厂一般采用深度处理。深度处理是进一步去除常规二级处理未能完全去除的污水中杂质的净化过程，通常可选择由混凝、沉淀（澄清）、过滤、活性炭吸附、离子交换、反渗透、氨吹脱、臭氧氧化、消毒等技术单元组合而成。当有试验依据或再生利用水水质有特殊要求时，也可采用其他工艺。再生水厂宜设置在靠近用户集中的地区，以便缩短再生水输水距离。再生水厂可设在城市污水处理厂内、工业区内或某一特定用户附近。再生水厂规模应超过计划回用水量的20％以上。

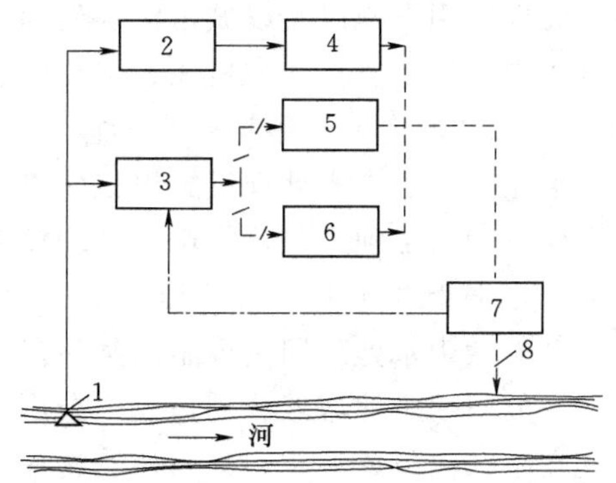

图0－1　城市污水再生利用（回用）系统
1—取水；2—给水厂；3—再利用（再生）水厂；4—生活用水；5—杂用水；6—工业用水；7—污水处理厂；8—出水口

3. 再生水的输配系统

再生水应新建独立的再生水管道系统。输水管道应防止微生物腐蚀，一般以非金属管为宜，当采用金属管道时，应做好防腐处理；配水管道由用户自行设置。用户再生水的用水管理，一般应根据用水要求确定。当用于工业冷却时，一般包括水质稳定处理、菌藻处理和进一步改善水质的其他特殊处理；当用于生活杂用或景观河道补充水时，可直接使用，不需再进一步处理。

六、再生水运行的安全措施和监测控制

（1）在再生水系统中，对水质特殊的接入口，应设置水质检测点和控制闸门，以保证符合水质标准。

（2）再生水管道严禁与饮用水给水管道连接。再生水管道必须防渗防漏，埋地时应做特殊的带状标志，明装时应涂上标志颜色。闸门井井盖应铸上“再生水”字样。再生水管道上严禁安装饮水器和水龙头，防止误饮误用。

（3）再生水管道与饮用水给水管道、排水管道平行埋设时，其水平净距不得小于0.5m；交叉埋设时，再生水管道应位于饮用水管道下和排水管道上，净距均不得小于0.4m［详见《室外排水设计规范》（GB 50014—2006）附录B］。

（4）污水再生利用必须保证供水水质稳定，水量可靠。使用再生水的用户，在老厂改造采用再生水供水系统时，应保留原新鲜水系统，当再生水系统发生故障时，仍能用新鲜水补充，以保证安全生产。

（5）再生水厂与各用户应保持通信联系，再生水厂的主要设施应设置故障报警装置。在主要处理构筑物和用水设施上，宜设置取样管。在各用户的进户管应设置计量装置。再生水厂和工业用户应设水质分析室。再生水厂管理操作人员应经专门培训。

七、中水设施的分类

中水处理回用设施，按照回用范围的大小可分为独立建筑中水处理回用设施、区域性

中水处理回用设施以及以城市污水处理厂二级出水为水源的城市再生水回用设施。区域性中水回用设施主要指各类机关、院校建筑以及集中居住的生活小区等。

1. 独立建筑中水处理回用设施

独立建筑的中水处理设施以该建筑产生的废水为原水，经中水系统处理后，一般回用于本建筑。通常独立建筑的中水处理设施建在该建筑的地下室或专设房间内。

2. 区域性中水处理回用设施

区域性中水处理回用设施以某一范围内的生产、生活污废水为原水，经中水系统处理后，一般回用于该区域或周边设施杂用。居住小区以生活污水为原水的中水处理回用设施应建在小区内下风方位，并与建筑物保持一定的距离。

八、中水处理设施的构成

中水处理设施一般由预处理及水量调节设施、处理设施、供水设施及控制设施四部分构成。

1. 预处理及水量调节设施

预处理及水量调节设施的功能是去除原水中大颗粒杂物并储存、调节原水水量，将其均衡供给处理系统，包括格栅、毛发聚集器、水泵、调节池等。

2. 处理设施

根据所选择的工艺设置，由不同处理单元构成的设施，其功能是将污水净化为符合回用用途水质标准的中水。例如，采用物化处理工艺所用的混凝沉淀池、滤池、活性炭池；采用生物处理所用的曝气池、接触氧化池、二沉池等；采用消毒所用的次氯酸钠发生器、消毒反应池等。

3. 供水设施

供水设施包括处理后中水的储存设施和将中水输送到用户的加压设备，如中水池、高位水箱、水泵、气压罐等。

4. 控制设施

控制设施的功能是保证中水处理的连续、稳定运行，实现工艺过程的自动控制，包括液位控制器、压力控制器、变频控制器和 PLC 电控柜等。

第一章　污　水　概　述

第一节　污水的性质与污染指标

一、物理性质及指标

表示污水物理性质的主要指标是水温、色度、臭味、固体含量及泡沫等。

1. 水温

污水的水温对污水的物理性质、化学性质及生物性质有直接的影响。所以，水温是污水水质的重要物理性质指标之一。

我国幅员辽阔，但根据统计资料表明，各地的生活污水的年平均温度为10～20℃。工业废水的水温与生产工艺有关，变化很大。污水的水温过低（如低于5℃）或过高（如高于40℃）都会影响污水的生物处理效果和受纳水体的生态环境。

2. 色度

污水的色度是一项感官指标。一般生活污水的颜色常呈灰色。但当污水中的溶解氧不足，而使有机物腐烂时，则水色转呈黑褐色并有臭味。工业废水的色度视工矿企业的性质而异，差别极大，如印染、造纸、农药、焦化、冶金及化工等的生产污水，都有各自的特殊颜色。

色度可由悬浮固体、胶体或溶解物质形成。悬浮固体形成的色度称为表色。胶体或溶解物质形成的色度称为真色。水的颜色用色度作为指标。

3. 臭味

臭味也是感官性指标。可定性反映某种有机或无机污染物。生活污水的臭味主要由有机物腐败产生的气体造成。工业废水的臭味来源于还原性硫和氮的化合物、挥发性化合物等污染物质。

臭味大致有鱼腥臭、氨臭、腐肉臭、腐蛋臭、腐甘蓝臭、粪臭以及某些工业废水的特殊臭味。

4. 固体含量

污水中所含固体物质按存在形态的不同可分为悬浮的、胶体的和溶解的三种；按性质的不同可分为有机物、无机物和生物体三种。

污水中所含固体物质的总和称为总固体（TS）。总固体包括悬浮固体（或称为悬浮物）（SS）和溶解固体（DS）。悬浮固体根据其挥发性能又可以分为挥发性固体（VSS）和非挥发性固体（NVSS）。

悬浮固体中，颗粒粒径为0.1～1.0μm的称为细分散悬浮固体；颗粒粒径大于1.0μm

的称为粗分散悬浮固体。胶体粒径为0.001～0.1μm。溶解物粒径小于0.001μm。

二、化学性质及指标

污水中的污染物质，按化学性质可分为无机物与有机物；按存在的形态可分为悬浮状态与溶解状态。

（一）无机物及指标

污水中的无机物包括酸碱度、氮、磷、无机盐类及重金属离子等。

1. 酸碱度

酸碱度用pH值表示。pH值等于氢离子浓度的负对数。pH＝7时，污水呈中性；pH值＜7时，数值越小，酸性越强；pH值＞7时，数值越大，碱性越强。天然水体的pH值一般为6～9，当受到酸碱污染时，水体pH值会发生变化。当pH值超出6～9的范围时，会对人、畜造成危害，并对污水的物理、化学及生物处理产生不利影响。尤其是pH值低于6的酸性污水，对管渠、污水处理构筑物及设备产生腐蚀作用。因此，pH值是污水化学性质的重要指标。

污水碱度指污水中含有的能与强酸产生中和反应的物质，亦即H^+离子的受体，主要包括三种：① 氢氧化物碱度，即OH^-离子含量；②碳酸盐碱度，即CO_3^{2-}离子含量；③重碳酸盐碱度，即HCO_3^-离子含量。

2. 氮、磷

氮、磷是植物的重要营养物质，也是污水进水生物处理时，微生物所必需的营养物质，主要来源于人类排泄物及某些工业废水。氮、磷是导致湖泊、水库、海湾等缓流水体富营养化的主要原因。

（1）氮及其化合物。污水中含氮化合物有四种形态，即有机氮、氨氮、亚硝酸盐氮与硝酸盐氮。四种含氮化合物的总量称为总氮（TN）。有机氮在自然界很不稳定，在微生物的作用下容易分解为其他三种含氮化合物。在无氧条件下分解为氨氮；在有氧条件下，先分解为氨氮，继而分解为亚硝酸盐氮和硝酸盐氮。

凯氏氮（KN）是有机氮和氨氮之和。凯氏氮指标可以用来判断污水在进行生物法处理时，氮营养是否充足的依据。一般生活污水中凯氏氮含量约为40mg/L（其中有机氮为15mg/L，氨氮约为25mg/L）。

氨氮在污水中以游离氨（NH_3）和离子态铵盐（NH_4^+）两种形态存在，两者之和即氨氮。污水进行生物处理时，氨氮不仅向微生物提供营养素，而且对污水中的pH值起缓冲作用。但氨氮过高时，如超过1600mg/L（以N计），会对微生物产生抑制作用。

（2）磷及其化合物。污水中含磷化合物可分为有机磷与无机磷两类。污水中的总磷（TP）指正磷酸盐、焦磷酸盐、偏磷酸盐、聚合磷酸盐和有机磷酸盐的总含量。一般生活污水中的有机磷含量约为3mg/L，无机磷含量约为7mg/L。

3. 硫酸盐与硫化物

污水中的硫酸盐用硫酸根SO_4^{2-}表示。生活污水的硫酸盐主要来源于人类排泄物；工业废水如洗矿、化工、制药、造纸和发酵等工业废水，含有较高硫酸盐，浓度可达1500～7500mg/L。

污水中的硫化物主要来源于工业废水（如硫化染料废水、人造纤维废水等）和生活

污水。

4. 氯化物

生活污水中的氯化物主要来自人类排泄物，每人每日排出的氯化物为5～9g。工业废水（如漂染工业、制革工业等）以及沿海城市采用海水作为冷却水时，都含有很高的氯化物。氯化物含量高时，对管道及设备有腐蚀作用：如灌溉农田会引起土壤板结；氯化钠浓度超过4000mg/L时对生物处理过程中的微生物活性有抑制作用。

5. 非重金属无机有毒物质

非重金属无机有毒物质主要是氰化物（CN）与砷化物（As）。

（1）氰化物。污水中的氰化物主要来自电镀、焦化、高炉煤气、制革、塑料、农药及化纤等工业废水，含氰浓度为20～80mg/L。氰化物是剧毒物质，人体摄入致死量是0.05～0.12g。

（2）砷化物。污水中的砷化物主要来自化工、有色冶金、焦化、火力发电、造纸及皮革等工业废水。对人体的毒性排序为：有机砷＞亚砷酸盐＞砷酸盐。砷会在人体内积累，属致癌物质（致皮肤癌）之一。

6. 重金属离子

重金属指原子序数为21～83的金属或相对密度大于4的金属。污水中重金属主要有汞（Hg）、镉（Cd）、铅（Pb）、铬（Cr）、镍（Ni）等生物毒性显著的元素，也包括具有一定毒性的一般重金属，如锌（Zn）、铜（Cu）、锡（Sn）、铁（Fe）、锰（Mn）等。生活污水中的重金属离子主要来源于人类排泄物。冶金、电镀、陶瓷、玻璃、氯碱、电池、制革、照相器材、造纸、塑料及颜料等工业废水，都含有不同的重金属离子。上述重金属离子在微量浓度时有益于微生物、动植物及人类，但当浓度超过一定值后，即会产生毒害作用，特别是汞、镉、铅、铬、砷及其化合物，称为“五毒”。

污水中含有的重金属难以净化去除。在污水处理的过程中，重金属离子浓度的60%左右被转移到污泥中。

（二）有机物及指标

1. 污水中有机物的成分

生活污水所含有机物主要来源于人类排泄物及生活活动产生的废弃物、动植物残片等，主要成分是碳水化合物、蛋白质、脂肪及尿素。组成元素是碳、氢、氧、氮和少量的硫、磷、铁等。

2. 污水中有机物的分类

有机物按被生物降解的难易程度，大致可分为三类：

第一类是可生物降解有机物；第二类是难生物降解有机物；第三类是不可生物降解有机物。前两类有机物的共同特点是最终都可以被氧化分解成简单的无机物、二氧化碳和水；区别在于第一类有机物可被一般微生物氧化分解，而第二类有机物只能被氧化剂氧化分解，或者可被经驯化、筛选后的微生物氧化分解。第三类有机物完全不可生物降解，称为持久性有机污染物，这类有机物一般采用化学氧化法进行处理。

3. 污水中的主要有机物的生物化学特性

（1）碳水化合物。污水中的碳水化合物包括糖、淀粉、纤维素和木质素等。主要成分是碳、氢、氧。其中淀粉较稳定，但都属于可生物降解有机物，对微生物无毒害与抑制作用。

(2) 蛋白质与尿素。蛋白质由多种氨基酸化合或结合而成。主要成分是碳、氢、氧、氮，其中氮约占16%。蛋白质不很稳定，可发生不同形式的分解，属于可生物降解有机物，对微生物无毒害与抑制作用。蛋白质与尿素是生活污水中氮的主要来源。

(3) 脂肪与油类。脂肪与油类是乙醇或甘油与脂肪酸形成的化合物，主要成分是碳、氢、氧。生活污水中的脂肪与油类来源于人类排泄物及餐饮业的洗涤水，包括动物油和植物油。脂肪酸甘油酯在常温下呈液态称为油；在低温下呈固态称为脂肪。脂肪比碳水化合物、蛋白质的性质稳定，属于难生物降解有机物，对微生物无毒害与抑制作用。炼油、石油化工、焦化、煤气发生站等工业废水中含有矿物油即石油，属于难生物降解有机物，并对微生物有一定的毒害与抑制作用。

(4) 酚。炼油、石油化工、焦油、合成树脂、合成纤维等工业废水都含有酚。酚类是指苯及其稠环的羟基衍生物。根据羟基的数目，可分为单元酚、二元酚和多元酚。根据其能否与水蒸气一起挥发而分为挥发酚和不挥发酚。挥发酚包括苯酚、甲酚、二甲苯酚等，属于可生物降解有机物，但对微生物有一定的毒害与抑制作用。不挥发酚包括间苯二酚、邻苯三酚等多元酚，属于难生物降解有机物，并对微生物有毒害与抑制作用。

(5) 有机酸、碱。有机酸工业废水含有短链脂肪酸、甲酸、乙酸和乳酸。人造橡胶、合成树脂等工业废水含有有机碱，包括吡啶及其同系物质。都属于可生物降解的有机物，但对微生物有毒害或抑制作用。

(6) 表面活性剂。生活污水与表面活性剂制造工业废水，含有大量表面活性剂。表面活性剂有两类：①烷基苯磺酸盐，俗称硬性洗涤剂（ABS)，含有磷并易产生大量泡沫，属于难生物降解有机物；②烷基芳基磺酸盐，俗称软性洗涤剂（LAS)，属于可生物降解有机物，代替了ABS，泡沫大大减少，但仍然含磷。磷是致水体富营养化的主要元素之一。

(7) 有机农药。有机农药有两类，即有机氯农药与有机磷农药。有机氯农药（如DDT、六六六等）毒性极大且难分解，会在自然界不断积累，造成二次污染，我国于20世纪70年代起已禁止生产与使用。现在普遍采用有机磷农药（含杀虫剂与除草剂)，约占农药总量的80%以上，种类有敌百虫、乐果、敌敌畏、甲基对硫磷、马拉酸磷及对硫磷等，毒性大，属于难生物降解有机物，并对微生物有毒害与抑制作用。

4. 表示水中有机物浓度的指标

污水中含有大量的有机物，是污水处理的主要对象。污水中有机物的成分较为复杂，各种有机物的绝对含量难以直接测定，这种有机物对水的主要危害在于大量消耗水中的溶解氧。因此，通常用氧化过程所消耗的氧量来作为好氧有机物的综合指标。一般采用生物化学需氧量（BOD)、化学需氧量（COD)、总有机碳（TOC)、总需氧量（TOD）等指标来综合评价水中有机物的含量。

(1) 生物化学需氧量。生物化学需氧量（BOD）指水中有机物在有氧条件下被好氧微生物分解成无机物所消耗的氧量，简称生化需氧量，以mg/L为单位。生化需氧量高，表示水中可生物降解有机物多。

有机物生物降解的整个过程可分为两个阶段。在第一个阶段为碳氧化阶段，有机物在

好氧微生物（异养菌）的作用下被降解，并转化为二氧化碳（CO_2）、水（H_2O）及氨（NH_3），用简单的化学式表示为

$$有机物+O_2 \xrightarrow{好氧微生物} CO_2+H_2O+NH_3$$

这一阶段，在自然条件下（温度20℃），一般的有机物可在20d完成氧化分解过程。第二阶段为硝化阶段，主要是NH_3转化为亚硝酸盐和进一步转化为硝酸盐的硝化反应，即

$$2NH_3+3O_2 \longrightarrow 2HNO_2+2H_2O+620J$$

$$2HNO_2+O_2 \longrightarrow 2HNO_3+200J$$

这一阶段需时更久，在20℃的自然条件下，大致需时100d才能最终完成。

如第一阶段已经完成，即使产物中的NH_3不再进一步氧化，也无碍于水体的环境卫生。因此，硝化反应过程中的需氧量可以不计。测定污水的生化需氧量，即使以第一阶段为准也需时太长（20d），目前都以5d作为测定生化需氧量的标准时间，测得的结果称为5日生化需氧量，记为BOD_5，作为可生物降解有机污染物的综合浓度指标。以20d的生化需氧量近似地作为总生化需氧量，记为BOD_{20}。生活污水的BOD_5约为BOD_{20}的70%左右。生活污水BOD_5一般在100～300mg/L，各种生产污水的BOD_5值相差较大，必须经过实测确定。

生物化学需氧量能真实地反映微生物降解有机物时所需要的氧量，但测定时间较长，某些工业废水中不具备微生物繁殖的条件或缺乏适当的微生物，所以难以用生化需氧量来测定。另外，生化需氧量只反映污水中能被微生物所降解的有机物的含量。因此，它在使用上受到一定的限制。

（2）化学需氧量。化学需氧量（COD）采用化学氧化剂将有机物氧化成二氧化碳和水所消耗的氧化剂量（用氧量表示）称为化学需氧量（以mg/L为单位）。它可较准确地表示水中有机物的含量，测定时间为数小时，且测定结果不受被测水样含有抑制微生物成长的有毒有害物质的影响。

常用的氧化剂有重铬酸钾和高锰酸钾。用高锰酸钾作氧化剂，测得的耗氧量称为高锰酸钾耗氧量，一般用COD_{Mn}或OC来表示。重铬酸钾为强氧化剂，可以较完全地氧化水中的各种有机物。我国采用以重铬酸钾作为氧化剂测定化学需氧量，以COD_{Cr}表示。高锰酸钾的氧化性不如重铬酸钾强，所以COD_{Mn}一般小于COD_{Cr}。COD_{Mn}和COD_{Cr}的值越高，说明污水中有机物的含量越高。

如果污水中有机物的组成相对稳定，测得的化学需氧量和生化需氧量之间有一定的比例关系。一般地，化学需氧量高于生化需氧量，其差值能大致表示不能被生物降解的有机物的数量。BOD_5与COD_{Cr}的比值，作为污水是否适宜采用生物处理的判别标准，是衡量污水可生化性的一个重要指标。该比值越高，可生化性越好；反之亦然。一般认为BOD_5/COD_{Cr}比值大于0.3的污水适宜采用生物处理，小于0.3则生化处理困难，小于0.25则不宜采用生化处理。

（3）总有机碳（TOC）和总需氧量（TOD）。总有机碳和总需氧量是目前国内实现自动快速测定有机物浓度的综合指标，是一种间接表示污水中有机物含量的指标。总有机碳

(TOC) 是水样中所有有机物质的含碳量。总需氧量 (TOD) 是水样中所有有机物质被氧化 (C、H、N、S 等转化为 CO_2、H_2O、NO_2 和 SO_2 等) 所消耗的总氧量。

总有机碳的测定是将水样在 900℃ 高温下进行燃烧，量测在燃烧过程中产生 CO_2 的量，即可求出水样中总有机碳量，单位以碳 (C) 的 mg/L 来计。在做有机碳的分析时须采取措施排除无机碳的干扰。

总需氧量表示在高温下燃烧化合物而耗去的氧量，单位以 mg/L 表示。

水质条件基本相同的污水，BOD_5、COD_{Cr}、TOD、TOC 之间存在一定的相关关系，可以通过试验求得它们之间的关系曲线，从而可以快速得出水样被有机物污染的程度。一般情况下，$TOD > COD_{Cr} > BOD_{20} > BOD_5 > TOC$。生活污水的 BOD_5/COD_{Cr} 比值一般为 0.4～0.5；BOD_5/TOC 比值一般为 1.0～1.6。

三、污水的生物性质及指标

污水中的有机物是微生物的食料，污水中的微生物以细菌与病菌为主，它们能引起各种疾病的传染。污水生物性质的检测指标有大肠菌群数 (或称大肠菌群值)、大肠菌群指数、病毒及细菌总数。

1. 大肠菌群数 (大肠菌群值) 与大肠菌群指数

大肠菌群数 (大肠菌群值) 是每升水样中所含有的大肠菌群的数目，以个/L 计；大肠菌群指数是查出一个大肠菌群所需的最少水量，以 mL 计。可见大肠菌群数与大肠菌群指数互为倒数，即

$$\text{大肠菌群指数} = \frac{1000}{\text{大肠菌群数}}$$

若大肠菌群数为 500 个/L，则大肠菌群指数为 1000/500 等于 2mL。

大肠菌群作为污水被粪便污染程度的卫生指标，原因有二：①大肠菌与病原菌都存在于人类肠道系统内，它们的生活习性及在外界环境中的存活时间都基本相同，每人每日排泄的粪便中含有大肠菌 $10^{11} \sim 4 \times 10^{11}$ 个，数量大大多于病原菌，但对人体无害；②由于大肠菌的数量多，且容易培养检验，但病原菌的培养检验十分复杂与困难。故采用大肠菌群数作为卫生指标。水中存在大肠菌，就表明受到粪便的污染，并可能存在病原菌。

2. 病毒

污水中已被检出的病毒有 100 多种。检出大肠菌群，可以表明肠道病原菌的存在，但不能表明是否存在病毒及其他病原菌，因此还需要检验病毒指标。病毒的检验方法目前主要有数量测定法与蚀斑测定法两种。

3. 细菌总数

细菌总数是大肠菌群数、病原菌、病毒及其他细菌数的总和，以每毫升水样中的细菌群落总数表示。细菌总数越多，表示病原菌与病毒存在的可能性越大。因此，用大肠菌群数、病毒及细菌总数三个卫生指标来评价污水受生物污染的严重程度就比较全面了。

第二节 水体污染及其危害

我们把海洋、河流、湖泊及地下水等自然水域称为水体，它是自然环境的重要组成部

分。每个水体中的各个生物与环境之间都存在一种相互制约的内在联系，在各生物间存在着一种正常的生物循环，如图1-1所示。这种低级生物被高级生物食用，构成了固定的食物链和生态平衡。当含有各种污染物质的污水排入水体后，不但使原有的水质发生了物理和化学上的变化，而且由于污染物质参与了物质和能量的转化及循环过程，从而使原来正常的食物链发生变化，破坏了原有的生态平衡，水体即受到了污染。

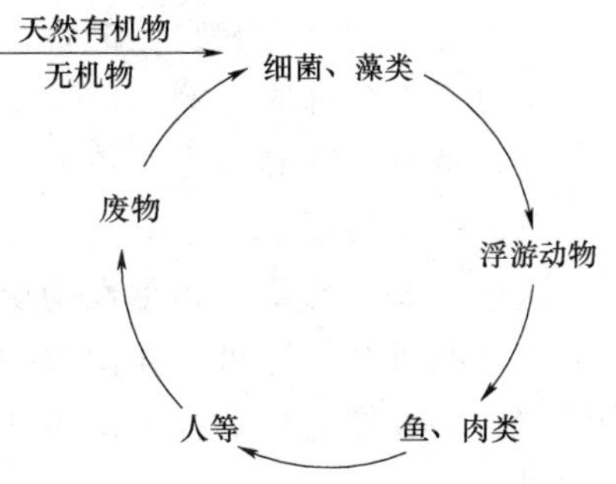

图1-1　水体的正常生物循环

水体遭到污染，会给人类健康和工农业生产以及自然环境造成严重的危害，危害程度取决于污染物质的浓度、特性等多种因素，现按不同指标分述如下。

一、悬浮物的污染

水体被悬浮物污染，造成的危害主要有以下几个方面。

（1）漂浮在水面上的悬浮物不仅破坏了水的外观，而且会对水体复氧产生很大影响。悬浮物提高了水的浊度，增加了给水净化工艺的复杂性。

（2）降低了光的穿透能力，减少了水的光合作用，也妨碍了水体的自净作用。

（3）水中悬浮物，可能堵塞鱼鳃，导致鱼的死亡。

（4）沉于河底的悬浮固体形成污泥层，会危害底栖生物的繁殖，影响渔业生产。如果污泥层主要由有机物组成，则易出现厌氧状态，恶化环境。

（5）水中的悬浮物可能成为各种污染物的载体，吸附水中的污染物并随水漂流迁移，扩大了污染区域。

近年来，石油开始成为水体的主要污染物质之一，它能够在水面形成油膜，油膜使大气与水面隔绝，破坏正常的复氧条件，导致水体缺氧。当油膜厚度大于10^{-4}cm时，就能对水面复氧过程产生影响；油还能堵塞鱼的鳃部，使鸟类遭到危害；水中含油0.1～0.01mg/L时，对鱼类及水生生物就会产生有害的影响；当水中含有石油浓度达到0.3～0.5mg/L时，会具有石油气味，不适于饮用，破坏了水体的经济价值。

二、有机物的污染

有机物可分为自然生成的有机物和人工合成的有机物两类。

自然生成的有机物如碳水化合物、蛋白质、脂肪等，它们的特征是极不稳定，易于被生物降解向稳定的无机物转化。在有氧的条件下，由好氧微生物作用进行转化，主要产物为CO_2、H_2O等稳定物质；在无氧条件下，则在厌氧微生物作用下转化，主要产物为CH_4、CO_2、H_2O、H_2S、NH_3等，其产物既有毒害作用又有恶臭味，严重影响环境卫生，会造成公害。

好氧分解虽产物无害，但在分解过程中要消耗水体或环境中的溶解氧，故有机物又称为耗氧物质。当水体中有机物浓度较高时，微生物耗氧量很大，从大气中补充的氧也不敷需要，会使水中溶解氧的含量下降，从而导致鱼类和水生物死亡。如果完全缺氧，则有机物将转入厌氧分解。

人工合成的有机物，如合成洗涤剂、合成染料、有机氯农药、酚类化合物、稠环芳烃等，均为有毒污染物。它们的特征之一是比较稳定，不易被微生物所降解；另一特征是它们都有害于人类健康。例如，有机农药六六六、DDT毒性较慢，残留时间长，并且可以通过食物链富集于高级生物体内。

三、有毒物质的污染

这里主要是指重金属毒性物质，其污染特点是，在水体中有很低的浓度就可产生毒性效应，有些重金属还可以在微生物作用下转化为毒性更强的化合物；重金属不但不能被生物降解，而且能通过食物链的传递，成千百倍地在生物体内富集，最后进入人体，造成慢性中毒。

四、生物污染

生物污染物质主要是动物和人类排泄的粪便，其中含有病菌和病毒，能引起各种疾病的传染，如伤寒、细菌性痢疾、霍乱、传染性肝炎等。当水中含有病菌和病毒时，水会成为传染介质，给人类身体健康带来危害。

五、营养物质污染（富营养化）

含有大量生物营养元素（氮、磷、硅、钾、维生素等）的污水排入缓流水体（湖泊、水库、海湾等）中，由于营养物质的增加，促进了藻类和浮游生物的繁殖。大量繁殖的藻类会在水面形成密集的“水华”或“赤潮”，使水的能见度、透明度下降，下层水溶解氧降低。藻类的死亡和腐化会引起水中氧的大量减少，从而使水体失去正常功能，水质恶化，造成水生物死亡。

第三节 水 体 自 净

一、水体自净概述

水体受到污染后，经过一段时间逐渐由不洁变清，最后恢复到原来的状态，水体中仍存在着正常的生物循环，这种现象称为水体自净。这说明水体自身具有一定的净化污染物质的能力。水体接纳污染物质的能力是有限度的，水体在正常生物循环中所能容纳的污染物质的最大数量称为水体的自净容量。一旦排入水体的污染物质超过自净容量时，正常的生物循环将被破坏，水体即被污染。

二、水体自净过程

水体自净是一个十分复杂的过程，受很多因素的影响。从机理上看，其中有物理过程（稀释、扩散、沉淀、挥发等）、化学过程及物理化学过程（氧化、还原、吸附、中和、凝聚等）和生物化学过程。各种过程可同时发生，并互相影响、互相制约。下面重点讨论水体自净的两个主要过程。水体自净示意图如图1-2所示。

（一）稀释

稀释就是将污染物质扩散到水体中去，从而大大降低这些物质的相对浓度。单纯的稀释过程并不能去除污染物质，但是稀释为污染物质的进一步降解创造了必要的条件。所以稀释在水体自净中具有重要的作用。

（二）生物化学过程

污水中有机污染物质排入水体并稀释后，在水中好氧微生物的作用下，氧化分解成为

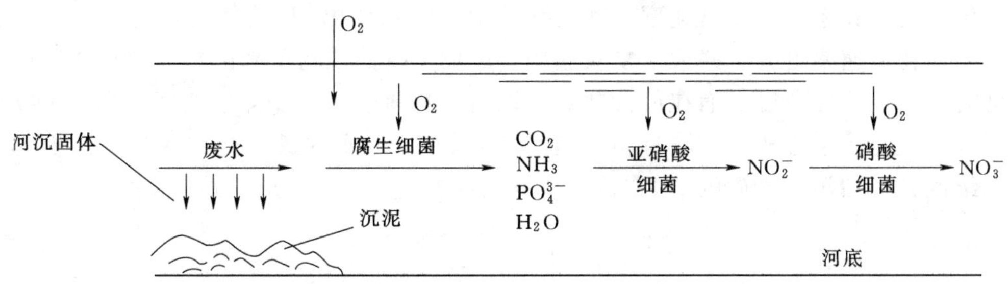

图 1-2　水体自净示意图

稳定的无机物质，从而使水体得到净化。由于好氧微生物的呼吸作用，消耗了水中的溶解氧。有机物浓度越高，降解的速度越快，则氧的消耗量越大。与此同时，水体中的溶解氧还不断地从大气和水生物的光合作用中得到补充，即复氧作用。因此，水体中溶解氧的含量，在耗氧和复氧的双重作用下，出现了复杂而有规律的变化。溶解氧含量是反映水体污染状态的一个重要指标，对研究水中溶解氧的变化规律有着重要的意义。

下面就来分析一下在水体自净过程中河流中的有机物（BOD）和溶解氧（DO）的变化规律。图 1-3 是接纳大量生活污水的河流中有机物（BOD）和溶解氧（DO）变化曲线，它反映了河水被有机物污染后溶解氧含量变化的基本规律。

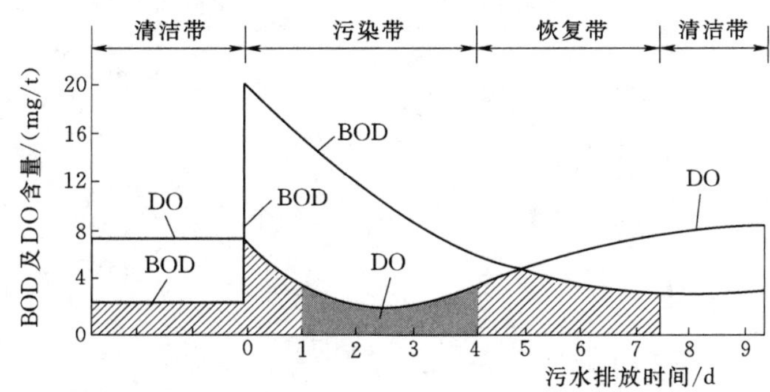

图 1-3　河流中 BOD 和 DO 变化曲线

设污水集中于 0 点排放，并假定污水排放后立即与河水完全混合，在排放前，河水中的溶解氧含量接近于饱和（8mg/L），BOD 值则处于正常状态，即低于 4mg/L，水温为 25℃。

1. BOD 变化曲线

在污水排放前，河水中 BOD 值很低，为 2～3mg/L，低于地表水最高允许含量（4mg/L），由于污水的排放，在 0 点处 BOD 值急剧上升，高达 20mg/L。随着河水下流，有机污染物被分解，BOD 值逐渐降低，经过 7.5d 后，又恢复到原来的状态。

2. 溶解氧（DO）变化曲线

污水排放前，河水中 DO 几乎饱和（8mg/L），当污水排放后，由于有机物的降解消耗大量的溶解氧，所以河水中的溶解氧含量开始下降，并从污水排放 1d 后开始，含量即低于地面水最低允许含量 4mg/L，在污水排放 2.5d 处，降至最低点，该点称为最缺氧点。在该点耗氧速率等于复氧速率；在之前，由于河水中BOD值较高，有机物降解速率很大，因而耗氧速率也大，并大于复氧速率，因而DO曲线是下降的。当有机物降解到某一程度时，耗氧速度渐慢，而在最大缺氧点以后，耗氧速率小于复氧速率，致使DO曲线逐渐回升。但在污水排放4d前，溶解氧含量都低于地表水的最低允许含量（涂黑部分）。以后继续回升，在污水排放的7.5d后，恢复到原始值。

第二章　排　水　系　统

第一节　排水系统的体制和选择

一、排水系统体制

对于生活污水、工业废水和雨水，是采用一套管渠系统来排除，还是采用两套及两套以上各自独立的管渠系统来排除，污水这种不同的排除方式所形成的排水系统，称为排水体制。

排水体制分为分流制和合流制两种类型，在城市情况比较复杂时，也可以采用两种体制混合的排水系统。

1. 分流制排水系统

将生活污水、工业废水和雨水分别采用两套及两套以上各自独立的排水系统进行排除的方式称为分流制排水系统，其中排除生活污水及工业废水的系统，称为污水排水系统；排除雨水的系统，称为雨水排水系统。图 2－1 所示为某城市分流制排水系统示意图。

按雨水的排除方式不同，分流制排水系统又分为完全分流制和不完全分流制两种排水系统，如图 2－2 所示。完全分流制排水系统，具有污水排水系统和雨水排水系统。不完全分流制排水系统，只具有污水排水系统，未建雨水排水系统，雨水沿地面坡度和道路边沟及明沟来排泄，可以在城市进一步发展的同时，再修建雨水排水系统，从而转变为完全分流制排水系统。

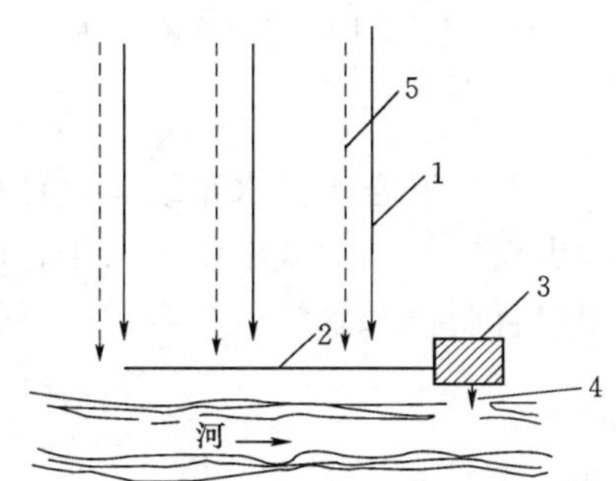

图 2－1　分流制排水系统示意图

1—污水干管；2—污水主干管；3—污水处理厂；4—污水处理厂出水口；5—雨水干管

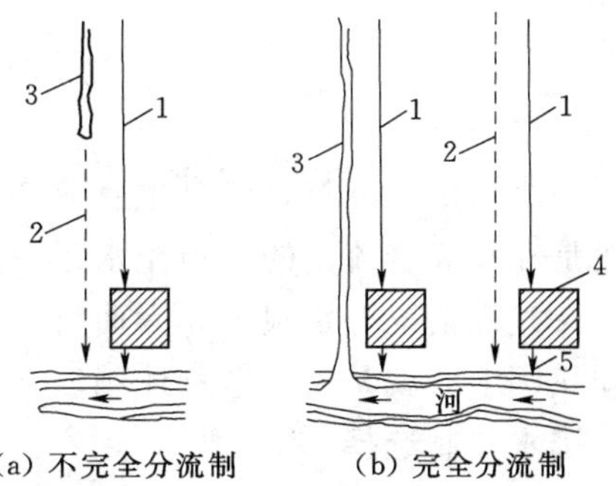

图 2－2　完全分流制和不完全分流制排水系统示意图

1—污水管道；2—雨水管道；3—原有渠道；4—污水处理厂；5—污水处理厂出水口

在工业企业中，一般采用分流制排水系统。然而，由于工业废水的成分和性质很复杂，不但不能与生活污水相混合，而且不同的工业废水之间也不宜混合，否则将给污水和

污泥的处理及回收利用造成困难。所以，在多数情况下，采用分质分流、清污分流的几种管道系统来分别排除。

2. 合流制排水系统

将生活污水、工业废水和雨水在同一管渠系统内排除的方式，称为合流制排水系统。早期出现的合流制排水系统，是将城市污水及雨水的混合污水不经处理，直接排入水体，所以又称为直泄式合流制排水系统，如图 2－3 所示。这种排水系统由于污水未经无害化处理就排放，使受纳水体遭受严重污染，只能在允许排放标准范围内采用。现在常采用的是截流式合流制排水系统，如图 2－4 所示。这种系统是在临河岸边建造一条截流干管，同时在合流干管与截流干管相交前或相交处设置截流井，并在截流干管下游设置污水处理厂。晴天和初降雨时所有污水都排送至污水处理厂，经处理后排入水体；随着降雨量的增加，雨水径流也增加，当混合污水的流量超过截流干管的输水能力后，就有部分混合污水经截流井溢出，直接排入水体。截流式合流制排水系统仍有部分混合污水未经处理直接排放，使水体遭受污染，这是它的缺点。国内外在改造老城市的合流制排水系统时通常采用这种方式。

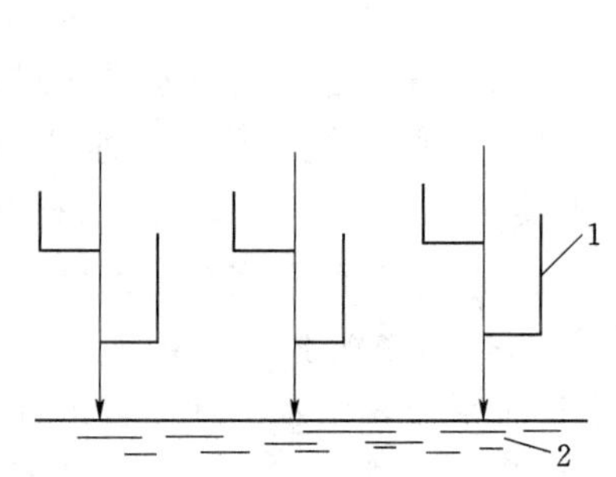

图 2－3 直泄式合流制排水系统示意图

1—合流制排水管网；2—自然水体

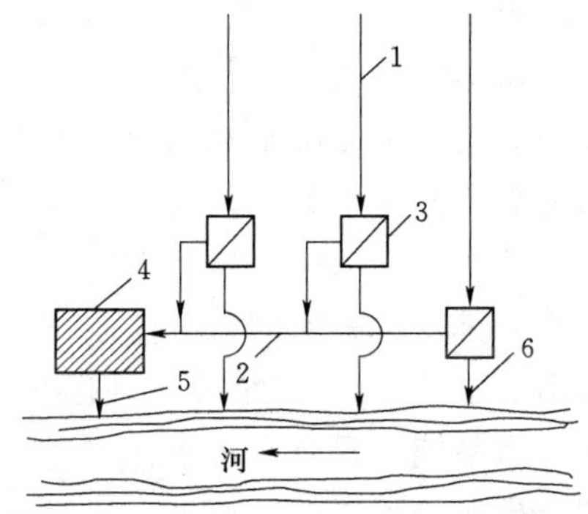

图 2－4 截流式合流制排水系统示意图

1—合流干管；2—截留主干管；3—截流井；4—污水处理厂；5—出水口；6—溢流出水口

3. 混合制排水系统

在同一个城市，既有合流制也有分流制的排水系统，称为混合制排水系统。这种排水系统一般是在具有合流制的城市排水系统改建或扩建时出现的。在大城市中，由于各区的自然条件及建设情况差别很大，因而，因地制宜地采用混合制排水系统也是合理的。在美国纽约和我国上海就是采用这种体制。

二、排水体制选择

合理选用排水体制，是城市排水系统规划设计的重要问题。它不仅关系到整个排水系统的设计、施工和维修管理，而且对城市和工业企业的规划和环境保护将产生深远影响，同时也影响排水系统工程的总投资和初期投资以及维护管理费用。为了正确、合理地选择排水体制，下面从环境保护、投资和维护管理等方面分析各种排水体制的适用条件。

1. 环境保护方面

截流式合流制排水系统汇集了城市污水和降雨初期雨水，全部输送至污水处理厂处

理，这对水体保护来讲是有利的。但截流主干管尺寸很大，污水处理厂规模也增大很多，建设费用也相应增加。暴雨时部分混合污水通过截流井溢流至水体，将给水体带来一定程度的污染。在暴雨径流之初，原沉淀在合流管渠的污泥被冲起，即“第一次冲刷”，沉淀污泥同时和部分雨污混合污水经截流井溢入水体。实践证明，采用截流式合流制的城市，水体仍然遭受污染，甚至达到不能容忍的程度。

分流制排水系统将城市污水全部送至污水处理厂，雨水未加处理直接排入水体。但是初期雨水径流不能得到妥善处理，初雨径流会对城市水体造成污染，有时还很严重。分流制虽然有这一不足，但它比较灵活，比较容易适应社会发展的需要，又能符合城市卫生的一般要求，所以在国内外获得了较广泛的应用。

2. 投资方面

合流制排水系统只需建一套管渠系统，因而管渠造价一般较分流制低20%～40%。污水处理厂和泵站的造价较分流制高些，但从总造价上来看，合流制总造价一般低于完全分流制总造价。从初期投资来看，不完全分流制在城市建设初期只建污水排水系统，因而可以节省初期投资费用，同时又可以缩短工期，发挥效益快。随着城市发展，再逐步建造雨水系统。而合流制和完全分流制的初期投资均比不完全分流制要大。不完全分流制排水系统有利于分期建设，因而在很多新建城市及工业区得到采用。

3. 维护管理方面

晴天时污水在合流制管道中只是部分流，雨天才接近满流。因而晴天时合流制管内流速较低，易于产生沉淀。而且晴天与雨天流入污水处理厂中的水量和水质变化很大，增加了合流制排水系统污水处理厂运行管理的复杂性。而分流制系统可以保持管内的流速，不易发生沉淀，同时流入污水处理厂的水质水量较稳定，有利于污水处理厂运行管理。

混合制排水系统的优、缺点介于合流制和分流制排水系统之间。

排水体制的选择涉及许多方面，是一项很复杂的工作。应根据城镇总体规划，结合当地的地形特点、水文条件、水体状况、气候特征、原有排水设施、污水处理程度和处理后的出水利用等因素综合考虑后确定。

新建地区的排水系统宜采用分流制，现有合流制排水系统，有条件的应按城镇排水规划的要求实施雨污分流改造；暂时不具备雨污分流条件的应采取截流、调蓄和处理相结合的措施。对水体保护要求高的地区，可对初期雨水进行截流、调蓄和处理。在缺水地区，宜对雨水进行收集、处理和综合利用。而在街道较窄、地下设施较多、修建污水和雨水两条管线有困难的地区，采用合流制有时可能是合理的。

第二节　排水系统的基本组成

排水系统是指排水的收集、输送、处理、再生和处置污水和雨水的设施以一定方式组合成的总体。以下分别介绍城市污水、工业废水、雨水等各排水系统的基本组成。

一、城市污水排水系统的基本组成

图2-5所示为城市污水排水系统总平面图示意。城市污水排水系统主要由以下几部分组成。

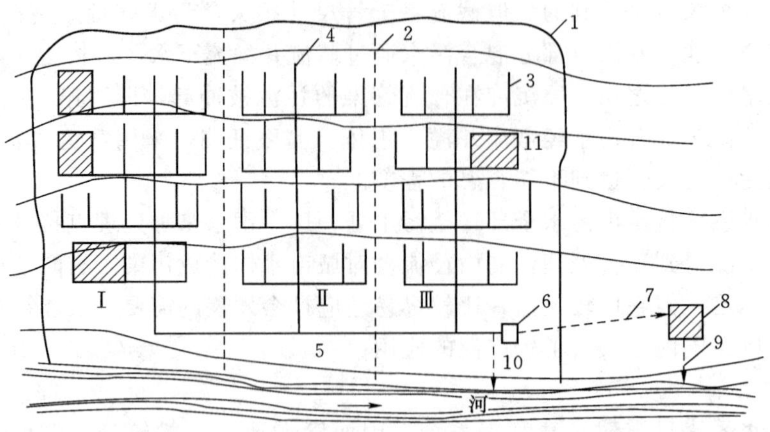

图 2－5　城市污水排水系统总平面图示意

Ⅰ，Ⅱ，Ⅲ—排水流域；1—小城镇边界；2—排水流域分界线；3—支管；4—干管；5—主干管；6—总泵站；7—压力管道；8—小城镇污水处理厂；9—出水口；10—事故排出口；11—工厂

1. 室内污水管道系统及设备

室内污水管道系统及设备的作用是收集建筑内部用水设备所排出的污水，并将其通过室内排水管道输送至室外污水管道中。

在住宅及公共建筑内，室内各种卫生设备（如大便器、污水池、洗脸盆等），既是人们用水的器具，也是生活污水排水系统的起端设备。如图 2－6 所示，生活污水经敷设在

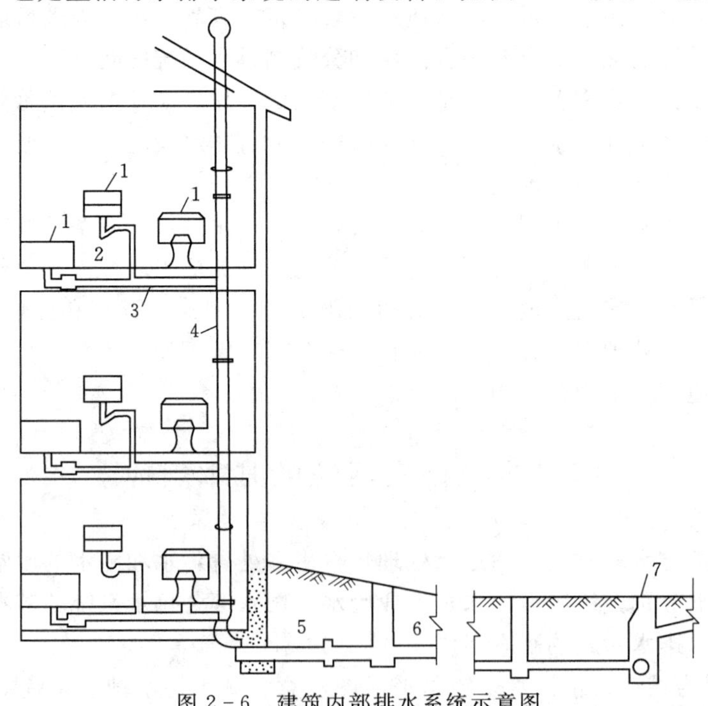

图 2－6　建筑内部排水系统示意图

1—卫生器具；2—水封管；3—支管；4—立管；5—出户管；6—庭院污水管道；7—检查井

室内的水封管、支管、立管、干管和出户管等室内污水管道系统流入室外居住小区污水管道系统。

各建筑物每一出户管与室外居住小区管道相接的连接点处均设置检查井，供检查和清通管道之用。

2. 室外污水管渠系统

建筑外地面下输送污水至泵站、污水处理厂或水体的管道系统，称为室外污水管道系统。它又分为居住小区管道系统及街道管道系统。

居住小区污水管道系统是指敷设在居住小区内，连接建筑物出户管的污水管道系统。它分为接户管、小区支管和小区干管。接户管是指布置在建筑物周围接纳建筑物各污水出户管的污水管道。小区污水支管是指布置在居住小区内与接户管连接的污水管道，一般布置在小区内道路下。小区污水干管是指在居住小区内，接纳各居住区内小区支管污水的管道。一般布置在小区道路或市政道路下。图 2-7 所示为某街区污水管道系统布置图。

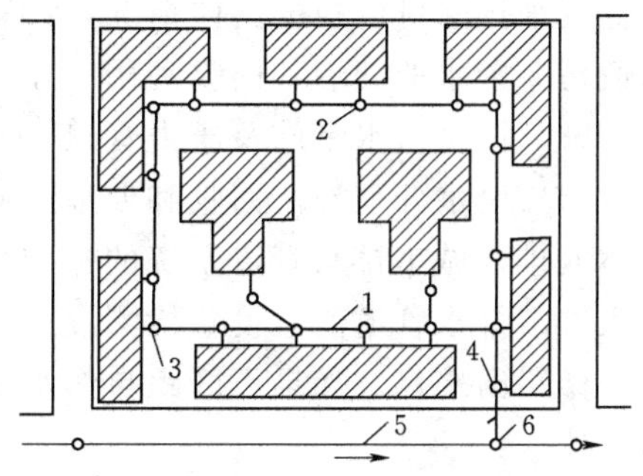

图 2-7 某街区污水管道系统布置图
1—污水管道；2—检查井；3—出户管；4—控制井；5—街道管；6—检查井

街道污水管道系统是指敷设在街道下，用以排除居住小区管道系统排入的污水。在一个市区内它由支管、干管、主干管及管道上的附属构筑物（检查井、跌水井、倒虹管等）组成。支管承受居住小区干管流来的污水或集中流量排出的污水。在排水区界内，常按分水线划分成几个排水流域。在各排水流域内，干管汇集由支管流来的污水，也称流域干管。主干管是汇集输送由两个或两个以上干管流来的污水管道，把污水输送至提升泵站、污水处理厂或通至水体出水口的管道。

3. 污水泵站及压力管道

污水在管道中一般靠重力流排除，因此管道按一定坡度敷设。当受到地形限制，需要将低处污水提升至高处时，就必须设置污水泵站，可分为局部泵站、中途泵站和总泵站。设在管道系统中途的泵站，称中途泵站；设在管道系统终点的泵站，称为终点泵站或总泵站。从泵站输送污水至高的重力流管段或至污水处理厂的承压管段，称为压力管道。

4. 污水处理厂

污水处理厂是为了处理和利用污水、污泥所建造的一系列处理构筑物及设施的综合体。城市污水处理厂一般设在城市河流下游地段，以利于污水的最终排放，并要求与建筑群有一定的卫生防护距离。若采用区域排水系统，就不需要每个城镇单独设置污水处理厂，而将全部污水送至区域污水处理厂进行统一处理。

5. 出水口及事故排出口

污水排入水体的出口称为出水口，是整个城市排水系统终点设备。事故排出口是在污水排水系统中途，易于发生故障部位设置的辅助性出口，如在污水总泵站之前所设置的辅助性出水渠。一旦发生故障，污水可通过事故排放口直接排入水体。

二、工业废水排水系统的基本组成

在工业企业中，用管道将厂内各生产车间所排出的不同性质的废水收集起来，送至废水处理构筑物。经处理后的水可再利用，或排入水体，或排入城市排水系统。有些工业废水符合排入城市排水系统的要求，而不需要处理时，可直接排入城市排水系统。

工业废水排水系统主要由以下几部分组成。

（1）车间内部管道系统和设备。作用是收集各生产设备排出的工业废水，并将其输送至厂区管道系统中去。

（2）厂区管道系统。敷设在厂区地下，用以汇集并输送各车间排出的工业废水。厂区工业废水排除可以根据具体情况，设置多个独立的管道系统（如清污分流、分质分流等），以便污、废水的处理和回收利用。在厂区管道上同样也应设置检查井等附属构筑物。

（3）厂区污水泵站及压力管道。

（4）废水处理站。回收和处理工业废水与污泥。通过处理，使工业废水达到直接排入水体或排入城市排水管道系统的标准。如果回收利用，则处理后的水应满足回用要求。在接入城市排水管道前宜设置检测设施。

（5）出水口。如果厂区距自然水体较近，可以将处理后的工业废水通过出水口直接排入水体。

三、雨水排水系统

雨水排水系统主要由以下部分组成。

（1）房屋雨水管道系统。其作用是收集和输送屋面雨水，并将其排入室外雨水管渠中去。主要包括屋面上的天沟、雨水斗和水落管及屋面雨水内排水系统。

（2）居住小区或工厂雨水管渠系统。主要包括设置在厂区、街坊或庭院内的雨水管渠和收集雨水的雨水口等。作用是收集地面和房屋雨水管道系统排来的雨水，并将其输送至街道雨水管渠系统中去。

（3）街道雨水管渠系统。主要包括设置于城市主要街道下的雨水管渠（支管、干管、主干管）、雨水口等。

（4）排洪沟。其作用是将可能危害居住区及厂区的山洪及时拦截并将其引至附近的水体，以保障城区的安全。

（5）雨水排水泵站。由于雨水径流量大，一般应尽量少设和不设雨水泵站。但在必要时也需设置，用以抽升雨水。

（6）雨水出水口。它是设在雨水排水系统终点的构筑物，雨水经出水口向水体排放。雨水排水系统的管渠上，也需设有检查井、消能井、跌水井等附属构筑物。

第三节　排水管渠系统上的附属构筑物

为了保证排水系统正常工作，在排水管渠系统上除设置管渠外，还需要设置一些必要的附属构筑物，常用的有检查井、跌水井、水封井、雨水口、沉泥井、连接暗井、截流井等。排水管渠系统上的附属构筑物对排水系统的工作有着重要影响。同时在排水系统的总造价中占相当大的比例。因此，须予以重视。

一、检查井

为便于对排水管渠进行检查和清通，在管渠上必须设置检查井。

检查井通常设在排水管道的交汇处、转弯处、管径或坡度改变处、跌水处以及直线管段上每隔一定距离处。检查井在直线管段上的最大间距见表 2-1。相邻两个检查井之间的管段应在一直线上。

表 2-1　检查井在直线管段上的最大间距

管径或暗渠净高/mm	最大间距/m	
	污水管道	雨水（合流）管道
200～400	40	50
500～700	60	70
800～1000	80	90
1100～1500	100	120
＞1500	120	120

检查井的平面形状一般为圆形，由井身、井底（包括井基）、井盖（包括井盖座）三部分组成，如图 2-8 所示。

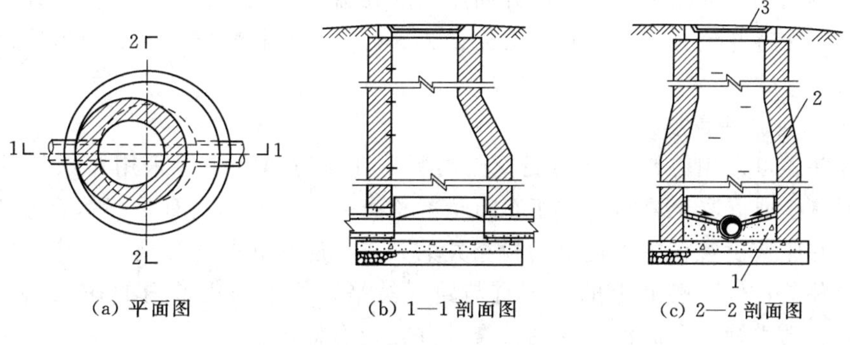

图 2-8　检查井

1—井底；2—井身；3—井盖

1. 井底（包括井基）

井底材料一般采用低强度混凝土，井基一般用碎石、卵石、碎砖夯实或由混凝土浇筑而成。井底部一般采用半圆形或弧形流槽连接上、下游管道，为使水流流过检查井时阻力较小。污水检查井流槽顶可与 0.85 倍大管管径处相平。雨水（合流）检查井流槽可与 0.5 倍大管管径处相平。井壁与流槽间的面积称为井台（或沟肩），是维护人员操作时站立的地方，其宽度一般不应小于 200mm，井台应有 0.02～0.05 坡度坡向流槽，以防检查井积水时淤积沉泥。在管渠转弯和几条管渠交汇处，为使水流通畅，流槽中心的弯曲半径应按转弯的角度及管径的大小确定，并不得小于大管的管径。检查井各种流槽的平面形式如图 2-9 所示。

2. 井身

检查井井身材料采用砖石、混凝土或钢筋混凝土建造。国外多采用钢筋混凝土预制，

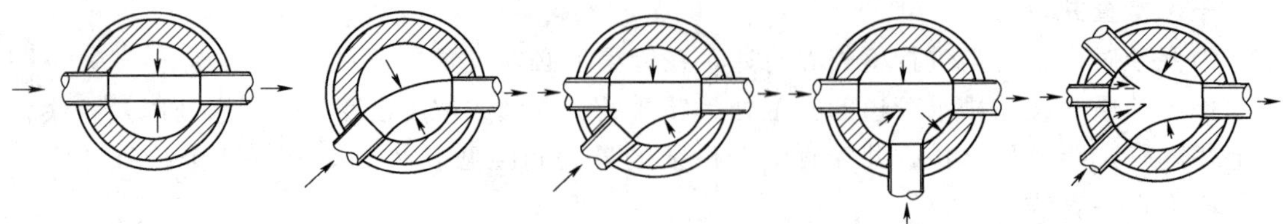

图 2-9 检查井底流槽的形式

我国则多采用砖砌，以水泥砂浆抹面。近年来，已开始采用聚合物混凝土、塑料预制检查井。检查井宜采用成品井，污水和合流检查井应进行闭水试验。

井身的构造与是否需要工人下井有密切关系，井口、井筒和井室的尺寸应便于养护和维修。不需要下人的浅井，其构造简单，一般为直壁圆筒形。需要下人的井在构造上可分为工作室、减缩部和井筒三部分。工作室是养护人员养护时下井进行临时操作的地方，不应过分狭小，其直径不能小于 1m，其高度在埋深许可时宜为 1.8m，污水检查井由流槽顶算起，雨水（合流）检查井由管底算起。为降低检查井造价，缩小井盖尺寸，井筒直径一般比工作室小，但为了工人检修出入安全与方便，其直径不应小于 0.7m。井筒与工作室之间可采用锥形渐缩部连接，渐缩部高度一般为 0.6～0.8m，也可以在工作室顶偏向出水管渠一侧加钢筋混凝土盖板梁，井筒则砌筑在盖板梁上。为便于上下，井身在偏向进水管渠一侧应保持井壁直立。在井身上需设爬梯。爬梯和脚窝的尺寸、位置应便于检修和上下安全。

3. 井盖（包括井盖座）

检查井井盖可采用铸铁或钢筋混凝土材料，在车行道上一般采用铸铁。盖座采用铸铁、钢筋混凝土或混凝土材料。位于车行道的检查井，应采用具有足够承载力和稳定性良好的井盖和井座。设置在主干道上的检查井的井盖基座宜和井体分离。检查井宜采用具有防盗功能的井盖，位于路面上的井盖宜与路面持平；位于绿化带内的井盖，不应低于地面。污水管、雨水管、合流污水管的检查井井盖应有标识。

在压力管道上应设置压力检查井，在高流速排水管道坡度突然变化的第一座检查井宜采用高流槽排水检查井，并采取增强井筒抗冲击和冲刷能力的措施，井盖宜采用排气井盖。在污水干管每隔适当距离的检查井内和泵站前宜设置深度为 0.3～0.5m 的沉泥槽。接入检查井的支管（接户管或连接管）管径大于 300mm 时，支管数不宜超过 3 条。检查井与管渠接口处，应采取防止不均匀沉降的措施。检查井和塑料管道应采用柔性连接。

二、跌水井

当检查井内衔接的上下游管渠的管底标高跌落差大于 1m 时，为削减水流速度，防止冲刷，在检查井内应设有消能措施，这种检查井称为跌水井。由于水流跌落时具有很大的冲击力，所以井底要坚固，要有减速防冲及消能的设施。跌水井是设有消能设施的检查井，当管道跌水水头为 1.0～2.0m 时，宜设跌水井；当跌水水头大于 2.0m 时，应设跌水井；管道在转弯处不宜设跌水井。常用的跌水井有两种形式，即竖管式（或矩形竖槽式）跌水井和溢流堰式跌水井。前者适用于管径 $d \leqslant 400$mm 的管道，后者适用于管径 $d > 400$mm 的管道。管径大于 600mm 时，其一次跌水高度及跌水方式应按水力计算确定。

当管道跌水高度在1m以内时，可以不设跌水井，只要将检查井井底做成斜坡即可。

竖管式跌水井构造如图2-10所示。这种跌水井一般可不做水力计算。当管径不大200mm时，一次跌水高度不宜超过6m；当管径为300～600mm时，一次跌水高度不宜超过4m。跌水方式可采用竖管或矩形竖槽。

溢流堰式跌水井的构造如图2-11所示。它的主要尺寸（包括井长、跌水水头高度）及跌水方式等均应通过水力计算确定。这种跌水井也可用阶梯形跌水方式代替。

三、水封井

当工业废水能产生引起爆炸或火灾的气体时，其管道系统中必须设置水封井。水封井的位置应设在产生上述废水的生产装置、储罐区、原料储运场地、成品仓库、容器洗涤车间等的废水排出口处及其干管上每隔适当距离处。水封井以及同一管道系统的其他检查井，均不应设在车行道和行人众多的地段，并应适当远离产生明火的场地。水封深度不应小于0.25m，井上宜设通风管，井底应设沉泥槽。图2-12所示为水封井的构造。

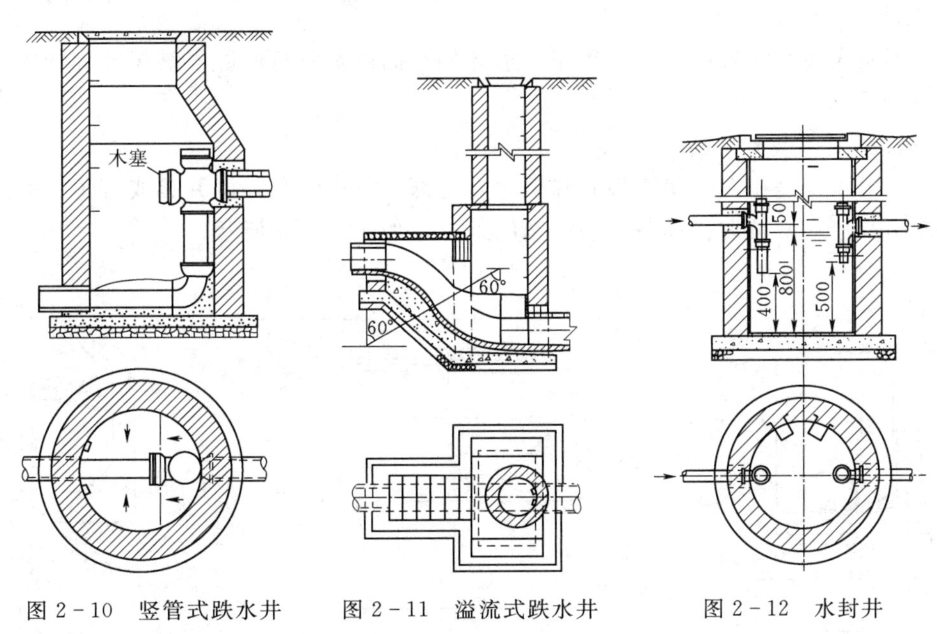

图2-10　竖管式跌水井　　图2-11　溢流式跌水井　　图2-12　水封井

四、雨水口、沉泥井、连接暗井

（一）雨水口

雨水口的作用是用来收集地面的水径流，然后经过连接管流入雨水管道或合流管道中。

雨水口的设置位置应能保证迅速、有效地收集地面雨水。一般应在交叉路口、路侧边沟的一定距离处以及设有道路边石的低洼地方设置，以防止雨水漫过道路或造成道路及低洼地区积水而妨碍交通。

雨水口的设置数量按汇水面积上产生的径流量和雨水口排泄能力计算确定。一般单个平箅雨水口能排泄的地面径流量为15～20L/s。道路上雨水口的间距一般为25～50m（视汇水面积大小而定）。在低洼和易积水的地段，应根据需要适当增加雨水口的数量。当道路坡度大于 0.02 时，雨水口的间距可大于 50m，其形式、数量和布置应根据具体情况和计算确定。坡段较短时可在最低点处集中收水，其雨水口的数量和面积应适当加大。

雨水口由进水箅、井筒、井底和连接管组成。进水箅一般用铸铁制成，也有混凝土制品。进水箅条与水流方向平行时泄水效果最好。井筒由砖砌或预制混凝土构件制成。雨水口以连接管与街道排水管渠的检查井相连。连接管的管径一般为 200mm，长度不超过 25m，连接管串联雨水口个数不宜超过 3 个，坡度一般为 0.01。雨水口的深度不宜大于 1m，并根据需要设置沉泥槽。

按一个雨水口设置的井箅数量的多少，分为单箅、双箅、多箅雨水口。按照进水箅在街道上的安放位置可以分为平箅式雨水口、立箅式雨水口、联合式雨水口。

1. 平箅式雨水口（边沟雨水口）

进水箅设置在道路边沟上，箅条与雨水流向平行。适用于道路坡度较小，汇水量较小，有道牙的路面上，如图 2-13 所示。

2. 立箅式雨水口（边石雨水口）

进水箅嵌入边石垂直放置。适用于有道牙的路面以及箅条间隙易被树叶等物体堵塞的地方。

3. 联合式雨水口

联合式雨水口是指在道路边沟底和侧边石上都安放进水篦，两井箅成直角。适用于有道牙的道路及汇水量较大且箅条容易堵塞的地方，如图 2-14 所示。

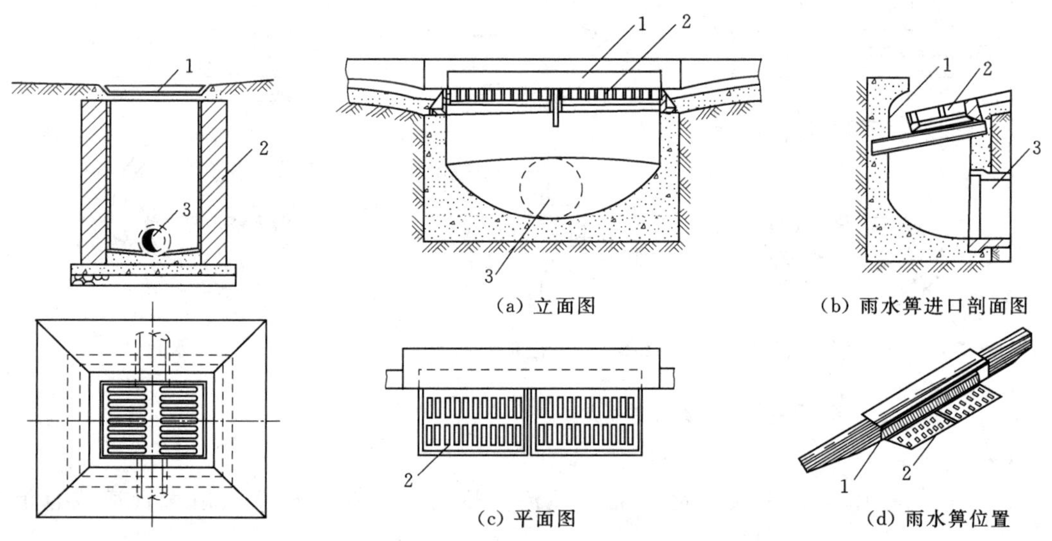

图 2-13 平箅式雨水口

1—进水箅；2—井筒；3—连接管

图 2-14 双箅联合式雨水口

1—边石进水箅；2—边沟进水箅；3—连接管

（二）沉泥井

雨水口的底部可根据需要做成有沉泥井或无沉泥井的形式，有沉泥井的雨水口（图 2-15）可截留雨水所挟带的砂砾，以免使砂砾进入管道造成淤积。但沉泥井往往积水，孳生蚊蝇，散发臭气，影响环境卫生，因此需要经常清除，增加了养护工作量。因此，雨水口宜

设置污物截留设施。

（三）连接暗井

雨水口上的连接管与街道排水管渠用检查井相连。当排水管径大于 800mm 时，可不设检查井，而设连接暗井（图 2-16）。由于连接暗井的井身不露出地面，因而造价比检查井低，但是清通和维修不便，所以在管径较大时才考虑采用。

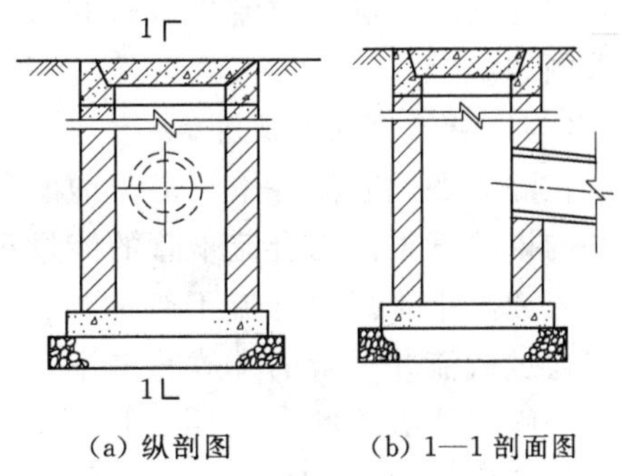

(a) 纵剖图　　(b) 1—1 剖面图

图 2-15　有沉泥井的雨水口

五、截流井

在截流式合流制管渠系统中，通常在合流管渠与截流干管的交汇处设置截流井，其作用是将

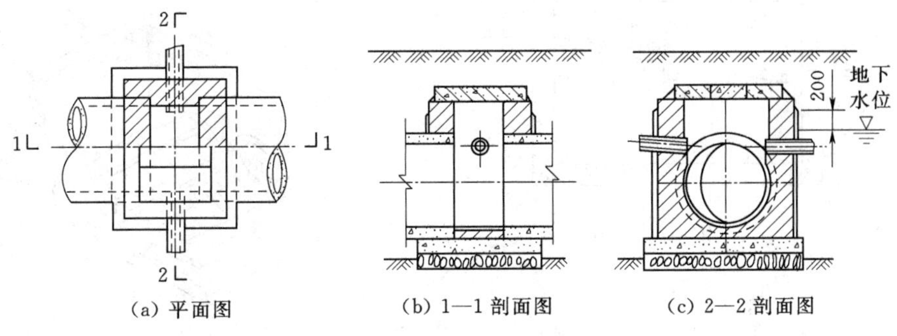

(a) 平面图　　(b) 1—1 剖面图　　(c) 2—2 剖面图

图 2-16　连接暗井

超过截流井下游输水能力的那部分水量，通过截流井溢流排出。它既要使截流的污水进入截污系统，又要保证在大雨时不让超过截流量的雨水进入截污系统，以防止下游截污管道的实际流量超过设计流量，避免发生污水反冒和给污水处理厂带来冲击。截流井是截流干管上最重要的构筑物。

截流井的位置应根据污水截流干管位置、合流管渠位置、溢流管下游水位高程和周围环境等因素确定。截流井宜采用槽式，也可采用堰式或槽堰结合式。管渠高程允许时应采用槽式，当选用堰式或槽堰结合式时，堰高和堰长应进行水力计算。

（一）截流槽式截流井

截流槽式截流井的构造如图 2-17 所示。截流槽是设在截流井的底部，而截流槽上顶低于合流干管与排放管道的管底，略高于截流干管的上顶。当合流干管混合污水流量小于截流干管的设计流量时，污水由合流干管跌入截流槽内，并由截流井流向截流干管的下游。当合流干管的流量大于截流干管的设计流量时，便有多余的混合污水，由截流槽的上顶溢出；经截流井下游的排放管渠排入自然水体。截流槽式截流井在使用中受到限

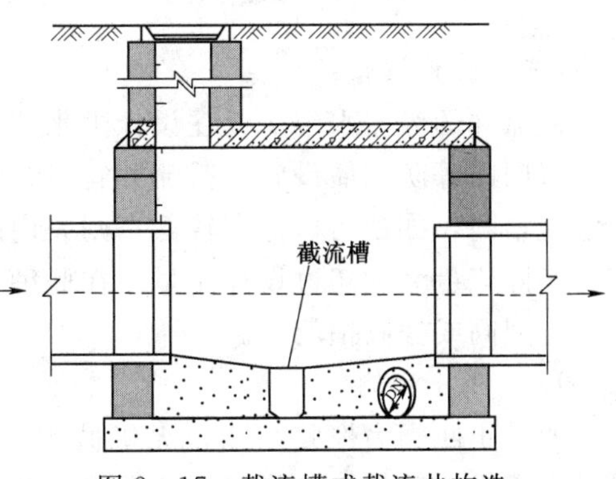

图 2-17　截流槽式截流井构造

制，因为它必须满足溢流排水管的管内底标高高于排入水体的水位标高，否则水体会倒灌入管网。

（二）溢流堰式截流井

在溢流堰式截流井中，溢流堰的一侧是合流干管与截流干管衔接的流槽，另一侧是截流井的排放管渠。当合流干管的流量小于截流干管的设计流量时，混合污水由合流干管直接流入截流干管。当合流干管的流量超过截流干管的设计流量时，混合污水便溢过溢流堰，通过截流井下游的排放管渠排入水体。在合流制截污系统中用得较成熟的各种堰式截流井有固定堰截流井、可调折板堰截流井、虹吸堰截流井、旋流阀截流井、带闸板截流井。其结构如图 2-18～图 2-21 所示。

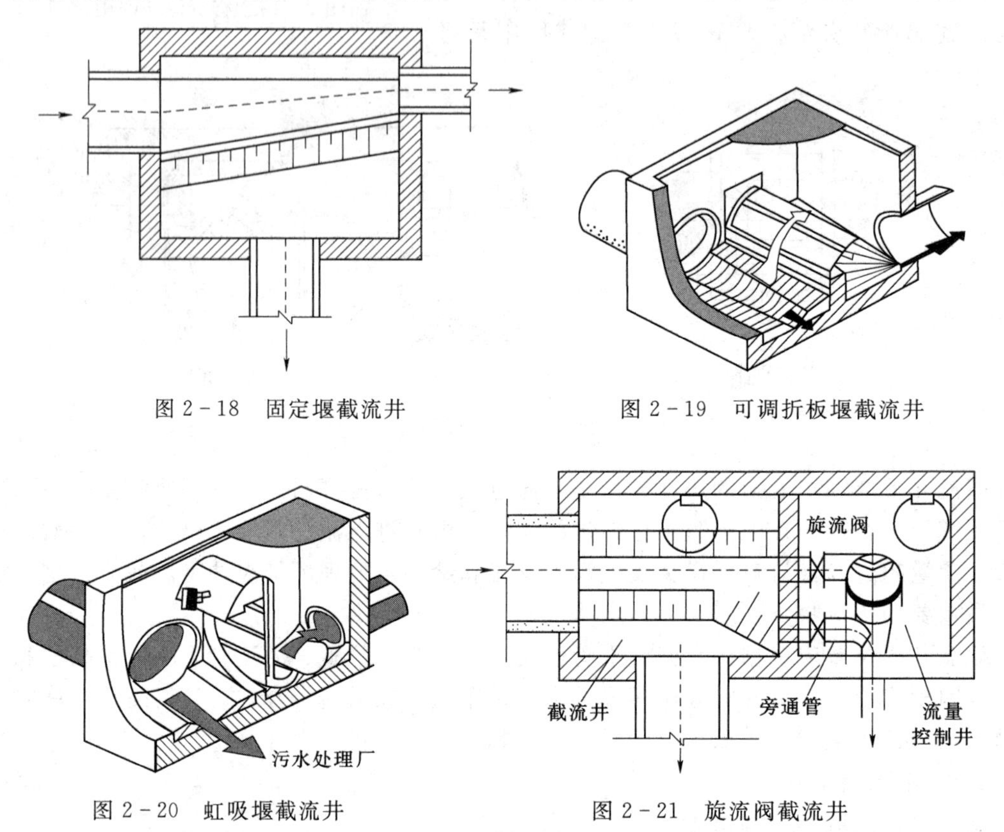

图 2-18 固定堰截流井

图 2-19 可调折板堰截流井

图 2-20 虹吸堰截流井

图 2-21 旋流阀截流井

（三）防倒灌设施

截流井的溢流水位应设在设计洪水位或受纳管道设计水位以上，当不能满足要求时，应设置闸门等防倒灌设施。截流井宜设置流量控制设施。当雨量特别大时排放渠中的水位会急速增高，如截污口标高较低，则渠内的水将倒灌至截污井而进入截污管道，使截污管道的实际流量大大超过设计流量。在此种情况下，需考虑为截污系统设置防倒灌设施，如鸭嘴止回阀或橡胶拍门等。

1. 鸭嘴止回阀

鸭嘴止回阀为橡胶结构，无机械部件，具有水头损失小、耐腐蚀、寿命长、安装简单、无需维护等优点，将其安装在截流井排放管端口即可解决污水倒灌问题。

2. 橡胶拍门

在截流井的溢流堰上安装拍门，可使防倒灌问题直接在截流井的内部解决。拍门采用橡胶材料，水头损失小，耐腐蚀。

六、出水口

出水口是设在排水系统终点的构筑物。污水经由出水口向水体排放。排水管渠出水口的位置、形式和出口流速，应根据受纳水体的水质要求、水体的流量、水位变化幅度、水流方向、波浪状况、稀释自净能力、地形变迁和气候特征等因素确定，并应取得当地卫生监督部门及水体管理部门的同意。

出水口与水体岸边连接处应采取防冲刷、消能、加固等措施，一般用浆砌块石做护墙和铺底，并视需要设置标志。在受冻胀影响地区的出水口，应考虑用耐冻胀材料砌筑，出水口的基础必须设置在冰冻线以下。

出水口设在岸边的称岸边式出水口。为使污水与河水较好混合，污水出水口一般采用淹没式，即出水管的管底标高低于水体的常年水位，也可采用河床分散式出水口，即将污水管道顺河底用铸铁管或钢管引至江心，用分散排水口将污水排入水体。雨水出水口也可采用非淹没式，即管底标高最好高于水体最高水位以上或正常水位以上，以免河水倒灌。当出水口标高高于水体水面太多时，应设单级或多级跌水消能，以防止产生冲刷。采用岸边式出水口时，出水口与岸边的连接部分应设挡土墙护坡，以保护河岸和出水管，底板也要防冲加固。

当排水管渠的出水口受水体水位顶托时，应根据地区的重要性和积水造成的后果，设置防潮门、闸门或泵站等设施。

图 2-22～图 2-24 所示分别为一字式出水口、八字式出水口和江心分散式出水口。

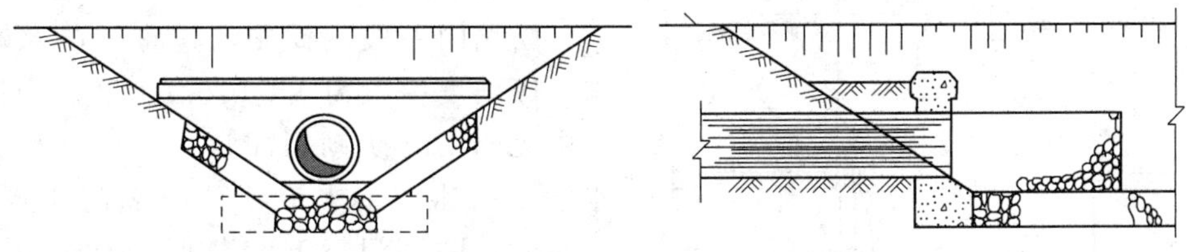

图 2-22　一字式出水口

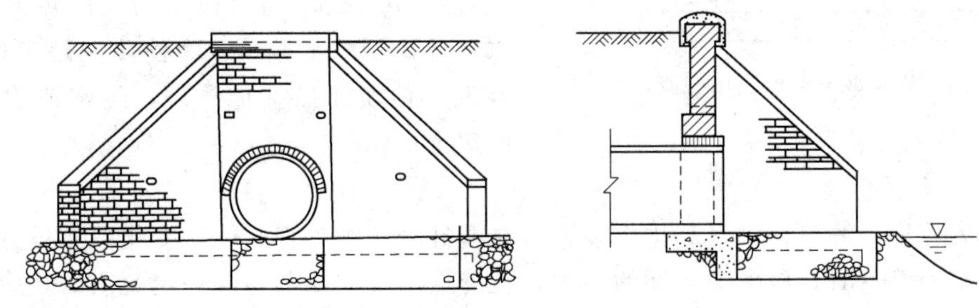

图 2-23　八字式出水口

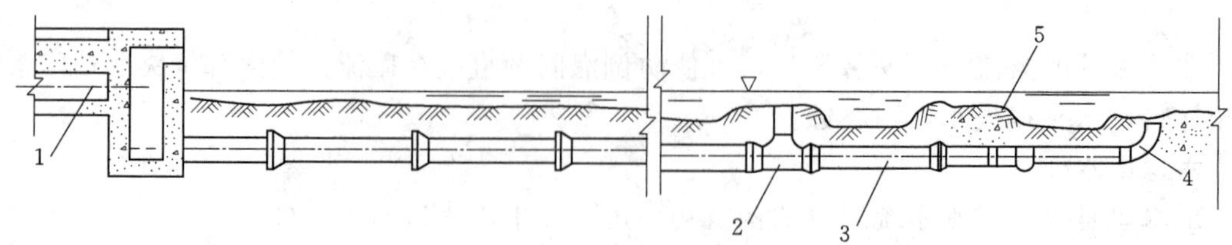

图 2-24　江心分散式出水口

1—进水管渠；2—T 形管；3—渐缩管；4—弯头；5—石堆

七、冲洗井、防潮门、排气和排空装置

1. 冲洗井

当污水管道内的流速不能保证自清时，为防止淤塞，可设置冲洗井。冲洗井有两种做法，即人工冲洗和自动冲洗。自动冲洗井一般采用虹吸式，其构造复杂，造价很高，目前已很少采用。人工冲洗井的构造比较简单，是一个具有一定容积的普通检查井。冲洗井出流管道上设有阀门，井内设有溢流管以防止井中水深过大。冲洗水可利用上游来的污水或自来水。用自来水时，供水管的出口必须高于溢流管管顶，以免污染自来水。

冲洗井一般适用于小于 400mm 管径的较小管道上，冲洗管道的长度一般为 250m 左右。

2. 防潮门

临海城市的排水管渠往往受潮汐的影响，为防止涨潮时潮水倒灌，在排水管渠出水口上游的适当位置上应设置装有防潮门（或平板闸门）的检查井，如图 2-25 所示。临河城市的排水管渠，为防止高水位时河水倒灌，有时也采用防潮门。

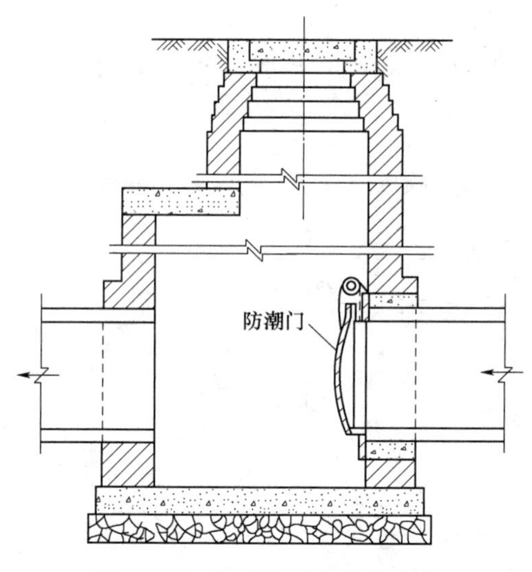

图 2-25　装有防潮门的检查井

防潮门一般用铁制，其座子口部略带倾斜，倾斜度一般为 1∶10～1∶20。当排水管渠中无水时，防潮门靠自重密闭。当上游排水管渠来水时，水流顶开防潮门排入水体。涨潮时，防潮门靠下游潮水压力密闭，使潮水不会倒灌入排水管渠。设置了防潮门的检查井井口应高出最高潮水位或最高河水位，或者井口用螺栓和盖板密封，以免潮水或河水从井口倒灌至城镇。为使防潮门工作可靠、有效，必须加强维护管理，经常清除防潮门座口上的杂物。

3. 排气和排空装置

重力流管道系统可设排气和排空装置，在倒虹管长距离直线输送变化段宜设置排气装置。设计压力管道时，应考虑水锤的影响，在管道的高点以及每隔一定距离处，应设置排气装置。排气装置有排气井、排气阀等，排气井的建筑应与周围环境协调。在管道的低点

以及每隔一定距离处，应设排空装置。

八、倒虹管

排水管渠遇到河流、山涧、洼地或地下构筑物等障碍物时，不能按原有的坡度埋设，而是按下凹的折线方式从障碍物下通过，这种管道称为倒虹管。倒虹管由进水井、下行管、平行管、上行管和出水井等组成，如图 2-26 所示。

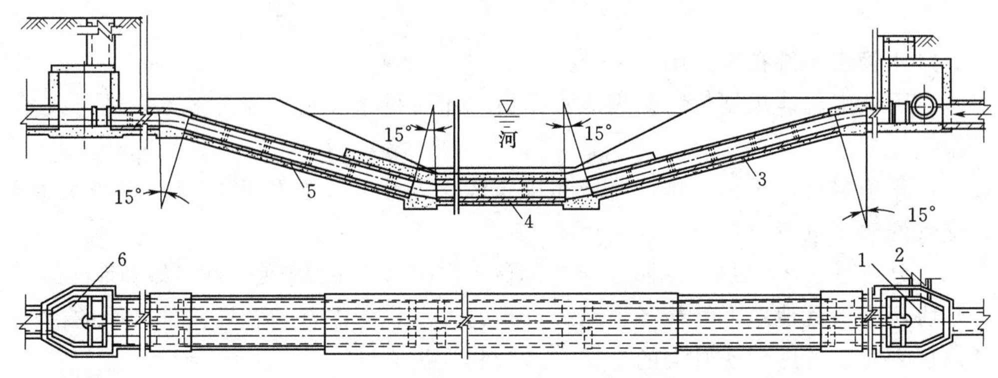

图 2-26　倒虹管

1—进水井；2—事故排出口；3—下行管；4—平行管；5—上行管；6—出水井

1. 倒虹管设计的有关规定

(1) 确定倒虹管的路线时，应尽可能与障碍物正交通过，以缩短倒虹管的长度，并应选择在河床较稳定、不易被水冲刷的地段及埋深较小的部位敷设。

(2) 通过河道的倒虹管不宜少于两条；通过谷地、旱沟或小河的倒虹管可采用一条，通过障碍物的倒虹管，应符合与该障碍物相交的有关规定。穿过河道的倒虹管管顶与规划河底距离一般不宜小于 1.0m，通过航运河道时，其位置和规划河底距离应与航运管理部门协商确定，并设置标志，遇冲刷河床应考虑采取防冲措施。

2. 防止倒虹管内污泥淤积的措施

由于倒虹管的清通比一般管道困难得多，因此必须采取各种措施来防止倒虹管内污泥的淤积。可采取以下措施。

(1) 管内设计流速应大于 0.9m/s，并应大于进水管内的流速，当管内流速达不到 0.9m/s 时，应增加定期冲洗措施，冲洗流速不应小于 1.2m/s。合流管道的倒虹管应按旱流污水量校核流速。

(2) 最小管径宜为 200mm。

(3) 在进水井设置可利用河水冲洗的设施。

(4) 在进水井或靠近进水井的上游管渠的检查井中，在取得当地卫生主管部门同意的条件下，设置事故排出口。当需要检修倒虹管时，可以让上游污水通过事故排出口直接泄入河道。

(5) 倒虹管进水井的前一检查井，应设置沉泥槽。

(6) 倒虹管的上下行管与水平线夹角应不大于 30°。

(7) 为了调节流量和便于检修，在进水井中应设置闸槽或闸门，有时也用溢流堰来代替。进、出水井应设置井口和井盖。倒虹管进、出水井的检修室净高宜高于2m，进、出水井较深时，井内应设检修台，其宽度应满足检修要求。当倒虹管为复线时，井盖的中心应设在各条管线的中心线上。

第四节 排水系统的布置

一、排水管道系统布置原则

（1）按照城市总体规划，结合当地实际情况布置排水管道，并对多方案进行技术经济比较。

（2）首先确定排水区界、排水流域和排水体制，然后布置排水管道，应按从主干管、干管、支管的顺序进行布置。

（3）充分利用地形，尽量采用重力流排除污水和雨水，并力求使管线最短和埋深最小。

（4）协调好与其他地下管线和道路等工程的关系，考虑好与企业内部管网的衔接。

（5）规划时要考虑到使管渠的施工、运行和维护方便。

（6）规划布置时应远近期相结合，考虑分期建设的可能性，并留有充分的发展余地。

二、排水管道系统布置形式

1. 城镇排水管道系统

城镇排水管道系统在平面上的布置，应根据地形、竖向规划、污水处理厂的位置、土壤条件、河流情况以及污水种类和污染程度等因素而定。下面介绍几种以地形为主要考虑因素的布置形式，如图2-27所示。实际中单独采用一种布置形式较少，通常是根据当地条件，因地制宜地采用综合布置形式。

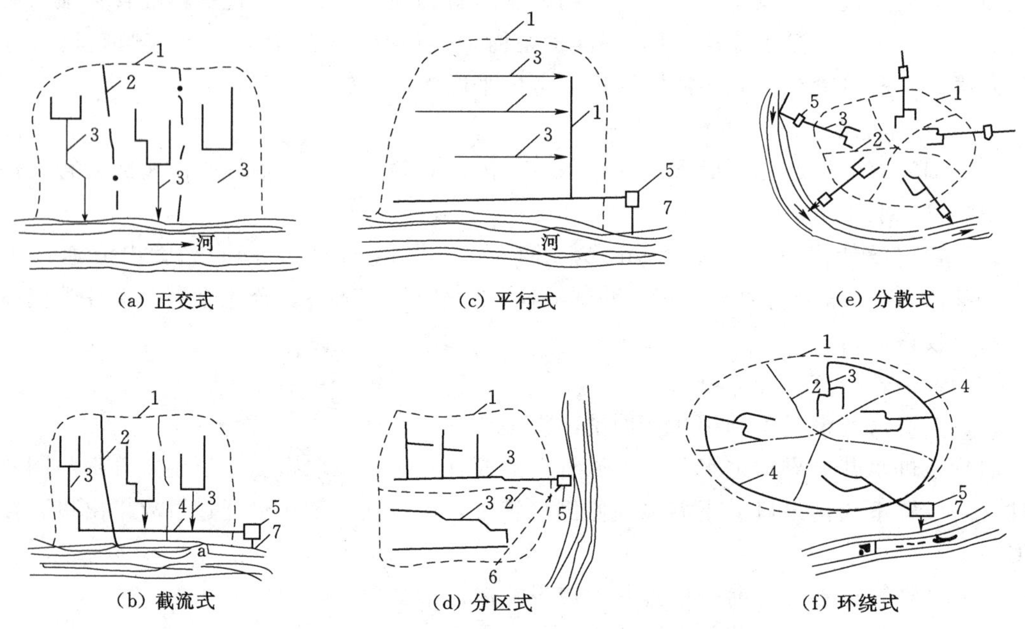

图2-27 城镇排水管道系统布置形式

1—城镇边界；2—排水流域分界线；3—干管；4—主干管；5—污水处理厂；6—泵站；7—出水口

在地势向水体有一定程度倾斜的地区，各排水流域的干管可以最短距离沿与水体垂直相交的方向布置，这种布置也称为正交式布置［图2－27（a）］。正交布置的干管长度短，管径小，因而较经济，污水和雨水排出也迅速，这种布置形式多用于原老城市合流制排水系统。但由于污水未经处理就直接排放，会使水体遭受严重污染，影响环境。因此，在现代城镇中，这种布置形式仅用于排除雨水。若沿河岸再敷设主干管，并将各干管的污水截流送至污水处理厂，这种布置形式称为截流式布置［图2－27（b）］，所以截流式是正交式发展的结果。截流式布置对减轻水体污染、改善和保护环境有重大作用。它适用于分流制排水系统，将生活污水、工业废水及初降雨水经处理后排入水体；也适用于区域排水系统，区域主干管截流各城镇的污水送到区域污水处理厂进行处理。截流式的合流制排水系统，因雨天有部分混合污水泄入水体，会造成对受纳水体一定程度的污染。

在地势向河流方向有较大倾斜的地区，为了避免因干管坡度过大而导致管内流速过大，使管道受到严重冲刷或跌水井过多，可使干管与等高线及河道基本上平行，主干管与等高线及河道成一倾斜角敷设，这种布置也称为平行式布置［图2－27（c）］。

在地势高差很大的地区，当污水或雨水不能靠重力流至污水处理厂或出水口时，可采用分区式布置［图2－27（d）］。这时，可分别在地势较高地区和地势较低地区敷设独立的管道系统。地势较高地区的污水或雨水靠重力流直接流入污水处理厂或出水口，而地势较低地区的污水或雨水用水泵抽送至地势较高地区干管或污水处理厂。这种布置只能用于个别阶梯地形或起伏很大的地区，它的优点是能充分利用地形排水，节省电力。如果将地势较高地区的污水排至地势较低的地区，然后再用污水泵抽送至污水处理厂是不经济的。

当城市周围有合流，或城市中央部分地势高且向周围倾斜，各排水流域的干管常采用辐射状分散式布置［图2－27（e）］，各排水流域具有独立的排水系统。这种布置具有干管长度短、管径小、管道埋深浅、便于污水灌溉等优点，但污水处理厂和泵站（如需设置时）的数量将增多。在地势平坦的大城市，采用辐射状分散式布置可能比较有利，如上海等城市便采用这种布置形式。

近年来，由于建造污水处理厂用地不足以及建造大型污水处理厂的基建投资和运行管理费用也较建造小型污水处理厂经济等原因，故不希望建造数量多、规模小的污水处理厂，而倾向建造规模大的污水处理厂。所以，可沿四周布置主干管，将各干管的污水截流送往污水处理厂集中处理（雨水就近排入水体），这样就由分散式发展成环绕式布置［图2－27（f）］。

2. 区域排水系统

区域是按照地理位置、自然资源和社会经济发展情况划定的，这种规划可以在一个更大范围内统筹安排经济、社会和环境的发展关系。区域规划有利于对污水的所有污染源进行全面规划和综合整治以及水污染防治，有利于建立区域（或称流域）性排水系统。

将两个以上城镇地区的污水统一排除和处理的系统，称为区域（或流域）排水系统。这种系统是以一个大型区域污水处理厂代替许多分散的小型污水处理厂，这样就能降低污水处理厂的基建和运行管理费用，而且能可靠地防止工业和人口稠密地区的地面水污染，改善和保护环境。实践证明，生活污水和工业废水的混合治理效果以及控制的可靠性，大型区域污水处理厂比分散的小型污水处理厂要高。所以，区域排水系统由局部单项治理发展至区域综合治理，是控制水污染、改善和保护环境的新举措。要解决好区域综合治理，应运用系统工程学的理论和方法以及现代计算技术和控制理论，对复杂的各种因素进行系统分析，建立各种模拟试验和数学模式，寻找污染控制的设计和管理的最优化方案。

图 2－28 所示为某地区的区域排水系统平面示意图。全区有六座已建和新建城镇，在已建的城镇中均分别建了污水处理厂。按区域排水系统的规划，废除了原建成的各城镇污水处理厂，用一个区域污水处理厂处理全区域排出的污水，并根据需要设置了泵站。

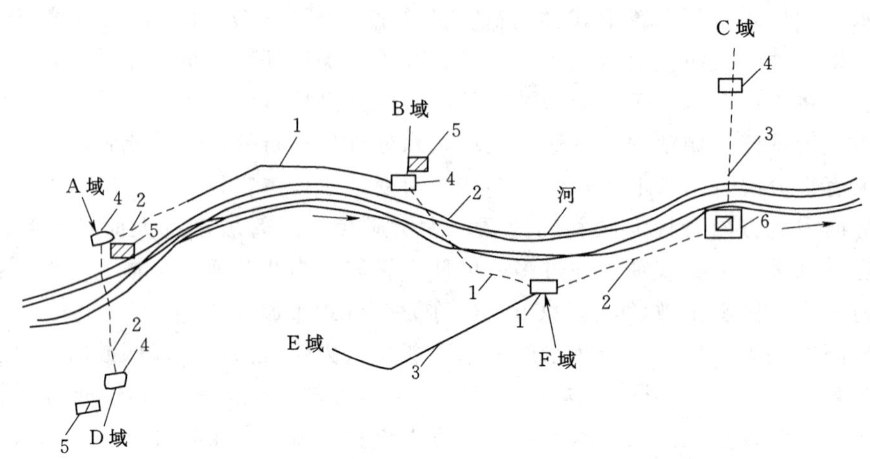

图 2－28　区域排水系统平面图示意

1—区域干管；2—压力管道；3—新建城市污水干管；4—泵站；5—废除的城镇污水处理厂；6—区域污水

区域排水系统在欧美、日本等一些国家正在推广使用。它的优点有：①污水处理厂数量少，处理设施大型化，每单位水量的基建和运行管理费用低，因而经济；②污水资源利用与污水排放的体系合理化，而且可能形成统一的水资源管理体系。但是，它也具有缺点：①当排入大量工业废水时，有可能使污水处理发生困难；②工程设施规模大，造成运行管理困难，而且一旦污水处理厂运行管理不当，对整个河流影响较大；③因工程设施规模大，所以发挥效益慢。

三、污水管道系统布置

污水管道系统布置的主要内容有：确定排水区界，划分排水流域；选择污水处理厂出水口的位置；拟定污水主干管及干管的布置与定线；确定需要提升的排水区域和设置泵站的位置等。平面布置得正确合理，可为设计阶段奠定良好基础，并使整个排水系统节省投资。

1. 确定排水区界、划分排水流域

污水排水系统设置的界限为排水区界。它是根据城市规划的设计规模确定的。一般情况下，凡是卫生设备设置完善的建筑区都应布置污水管道。

在排水区界内，一般根据地形划分为若干个排水流域。在丘陵和地形起伏的地区，流域的分界线与地形的分水线基本一致，由分水线所围成的地区即为一个排水流域。在地形平坦无显著分水线的地区，应使主干管在最大埋深的情况下，让绝大部分污水自流排出。如有河流或铁路等障碍物贯穿，应根据地形情况、周围水体情况及倒虹管的设置情况等，通过方案比较，决定是否分为几个排水流域。每一个排水流域应有一根或一根以上的干管，根据流域高程情况，就能确定干管水流方向和需要污水提升的地区。

2. 污水处理厂和出水口位置的选定

现代化的城镇需将各排水流域的污水通过主干管送到污水处理厂，经处理后再排放，以保护受纳水体。因此，在污水管道系统布置时，应遵循以下原则选定污水处理厂和出水口的位置。

(1) 出水口应位于城市河流的下游。

(2) 出水口不应设回水区，以防回水区的污染。

(3) 污水处理厂要位于河流的下游，并与出水口尽量靠近，以减少排放渠道的长度。

(4) 污水处理厂应设在城镇夏季主导风向的下风向，并与城镇、工矿企业以及郊区居民点保持300m以上的卫生防护距离。

(5) 污水处理厂应设在地质条件较好、不受雨洪水威胁的地方，并有扩建的余地。

综合考虑以上原则，在取得当地卫生和环保部门同意的前提下，确定污水处理厂和出水口的位置。

3. 污水管道的布置与定线

污水管道平面布置，一般按主干管、干管、支管的顺序进行。在总体规划中，只决定污水主干管、干管的走向与平面位置。在详细规划中，还要决定污水支管的走向及位置。

在进行定线时，要在充分掌握资料的前提下综合考虑各种因素，使拟定的路线能因地制宜地利用有利条件，避免不利条件。通常影响污水管道平面布置的主要因素有：地形和水文地质条件；城市总体规划、竖向规划和分期建设情况；排水体制、路线数目；污水处理利用情况、污水处理厂和排放口位置；排水量大的工业企业和公共建筑情况；道路和交通情况；地下管线和构筑物的划分。

地形是影响管道定线的主要因素。定线时应充分利用地形，在整个排水区域较低的地方，如集水线或河岸低处敷设主干管及干管，便于支管的污水自流接入。地形较复杂时，宜布置成几个独立的排水系统，如由于地表中间隆起而布置成两个排水系统。若地势起伏较大，宜布置成高低区排水系统，高区不宜随便设跌水，可利用重力排入污水处理厂并减少管道埋深；个别低洼地区应局部提升。

污水主干管的走向与数目取决于污水处理厂和出水口的位置与数目。如大城市或地形平坦的城市，可能要建几个污水处理厂，分别处理与利用污水，这就需设几个主干管。若几个城镇合建污水处理厂，则需建造相应的区域污水管道系统。

污水干管一般沿城镇道路敷设，不宜设在交通繁忙的快车道下和狭窄的道路下，也不宜设在无道路的空地上，而通常设在污水量较大或地下管线较少一侧的人行道、绿化带或慢车道下。道路宽度超过40m时，可考虑在道路两侧各设一条污水管，以减少连接支管的数目以及与其他管道的交叉，并便于施工、检修和维护管理。污水干管最好以排放大量工业废水的工厂（或污水最大的公共建筑）为起端，除了能较快发挥效用外，还能保证良好的水力条件。某城市污水管道布置如图2-29所示。

污水支管的平面布置取决于地形及街区建筑特征，并应便于用户接管排水。当街区面积较小而街区污水管道可采用集中出水方式时，污水支管敷设在服务街区较低侧的街道下，如图2-29 (a) 所示，称低边式布置；当街区面积较大且地形平坦时，宜在街区四周的街道敷设污水支管，如图2-29 (b) 所示，建筑物的污水排出管可与街道支管连接，

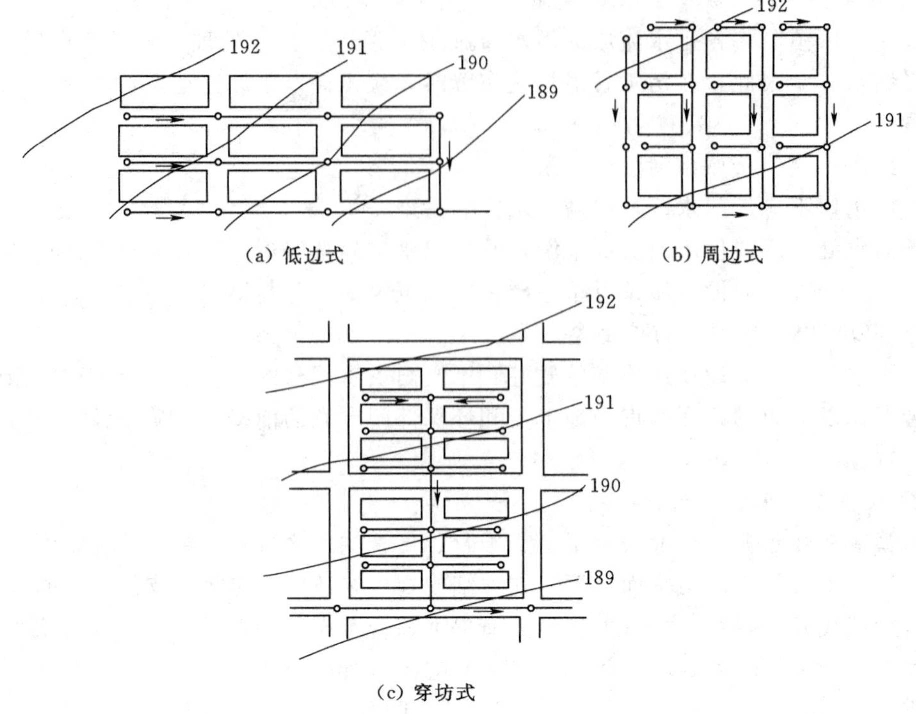

(a) 低边式 (b) 周边式

(c) 穿坊式

图 2-29 污水支管的平面布置

称周边式布置；当街区已按规定确定，街区内的污水管道已按各建筑物的需要设计，组成一个系统时，可将该系统穿过其他街区并与所穿过街区的污水管道相连接，如图 2-29 (c) 所示，称为穿坊式布置。

4. 确定污水管道系统的控制点和泵站的设置地点

控制点是指在污水排水区域内，对管道系统的埋深起控制作用的点。各条干管的起点一般都是这条管道的控制点。这些控制点中离出水口最远最低的点，通常是整个管道系统的控制点。具有相当深度的工厂排出口也可能成为整个管道系统的控制点，它的埋深影响整个管道系统的埋深。

确定控制点的管道埋深，一方面应根据城市的竖向规划，保证排水区域内各点的污水都能自流排出，并考虑发展留有适当的余地；另一方面，不能因照顾个别点而增加整个管道系统的埋深。对于这些点，应采取加强管材强度、填土提高地面高程以保证管道所需的最小覆土厚度、设置泵站提高管位等措施，以减小控制点的埋深，从而减小整个管道系统的埋深，降低工程造价。

在排水管道系统中，当管道的埋深超过最大允许埋深时，应设置泵站以提高下游管道的管位，这种泵站称为中途泵站；当地形起伏较大时，往往需要将地势较低处的污水抽升至地势较高地区的污水管道中，这种抽升局部地区污水的泵站称为局部泵站；污水管道系统终点的埋深一般都很大，而污水处理厂的第一个处理构筑物埋深较浅，或设在地面以上，这时需要将管道系统输送来的污水抽升到第一个处理构筑物中，这种泵站称为终点泵站或总泵站。泵站设置的具体位置，应综合考虑环境卫生、地理位置、电源和施工条件等

因素，并征得规划、环保、城建等部门的许可。

5. 确定污水管道在街道下的具体位置

随着城镇现代化水平的进展，街道下各种管线以及地下工程设施越采越多，这就需要在各单项管道工程规划的基础上，综合规划，统筹考虑，合理安排各种管线的位置。以利于施工和维护管理。

由于污水管道在使用过程中难免会出现渗漏和损坏，有可能对附近建筑物和构筑物的基础造成危害，甚至污染生活饮用水。因此，污水管道与建筑物应有一定间距，与生活给水管道交叉时，应敷设在生活给水管的下面。污水管道与其他地下管线或构筑物的最小净距参照有关规定。

管线综合规划时，所有地下管线都应尽量设置在人行道、非机动车辆和绿化带下，只有在不得已时才考虑将埋深大、维修次数较小的污水和雨水管道布置在机动车道下。各种管线在平面上布置的次序，一般是从建筑规划线向道路中心线方向依次为电力电缆、电信电缆、煤气管道、热力管道、给水管道、雨水管道、污水管道。若各种管线布置时发生冲突，处理的原则是：未建让已建的，临时性管让永久性管，小管让大管，有压管让无压管，可弯管让不可弯的管。

在地下设施拥挤的地区及车辆极其繁忙的情况下，常把地下管线集中在隧道中，如图2-30所示。

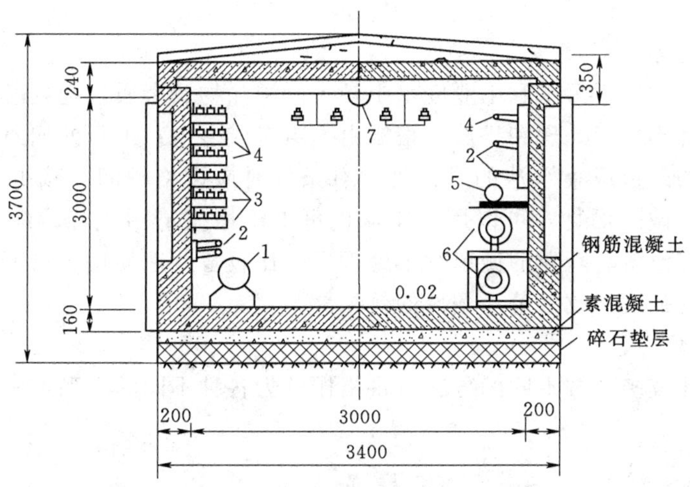

图2-30 地下管线集中布置在隧道

1—污水管道；2—电报及电话线；3—电车电缆；4—电力线；5—供水管；6—采暖管；7—电灯

第三章 污水常规处理方法

第一节 污水的物理处理方法

污水的物理处理是借助物理作用分离和去除水中不溶性悬浮物或固体，又称为机械处理法，常用的有筛滤、均和调节、沉淀与上浮、离心分离、过滤等。其中前三项在城市污水处理流程中常用在主体处理构筑物之前，故又被称为预处理或前处理。

一、筛滤

筛滤的设备主要是格栅和筛网，通常安装在泵房集水井进口处或污水处理厂前端，用以拦截水中的漂浮物和粗大的悬浮物，以保证后续处理设备的正常工作，也可减少待处理水的有机负荷。

（一）格栅

1. 格栅工作原理

格栅拦截雨水、生活污水和工业废水中较大的漂浮物及杂质，起到净化水质、保护水泵的作用，也有利于后续处理和排放。格栅由一组（或多组）平行的栅条组成，斜置在进站雨、污水流经的渠道或集水池的进口处。有条件时应设格栅间，减少对周围环境的污染。清捞格栅上拦截的污物，可以用人工，也可以用格栅清污机，并配以传送带、脱水机、粉碎机及自控设备。新建的城镇污水处理厂，比较普遍地使用了格栅清污机，达到了减轻管理工人劳动强度和改善劳动条件的效果。

2. 格栅的类型

格栅的分类比较多，按不同的方法可将格栅分为各种不同的类型，常见的格栅类型见表 3－1。

表 3－1　　格栅的类型

格栅分类特征	格栅名称	说　　明
按格栅间距分类	粗格栅	栅条间隙 50～100mm
	中格栅	栅条间隙 10～40mm
	细格栅	栅条间隙 1.5～10mm
按清渣方式分类	人工清渣格栅	主要适用于小型水处理厂的粗格栅或每日栅渣量小于 $0.2m^3/d$ 的情况
	机械清渣格栅	用于每日栅渣量大于 $0.2m^3/d$ 的情况
按构造形状特点分类	平板式格栅	栅条格栅，垂直或倾斜安装
	曲面格栅	栅条格栅，迎水面为曲面
	回转式格栅	“栅条”由数排循环运动的钩齿组成，倾斜安装
	阶梯式格栅	“栅条”由数排格子状循环运动的薄金属片组成

3. 格栅的选择

为了提高处理效率，在水处理中，一般选取粗细两道格栅配合使用。《室外排水设计规范》（GB 50014—2006）（2011 年版）规定，污水处理系统或水泵前，必须设置格栅，格栅栅条间隙宽度应符合下列要求。

污水处理系统前，采用机械清除时宜为 16～25mm，采用人工清除时宜为 25～40mm。特殊情况下，最大间隙可为 100mm。在水泵前，应根据水泵要求确定。

现在许多污水处理厂为了加强格栅的拦污效果，减少后续处理构筑物的浮渣污染，设计上常采用细格栅，格栅间距为 1.5～10mm。

不同类型的格栅有不同的特点，应根据其特点，结合实际情况选择。例如，污水处理厂一般用两道，泵前一道（中格栅），泵后一道（细格栅），悬浮物实在太多、太大就再加一道粗格栅。

一般说来，人工清渣格栅，劳动强度较大，但有设备比较便宜、操作简单的优势，主要应用于小型水处理厂的粗格栅或每日栅渣量小于 $0.2m^3/d$ 的情况，其余情况一般都用机械清渣格栅；平面栅条格栅结构比较简单，价格相对比较便宜；回转式格栅在清除细小的毛发、纤维、塑料袋等方面有一定优势；阶梯式格栅没有污物卡阻、耙齿打齿等现象，传动及动力机械在水面以上，便于维修。另外，同一类型的格栅，其性能也会因生产厂家、使用材质、细节结构、参数的不同而有所差别，如栅条的断面形状就有圆形、方形之分，它们的水力条件和刚度也有差异，在选择时应详细考察。图 3－1～图 3－3 所示为几种格栅的示意图。

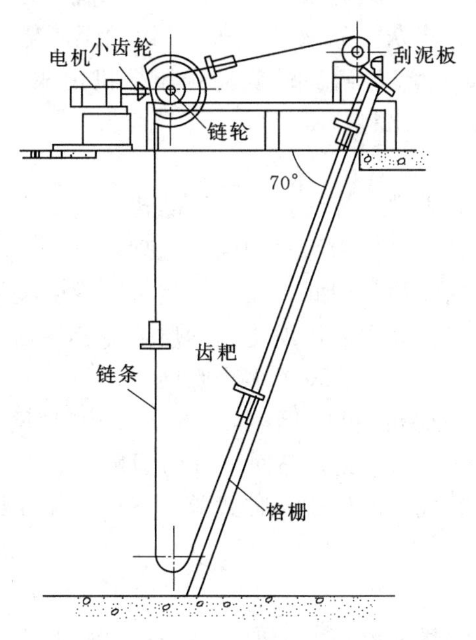

图 3－1　履带式机械格栅

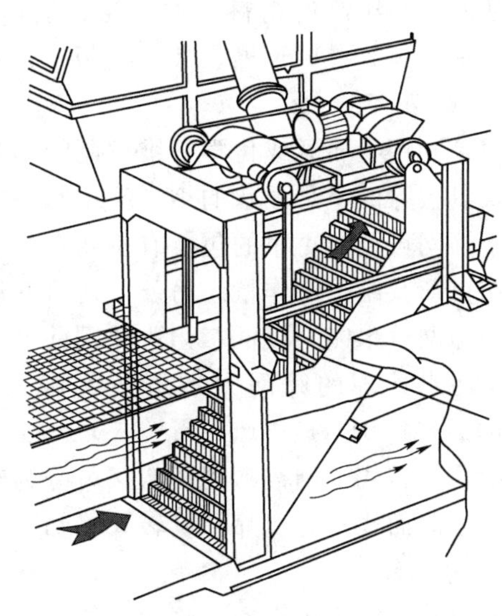

图 3－2　阶梯式格栅

4. 回转式格栅除污机

回转式格栅除污机是由一种独特的耙齿装配上一组回转格栅链，在电机减速器的驱动

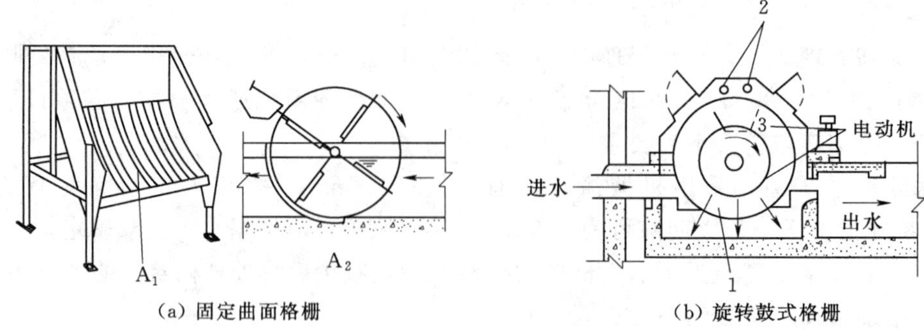

(a) 固定曲面格栅　　(b) 旋转鼓式格栅

图 3-3　曲面格栅

A_1—格栅；A_2—清渣桨板；1—鼓筒；2—冲洗水管；3—渣槽

下，耙齿链进行逆水流方向的回转运动，耙齿链运转到设备的上部时，由于槽轮和弯轨的导向，使每组耙齿之间产生相对自清运动，绝大部分固体物质靠重力落下。另一部分则依靠清扫器的反向运动把黏在耙齿上的杂物清扫干净。

5. 螺旋输送机

螺旋输送机的工作原理是旋转的螺旋叶片将物料推移而进行螺旋输送机输送，使物料不与螺旋输送叶片一起旋转的力是物料自身重量和螺旋输送机机壳对物料的摩擦阻力。输送过程是在一个带有盖板的 U 形槽中进行的，格栅除污机捞出的栅渣由进料口接入，由驱动装置带动放置在 U 形槽中的螺旋旋转，在螺旋的驱动下栅渣前移至出料口排出。螺旋输送机在输送形式上分为有轴螺旋输送机和无轴螺旋输送机两种：有轴螺旋输送机适用于无黏性的干粉物料和小颗粒物料（如水泥、粉煤灰、石灰、粮等）；无轴螺旋输送机适用于黏性的和易缠绕的物料（如污泥、生物质、垃圾等）。螺旋输送压榨机由驱动装置、无轴（有轴）螺旋、U 形槽、架、盖板、进料口、出料口等组成。

（二）筛网

筛网是利用金属丝或化学纤维编制的网状介质进行筛滤，它的孔隙比格栅更小，能截流格栅难以去除的呈悬浮状的细小纤维状污染物，可作为污水的深度处理。

由于筛网可截留更小的包括有机物在内的悬浮物，因此，使用筛网可减少后续处理设施的工作负荷及维护工作量。另外，还可使后续处理中的污泥更为均质，更容易处理。不过，由于筛网过水能力较低，为避免网前壅水，必须并联设置多个筛网。

用于污水处理的筛网大致可按网眼尺寸分为：粗筛网（≥1mm）、中筛网（1～0.05mm）、微筛网（≤0.05mm）三类。按运行方式分类，筛网可分为固定式和旋转式两种。其中，旋转式筛网按筛网形状又可分为转鼓式、回转式和带式等。下面具体介绍水力斜筛、固定曲面式水力斜筛和旋转式格筛。

1. 水力斜筛

水力斜筛一般为固定型，筛网一般由筛条焊接而成，分平面筛或斜筛，筛间距一般为 0.3～2mm。筛条断面分为矩形和楔形，楔形非常适宜于反冲洗。水力斜筛工作原理：废水由进水管进入布水管，使流速降低，并使进水沿筛网宽度均匀分布，水经筛网垂直下落，水中杂质则沿着筛网斜面落下，落入下部的污物箱或传送带上。

2. 固定曲面式水力斜筛

固定曲面式水力斜筛，筛条一般为楔形，筛面为倾斜面，由上而下分成三种倾角逐渐变缓，筛条为水平或略有弧度，间距为 0.25～1.5mm，筛网上部为配水箱，原水由水箱的顶部沿筛网宽度向外溢流，均匀分布于筛面上。水沿筛面过滤，由筛条流入筛面背后下部的出水箱，由出水管排出。固体杂质沿筛面下滑，落入渣槽，然后由螺旋输送机送走。其工作原理如图 3－4 所示，构造非常简单，不需要动力。首先利用废水水位差送至水槽，处理水经由堤堰通过整流板的整流使处理水均匀地流到波形网板。波形网板有三个不同的梯形斜面，在通过第一个斜面时大部分被脱水，再通过第二个斜面以进一步脱水，从网板表面分离出的固体物质被分离成一列，通过第三个斜面进行最后的绞水和浓缩，通过重力进行脱水，又依靠自身的重力从网板上落下来，排出去。

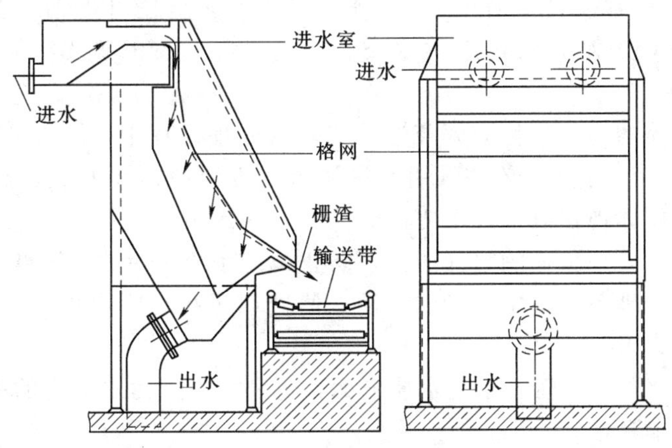

图 3－4　固定曲面式水力斜筛

为了提高波形网板过滤机的网板脱水效果，断面使用了楔子形网条。为了防止堵塞，采用了波形网板，利用水的黏性和表面张力使处理物沿着弧线流动，而且集中在弧线上进行脱水。因此，网板的间隙通常处于被流向中间的弧形水流冲洗状态，网板本身具有自我清洗、不易堵塞的效能。在排水中含有有机成分，网板反面会因细菌繁殖而产生黏液，影响脱水效果，但是波形网板有可以从框架中反转过来的构造，只需用水或高压水枪清洗，就可以方便地清除。

3. 旋转式格筛

旋转式格筛的特点是栅条呈筒形，分内滤和外滤两种形式。内进水旋转格筛当含有纤维的废水以平行转筒中心线的方向由配水槽进入转筒内，经筒形筛网转筒过滤后的出水沿垂直于转筒中心线的方向通过筛网，转筒内筛网上拦截了水中的悬浮物，并随转筒旋转。栅渣由转筒内侧螺旋状导向板的作用下向筛筒另一端（出渣端）自动排出，由于废水与筛筒的反向相对运动，提高了过水率和减小固体物对筛网的附着力，从而大大提高了过滤和回收效率。工作原理：设备工作时，污水由水泵提升或由高位水槽从进水管进入进水缓冲室，然后通过开有孔洞或条缝的稳流板均匀流入布水室，并依靠紧贴在带有过滤缝隙的过滤筒外壁的长条布水板将污水均匀且连续地分布于过滤筒的上部外侧面上，拟要去除的尺寸大于过滤缝隙的细小砂粒和悬浮污物被阻挡在过滤筒外侧，而过滤后的污水就透过滤筒上的过滤缝隙而进入滤筒内侧，并在重力作用下穿过下半部分滤筒而进入出水集水区，然后由出水管流出；被阻挡在滤筒外侧的细小砂粒和悬浮污物随着传动电机带动下的过滤筒的旋转而被带离液面，并靠附着在滤筒外壁上水膜的表面张力作用下附着在过滤筒外壁，并在过滤筒的旋转下而转至紧贴在过滤筒外壁的长条固定刮刀处，由刮刀将细小砂粒和悬浮污物刮下，从而起到去除污水中细小砂粒和悬浮污物的作用。

二、调节池

污水的水质和水量一般都随时间的变化而变化。生活污水的水质和水量随生活作息而变化，工业废水的水质和水量随生产过程而变化。无论是工业废水还是城市污水或生活污水，水质和水量在24h之内都有波动。一般说来，工业废水的波动比城市污水大，中小型工厂的波动就更大。污水水质水量的变化对排水设施及污水处理设备，特别是生物处理设备正常发挥其净化功能是不利的，甚至还可能对其造成破坏。为此，在污水处理前设置调节池，对污水的水质、水量进行均衡和调节，可以使污水处理达到更好的运行效果。

调节水量和水质的构筑物称为调节池。在污水处理过程中，污水的流量是非恒定的，要使污水流量恒定、波动小，必须采用水量调节的方法使污水的流量趋于恒定。具体说来，调节的作用主要体现在以下几个方面。

（1）提供对污水处理负荷的缓冲能力，防止处理系统负荷的急剧变化。

（2）减少进入处理系统污水流量的波动，使处理污水时所用化学品的加料速率稳定，适合加料设备的能力。

（3）在控制污水的pH值、稳定水质方面，可利用不同污水自身的中和能力，减少中和作用中化学品的消耗量。

（4）防止高浓度的有毒物质直接进入生物化学处理系统。

（5）当工厂或其他系统暂时停止排放污水时，仍能对处理系统继续输入污水，保证系统的正常运行。

（一）水量调节

污水处理中水量调节有两种方式：一种为线内调节；另一种为线外调节。

1. 线内调节池

线内调节池进水一般采用重力流，出水用泵提升，图3-5所示为线内调节池。

2. 线外调节池

线外调节池设在旁路上，图3-6所示为线外调节池。当污水流量过高时，多余污水用泵打入调节池，当流量低于设计流量时，再从调节池回流至集水井，并送去后续处理。线外调节与线内调节相比，线外调节池不受进水管高度限制，但被调节水量需要两次提升，消耗动力大。

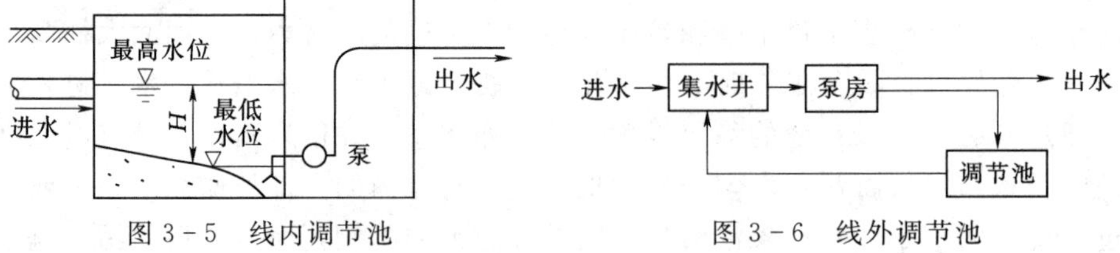

图3-5 线内调节池　　图3-6 线外调节池

（二）水质调节

水质调节的任务是对不同时间或不同来源的污水进行混合，使流出的水质比较均匀。水质调节的基本方法有以下两种。

1. 外加动力调节水质

调节采用外加动力调节，图 3－7 所示为一种外加动力的水质调节池。外加动力就是采用外加叶轮搅拌、鼓风空气搅拌、水泵循环等设备对水质进行强制调节，它的设备比较简单，运行效果好，但运行费用高。

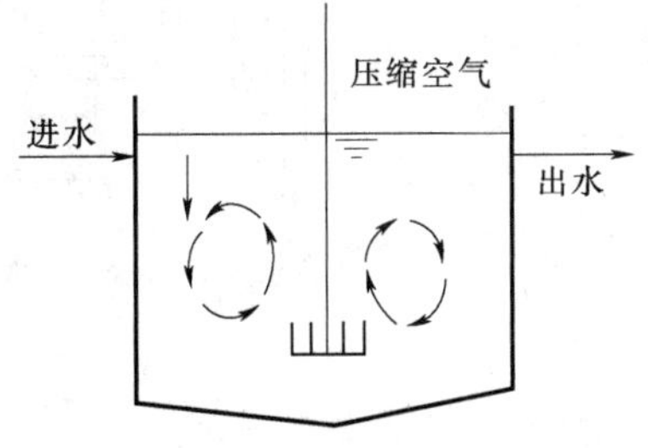

图 3－7　外加动力的水质调节池

2. 差流方式调节水质

调节采用差流方式进行强制调节，使同时间和不同浓度的污水进行水质自身水力混合，这种方式基本上没有运行费用，但设备较复杂。

（1）对角线调节池。差流方式的调节池类型很多，常用的有对角线调节池，对角线调节池如图 3－8 所示。这种形式调节池的特点是出水槽沿对角线方向设置。污水由左右两侧进入池内后，经过一定时间的混合才流到出水槽，使出水槽中的混合污水在不同的时间内流出，就是说不同时间、不同浓度的污水进入调节池后，就能达到自动调节、均和水质的目的。为了防止污水在池内短路，可以在池内设置若干纵板。污水中的悬浮物会在池内沉淀，这样可考虑设置沉渣斗，通过排渣管定期将污泥排出池外。如果调节池的容积很大，需要设置的沉渣斗过多，这样管理太麻烦，可考虑将调节池做成平底，用压缩空气搅拌，以防止沉淀。空气用量为 1.5～3$m^3/(m^2 \cdot h)$。调节池的有效水深采取 1.5～2m、纵向隔距为 1～1.5m 较为合适。

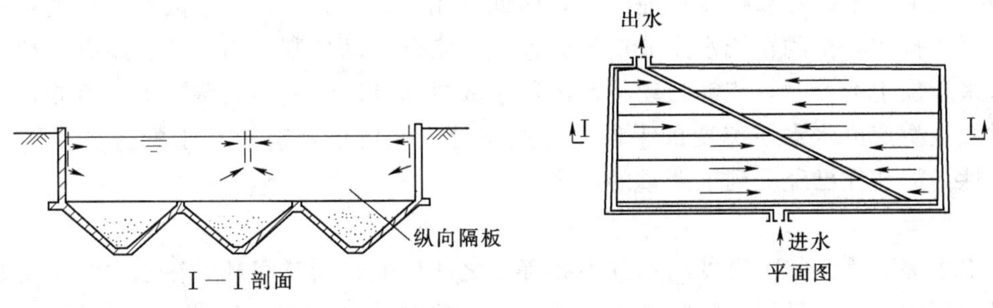

图 3－8　对角线调节池

如果调节池采用堰顶溢流出水，则这种形式的调节池只能调节水质的变化，而不能调节水量和水量波动。如果后续处理构筑物要求处理水量比较均匀和严格，以利投药的稳定或控制良好的微生物处理条件，则需要使调节池内的水位能够上下自由波动，以便储存盈余水量，补充水量短缺。

（2）折流调节池。折流调节池在池内设置许多折流隔墙，污水在池内来回折流，充分在池内得到混合、均衡。折流调节池配水槽设在调节池上，通过许多孔流入，投配到调节池的前后各个位置内，调节池的起端流量一般控制在进水流量的 1/4～1/3，剩余的流量可通过其他各投配口等量地投入池内，如图 3-9 所示。外加动力的水质调节池和折流调节池，一般只能调节水质而不能调节水量，调节水量的调节池需要另外设计。

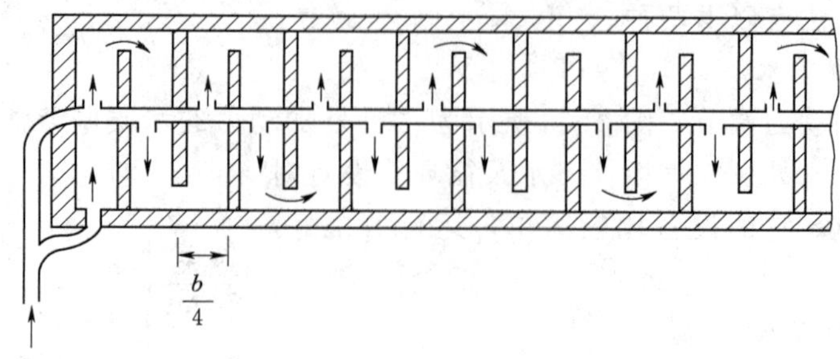

图 3-9　折流调节池

（三）事故调节池

事故调节池是水质调节池的一种类型，许多化工、石化等排放高浓度废水的工厂废水处理场都设置事故调节池，因为这些工厂在生产出现事故后，在退料过程中部分废料会掺入排水系统，恢复生产前往往还需要对生产装置进行酸洗或碱洗，所以会在短时间内排出大量浓度极高而且 pH 值波动很大的有机废水。这样的废水如果直接进入废水处理系统，对正在运行的生物处理系统的影响和平时所说的冲击负荷相比要大得多，往往是致命的和不可挽救的。为了避免生产事故排放废水对废水处理系统的影响，许多专门的工业废水处理场都设置了容积很大的事故调节池，用于储存事故排水。在生产恢复正常且废水处理系统没有受到影响的情况下，再逐渐将事故调节池中积存的高浓度废水连续或间断地以较小的流量引入到生物处理系统中。因此，事故调节池一般设置在废水处理系统主流程外，与生产废水排放管道相连接，有的事故调节池有效容积在 $100m^3$ 以上。为发挥其应有的作用，事故调节池平时必须保持空池状态，因此利用率较低。另外，事故调节池的进水必须和生产废水排放系统的在线水质分析设施连锁，实现自动控制，当水质在线分析仪发现生产废水水质发生突变时，能够自动将高浓度事故排水及时切入事故调节池；否则，如果没有及时发现生产废水水质突变的手段，等废水处理系统已经有被冲击的迹象时再采取措施，活性污泥往往已经受到了严重的伤害。

三、沉淀

水中大部分悬浮物的密度与水并不相等，之所以能较长时间悬浮在水中，主要是由于水流扰动比较剧烈、悬浮物颗粒较小（惯性小，容易受外力影响）或密度差较小等原因。如果针对这些因素进行一定的控制操作，在重力与浮力的作用下就可以使水中的悬浮物下沉于水底或上浮于水面，从而将其从水中分离出来，这就是沉淀与上浮处理的思路。

（一）沉淀的类型

按照水中悬浮颗粒的浓度、性质及其絮凝性能的不同，沉淀可分为以下几种类型。

（1）自由沉淀。悬浮颗粒的浓度低，在沉淀过程中呈离散状态，互不黏合，不改变颗粒的形状、尺寸及密度，各自独立完成沉淀过程。这种类型多出现在沉砂池、初沉池初期。

（2）絮凝沉淀。悬浮颗粒的浓度比较高（50～500mg/L），在沉淀过程中能发生凝聚

或絮凝作用，使悬浮颗粒互相碰撞凝结，颗粒质量逐渐增加，沉降速度逐渐加快。经过混凝处理的水中颗粒的沉淀、初沉池后期、生物膜法二沉池、活性污泥法二沉池初期等均属絮凝沉淀。

（3）拥挤沉淀。悬浮颗粒的浓度很高（大于500mg/L），在沉降过程中产生颗粒互相干扰的现象，在清水与浑水之间形成明显的交界面（混液面），并逐渐向下移动，因此又称为成层沉淀。活性污泥法二沉池的后期、浓缩池上部等均属这种沉淀类型。

（4）压缩沉淀。悬浮颗粒浓度特高（以至于不再称水中颗粒物浓度，而称固体中的含水率），在沉降过程中，颗粒相互接触，靠重力压缩下层颗粒，使下层颗粒间隙中的液体被挤出界面上流，固体颗粒群被浓缩。活性污泥法二沉池污泥斗中、浓缩池中污泥的浓缩过程均属此类型。

（二）沉淀池分类

1. 初次沉淀池和二次沉淀池

沉淀池是污水处理厂分离悬浮物的一种常用构筑物。按工艺要求不同，可分为初次沉淀池和二次沉淀池。

初次沉淀池是一级污水处理厂的主体构筑物，或是二级污水处理厂的预处理构筑物，设置在生物处理构筑之前。处理的对象是悬浮物质（通过沉淀处理可去除40%～50%），同时可去除部分BOD_5（约占总BOD_5的20%～30%，主要是悬浮物质的BOD_5），可改善生物处理构筑物的运行条件并降低BOD_5负荷。初次沉淀池中沉淀的物质称为初次沉淀污泥或初沉污泥。

二次沉淀池设置在生物处理构筑物之后，用于去除活性污泥或脱落的生物膜，它是生物处理系统的重要组成部分。

2. 平流式沉淀池、辐流式沉淀池和竖流式沉淀池

沉淀池按池内水流方向的不同，主要可分为平流式沉淀池、辐流式沉淀池和竖流式沉淀池。

（1）平流式沉淀池如图3-10（a）所示，污水从池一端流入，按水平方向在池内流动，从另一端溢出。池表面呈长方形，在进口处的底部设储泥斗。

（2）辐流式沉淀池如图3-10（b）所示，池表面呈圆形或方形，污水从池中心进入，沉淀后污水从池四周溢出，在池内污水也是呈水平方向流动，但流速是变化的。

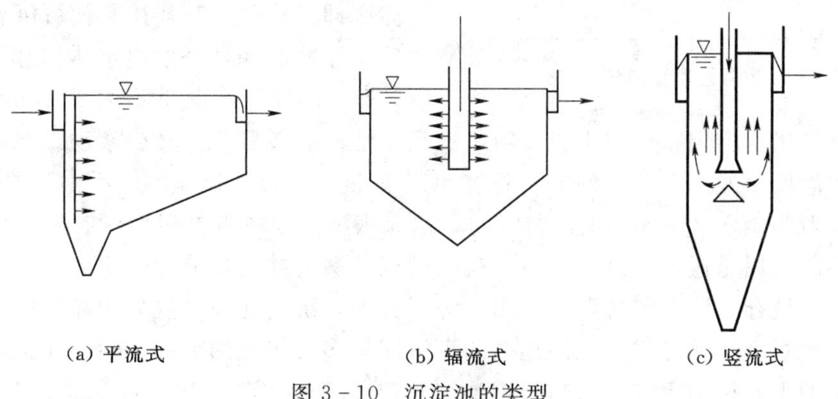

图3-10　沉淀池的类型

(3) 竖流式沉淀池如图 3-10 (c) 所示，表面多为圆形，但也有呈方形或多角形者，污水从池中央下部进入，由下向上流动，沉淀后污水由池面和池边溢出。

(三) 沉淀池工作特征

沉淀池内可分流入区、流出区、沉淀区、缓冲层和污泥区。流入区和流出区是使污水流均匀地流过沉淀区；沉淀区（工作区）是可沉颗粒与污水分离的区域；污泥区是污泥储放、浓缩和排出的区域；而缓冲层则是分隔沉淀区和污泥区的水层，使已沉下的颗粒不再浮起。

1. 平流式沉淀池

(1) 平流式沉淀池的构造。平流式沉淀池的构造与理想沉淀池最为相似，为一长方形水池，水在池内水平流动，从一端流入，另一端流出。平流式沉淀池由流入装置、流出装置、沉淀区、缓冲层、污泥区及排泥装置等组成（图 3-11）。

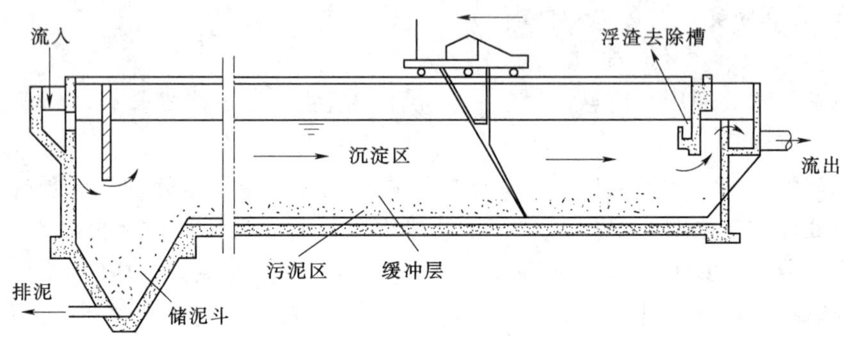

图 3-11　平流式沉淀池

流入装置由设有侧向或槽底潜孔的配水槽、挡流板组成，起均匀布水与消能作用。

流出装置由流出槽与挡板组成。流出槽采用锯齿形自由溢流堰，溢流堰严格要求水平，既可以保证水流均匀，又可控制沉淀池水位。挡板起挡浮渣的作用。出流堰是沉淀池的重要部件，它不仅控制沉淀池内水面的高程，而且对沉淀池内水流的均匀分布有着直接影响。单位长度堰口的溢流量必须相等。此外，在堰的下游还应有一定的自由落差，因此对堰的施工必须是精心的，尽量做到平直、少生误差。目前多采用图 3-12 所示的锯齿形溢流堰，这种溢流堰易于加工，也比较容易保证出水均匀。水面应位于齿高度的 1/2 处。

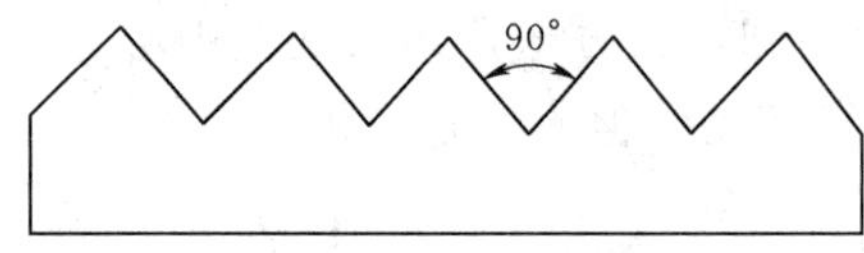

图 3-12　锯齿形溢流堰

沉淀区即工作区，其作用是使可沉颗粒与污水分离，使悬浮物沉降，一般出水达到悬浮物含量低于 10mg/L，在特殊情况下不大于 15mg/L。池的设计应使进、出水均匀，池内水流稳定，提高水池的有效容积，减少紊动影响，提高沉淀效率；有效高度一般为 3.0～4.0m，长宽比应不小于 4∶1，长深比应不小于 10∶1。水流水平流速一般为 10～25mm/s。停留时间（水充满沉淀池所需时间）一般为 1.0～3.0h。

缓冲层的作用是避免已沉污泥被水流搅起以及缓解冲击负荷。

污泥区起储存、浓缩和排泥的作用。为了排泥，沉淀池底部可采用斗形底，可采取穿孔排泥和机械虹吸排泥形式。沉淀池内的可沉固体多沉于池的前部、污泥斗常设在池的前部。污泥斗的上底可为正方形（边长同池宽）或长方形（其一边长同池宽）；下底为正方

形，泥斗倾面与底面夹角不小于 60°。

（2）排泥装置与方法。

1）静水压力法。利用池内的静水位将污泥排出池外。图 3－13 所示为静水压力排泥装置。排泥管直径为 200mm，下端插入污泥斗，上端伸出水面以便清通。污泥通过静水压力排出池外，为了使池底污泥能滑入污泥斗，池底应有一定的坡度。为减少沉淀池深度，也可采用多斗排泥。图 3－14 所示为多斗式平流沉淀池。这种多斗式平流式沉淀池不用机械，每个储泥斗单独设排泥管，能够互不干扰，保证沉淀浓度，各自独立排泥。

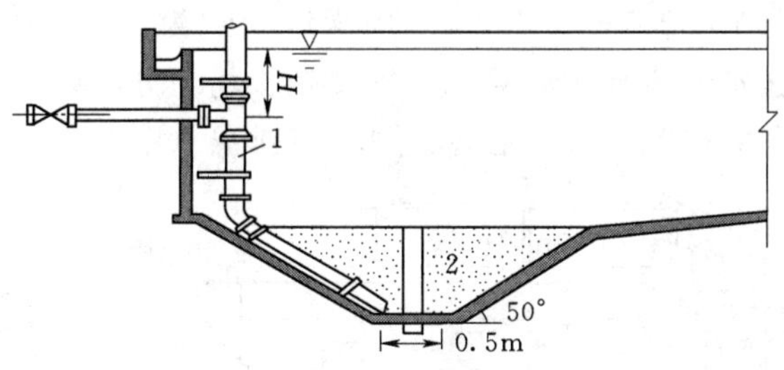

图 3－13　静水压力排泥装置

1—排泥管；2—集泥斗

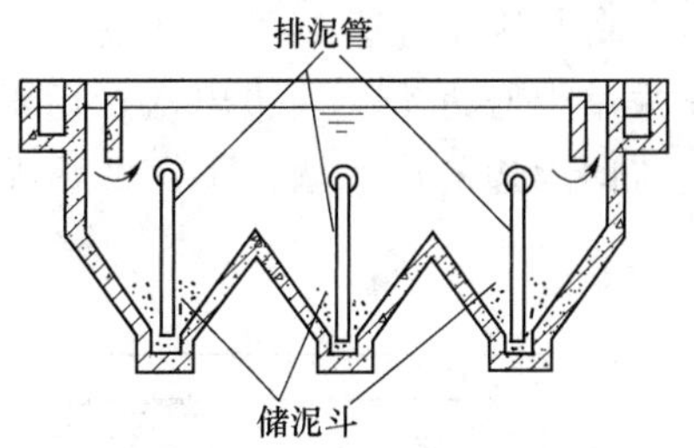

图 3－14　多斗式平流沉淀池

2）机械排泥法。利用机械将污泥排出池外。沉淀池及时排除沉于池底的污泥是使沉淀池工作正常并且保证出水水质的一项重要措施，图 3－15 所示是应用比较广泛的设有链带式刮泥机的平流式沉淀池。设有链带式刮泥机的平流式沉淀池，在池底部链带缓缓地沿与水流相反的方向滑动，刮板嵌于链带上，在滑动中将池底沉泥推入储泥斗中，而在其移到水面时，又将浮渣推到出口，从那里集中清除。链带式刮泥机机件长期浸于水中，易被腐蚀且难以修复。图 3－11 所示的沉淀池采用的刮泥设备是桥式行车刮泥机，桥式行车刮泥机仅刮泥机件伸入水中。沉淀池的池壁上设有轨道，行车在轨道上移动，刮泥设备将池

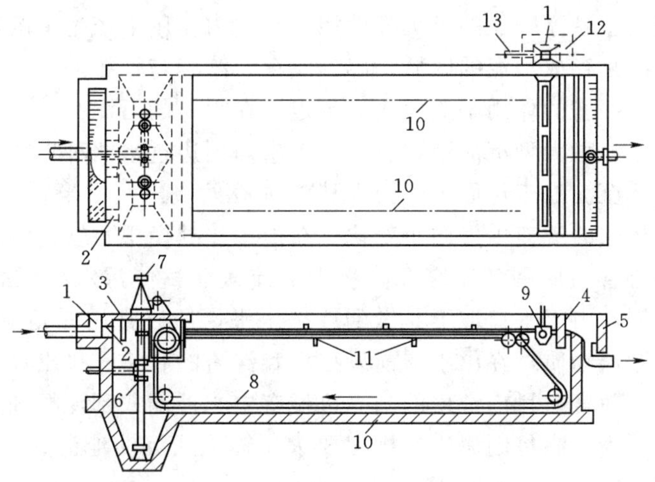

图 3－15　链带式刮泥机的平流式沉淀池

1—进水槽；2—进水孔；3—进水挡流板；4—出水挡流板；5—出水槽；6—排泥管；7—排泥闸门；8—链带；9—排渣管槽（能够转动）；10—导轨；11—链带支撑；12—浮渣室；13—浮渣管

底沉泥推到储泥斗中，不用时将刮泥设备提出水面而免受腐蚀。这两种机械排泥法主要适用于初次沉淀池。当平流式沉淀池用于二次沉淀池时，由于活性污泥比较轻，含水率高达99%以上且呈絮状，故可采用单口扫描泵吸排，使集泥和排泥同时完成。采用机械排泥时，平流式沉淀池可做成平底，使池深大大减少。

2. 辐流式沉淀池

辐流式沉淀池也称为辐射式沉淀池。池形多呈圆形、直径较大而有效水深相应较浅的沉淀池（小型池也有做成方形的）。沉淀池直径一般介于20～30m，但变化幅度可为6～60m，最大甚至可达100m，池中心深度约为2.5～5.0m，池周深度则约为1.5～3.0m。通常采用中心进水、周边出水，污水自进水管流入中心管，经穿孔挡板均匀分配，向四周辐射流向周边的出水堰。下沉的污泥由刮泥机刮至池中心，经排泥管排出（图3-16）。

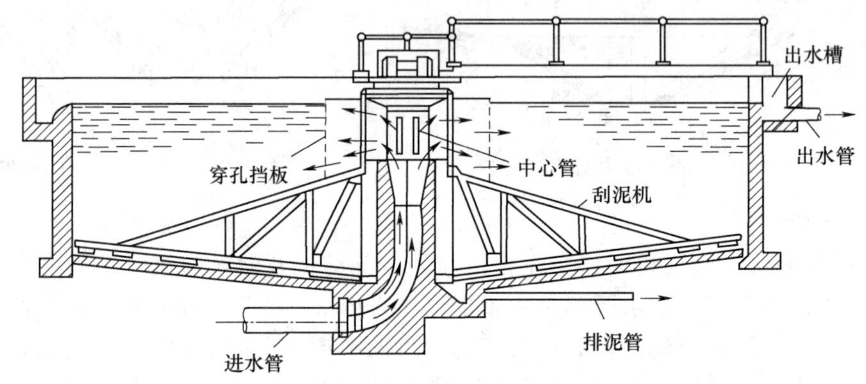

图3-16　辐流式沉淀池

辐流式沉淀池由五部分组成，即进水区、出水区、沉淀区、储泥区及缓冲层。进水区和出水区的功能是使水流的进入与流出保持均匀、平稳，以提高沉降效率。沉降区是池子的主体部分，利用水中悬浮颗粒的可沉降性能，在重力作用下产生下沉作用，以达到固液分离的目的。储泥区是存放污泥的区域，起到储存、浓缩与排放的作用。缓冲区介于沉淀区和储泥区之间，缓冲区的作用是避免水流带走沉在池底的污泥。

辐流式沉淀池是一种大型沉淀池，有中心进水与周边进水两种形式。

中心进水辐流式沉淀池工作原理：污水从池中心处流出，沿半径的方向向池周流动，因此其水力特征是污水的流速由大向小变化。在池中心处设中心管，污水从池底的进水管进入中心管，在中心管的周围常用穿孔障板围成流入区，使污水在沉淀池内得以均匀流动。流出区设于池周，由于平口堰不易做到严格水平，所以常用三角堰或淹没式溢流孔。为了拦截表面上的漂浮物质，在出水堰前设挡板和浮渣的收集、排出设备。

对辐流式沉淀池而言，目前常用的刮泥机械有中心传动式刮泥机和吸泥机、周边传动式刮泥机和吸泥机，为了满足刮泥机的排泥要求，辐流式沉淀池池底具有0.05左右的坡度。中央污泥斗的坡度为0.12～0.16。

辐流式沉淀池适用范围广泛，城市污水及各种类型的工业污水都可以使用，既能够作为初次沉淀池，也可以作二次沉淀池，一般适用于大型污水处理厂。

辐流式沉淀池的优点：①采用机械排泥，运行好；②设备较简单，排泥设备已有定型

产品；③沉底性效果好，日处理量大，对水体搅动小，有利于悬浮物的去除。

辐流式沉淀池的缺点：①池水水流速度不稳定，受进水影响较大；②底部刮泥、排泥设备复杂，对施工单位的要求高，占地面积较其他沉淀池大。

3. 竖流式沉淀池

（1）竖流式沉淀池构造。竖流式沉淀池的表面多呈圆形，也有采用方形和多角形的。直径或边长一般在 8m 以下，多为 4～7m。沉淀池上部呈圆柱状的部分为沉淀区，下部呈截头圆锥状的部分为污泥区，在二区之间留有缓冲层 0.3m。由于水流在沉降区的流动方向是从下到上做竖向流动，故称其为竖流池。

（2）竖流式沉淀池的工作特征。污水通常由设在池中央的中心管流入，在中心管的下端经反射板拦阻，均匀散开折向上流，水中沉速超过上升流速的悬浮颗粒则向下沉降到污泥斗中，沉淀后的水从池的顶部周边流出。流出区设于池四周采用自由堰或三角堰。如果池子的直径大于 7m，一般要考虑设辐射式汇水槽。储泥斗倾角为 45°～60°，污泥借静水压力由排泥管排出，排泥管直径不小于 200mm，静水压力为 1.5～2.0m。为了防止漂浮物外溢，在水面距池壁 0.4～0.5m 处安装挡板，挡板伸入水中部分的深度为 0.25～0.3m，伸出水面高度为 0.1～0.2m。

竖流式沉淀池的优点是：排泥容易，不需要机械刮泥设备，便于管理。其缺点是：池深大，施工难，造价高；每个池子的容量小，污水量大时不适用；水流分布不易均匀等。

（3）竖流式沉淀池的工作原理。污水以速度 v 向上流动，悬浮颗粒也以同一速度上升，在重力作用下，颗粒又以 u 的速度下沉。颗粒的沉速为其本身沉速与水流上升速度之差。$u>v$ 的颗粒能够沉于池底而被去除，$u=v$ 的颗粒被截留在池内呈悬浮状态，而 $u<v$ 的颗粒则不能下沉，随水溢出池外。当属于第一类沉淀时，在负荷相同的条件下，竖流式沉淀池的去除率将低于其他类型的沉淀池。如果属于第二类沉淀，则情况较为复杂，水流上升，颗粒下沉，颗粒互相碰撞、接触，促进颗粒的絮凝，使粒径变大，u 值也增大，同时又可能在池的深部形成悬浮层，这样，其去除率可能高于表面负荷相同的其他类型的沉淀池。但由于池内布水不易均匀，去除率的提高受到影响。竖流式沉淀池的污水上升速度 v 一般采用 0.5～1.0mm/s。沉淀时间小于 2h，多采用 1～1.5h。污水在中心管内的流速对悬浮物质的去除有一定影响，当在中心管底部设有反射板时，其流速一般大于 100mm/s。当不设反射板时，其流速不大于 20mm/s。污水从中心管喇叭口与反射板中溢出的流速不大于 40mm/s，反射板距中心管喇叭的距离为 0.25～0.5m，反射板底距污泥表面的高度（即缓冲层）为 0.3m，池的保护高度为 0.3～0.5m。竖流式沉淀池的水头损失约为 400～500mm。

4. 斜板（斜管）式沉淀池

根据哈真浅池理论，沉淀池容积一定时，降低池深，则可增大表面积，进而可降低表面负荷，提高沉淀池的沉降效率。为了降低池深，增加沉淀面积，可考虑在沉淀池内加水平隔板将其分成 n 层，这相当于 n 个浅沉淀池组合在一起，于是就可将沉淀面积增加 n 倍。为了解决排泥问题，在具体应用时将水平隔板改为倾角为 60°斜板或斜管（图 3-17），这就是斜板（管）沉淀池。在需要挖掘原有沉淀池潜力或建造沉淀池面积受限制时，常用到斜板（管）沉淀池。

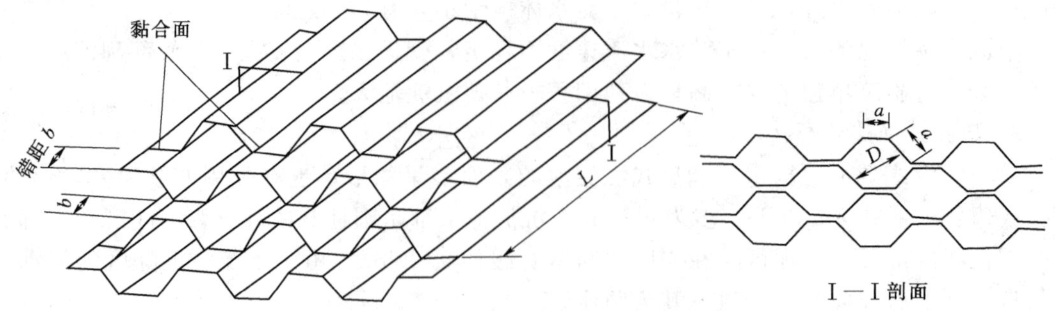

图 3-17　塑料片正六角形斜管黏合示意图

斜板（管）沉淀池的沉淀效率高，不但有浅池理论作依据，而且由于平板的间距（或管道的管径）较小，各层又相互隔开，互不干扰，能够很好地满足水流紊动性和稳定性的要求，也为水中固体颗粒的沉降提供了十分有利的条件。

斜板沉淀池按水流方向，可分为同向流（水流与污泥方向相同）、异向流（水流与污泥方向相反）、侧向流（水流与污泥方向垂直）三种形式；斜管沉淀池只有同向流和异向流两种。在这几种形式中，以异向流应用最广泛。在异向流斜板（管）沉淀池（图 3-18）中，水流向上流动，污泥下滑。

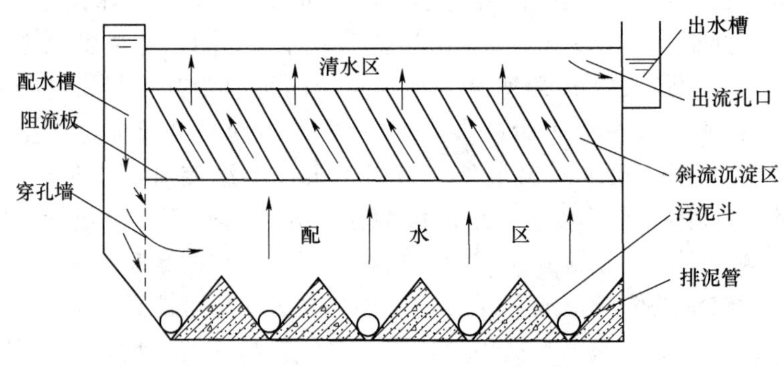

图 3-18　导向流斜板（管）沉淀池

（四）设施设备

1. 周边传动刮泥机

周边传动刮泥机适用于污水处理厂辐流式初次或二次沉淀池。其主要功能是将沉降在池底的污泥刮集至储泥池，再由排泥管排出，以便污泥回流或浓缩脱水。其主要组成如图 3-19 所示。

2. 吸泥机

吸泥机是吸泥和刮泥一体设备。吸泥机利用池内液位与泥槽内泥位差将池底的污泥“吸”出来。吸泥机用于抽取流动性较好的污泥。吸泥机分为单管吸泥机和行车吸泥机。

行车吸泥机用于污水处理厂平流式沉淀池，将沉降在池底上的污泥刮到泵吸泥口，通过泵吸，边行车边吸泥，然后将污泥排出池外。行车式吸泥机由工作桥、吸泥管、排泥管、液下吸泥泵、驱动机构、电控箱等组成。行车运行到沉淀池两端时，通过限位开关，可将行车停留或反向运行，控制箱内设有延时装置，可调节延时时间来控制设备运行的时

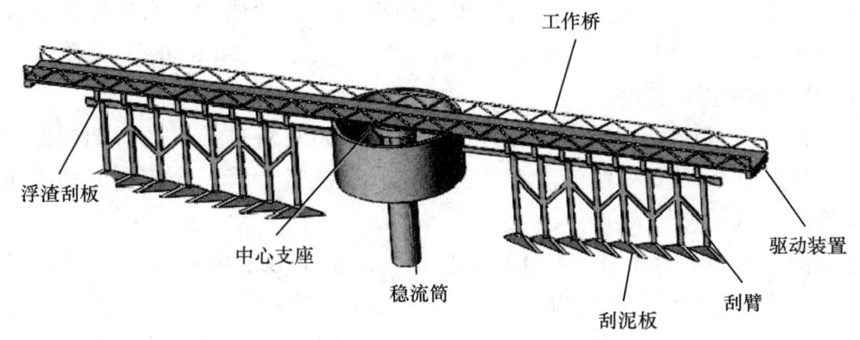

图 3-19　周边传动刮泥机

间间隔。另外，还有吸泥泵的开、停与行车分控，以及漏电保护功能。

单管吸泥机由固定工作桥、中心驱动装置、中心立柱、中心竖架、集泥筒、吸泥管、刮泥机、浮渣刮板、浮渣漏斗及支架、挡水裙板、布水管、出水槽及堰板、转动臂拉紧索等组成，如图 3-20 所示。

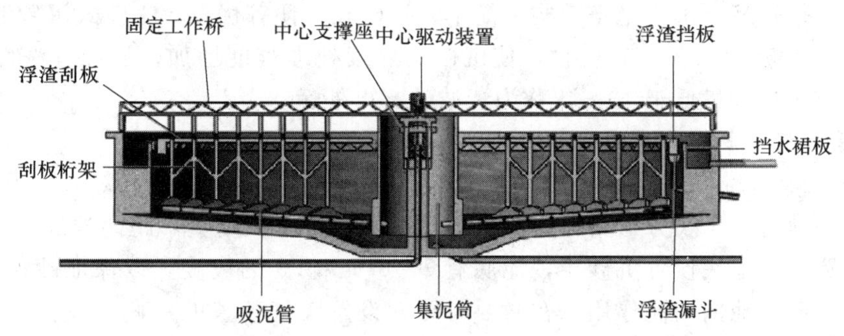

图 3-20　中心传动单管吸泥机

中心传动单管吸泥机适用于周边进水周边出水、池径较大的二沉池，其独特的布水及排泥方式有效地提高了沉淀池的容积负荷，减小了二沉池的占地面积。单管吸泥机工作原理：中心传动装置通过中心竖架带动刮泥架、吸泥架在池内旋转，吸泥管悬吊于吸泥架下并与中心集泥筒相连，旋转时依靠池内外的水位差，将池底活性污泥吸入集泥筒，排出池外。在吸泥臂的另一侧为刮泥臂，装于刮臂下的刮泥板将池底惰性污泥逐步刮集至池中心集泥坑内，排出池外。表面撇渣装置将液面浮渣收集刮至池边的排渣斗中排出池外。

根据吸泥机吸泥方式的不同，可以分为虹吸式、泵吸式、泵虹两吸式三种。虹吸式采用潜水泵配水射器或真空泵来形成真空，利用沉淀池与排泥槽内的液位差排泥，泵吸式直接采用潜污泵抽取沉淀污泥。

四、沉砂池

沉砂池的作用是去除污水中密度相对较大（密度约 2.65g/cm^3）的无机颗粒，如砂、炉灰渣等。它一般设在泵站、沉淀池之前，用于保护机件和管道免受磨损，还能使沉淀池中污泥具有良好的流动性：不仅能防止排放与输送管道被堵塞，而且能分离无机颗粒和有机颗粒，便于分别处理和处置。

沉砂池的工作原理是以重力分离为基础，即将进入沉砂池的污水流速控制在只能使相对密度大的无机颗粒下沉（密度约 2.65g/cm^3、粒径大于 0.2mm 的无机颗粒沉淀下来），而有机悬浮颗粒应随水流带走。

沉砂池的设计流量应按分期建设考虑，如果污水是自流进入，按每期的最大设计流量计算；如果是提升进入，按每期工作水泵的最大组合流量计算；合流制处理系统，按合流设计流量计算。

城市污水的沉砂量按 0.03L/m^{3}计算，生活污水的沉砂量按 0.01～0.02L/(人·d) 计算，沉砂的含水率约 60%，密度为 1500kg/m^3。沉砂池的砂斗容积不应大于 2d 的沉砂量，采用重力排砂时，砂斗的斗壁与水平面的夹角不应小于 55°。沉砂池一般采用机械排砂的方法，并经砂水分离后储存或外运；采用人工时，排砂管直径不应小于 200mm。砂的流动性不如污泥，排砂管应考虑防堵塞措施。

常用的沉砂池有平流式沉砂池、曝气沉砂池和钟式沉砂池。

（一）平流式沉砂池

平流式沉砂池由入流渠、出流渠、闸板、水流部分、沉砂斗及排砂管组成。它具有截流无机颗粒效果较好、工作稳定、构造简单、排砂较方便等优点。平流式沉砂池的主要缺点是沉砂中约夹杂有 15%的有机物，使沉砂的后续处理难度增加，故配置洗砂机，排砂经清洗后，有机物含量低于 10%，称为清洁砂，再外运。

（二）曝气沉砂池

1. 曝气沉砂池的构造

曝气沉砂池是一个长方形渠道，沿渠道壁一侧的整个长度上，距离池底 60～90cm 处设有曝气装置，在池底设置沉砂斗，池底有 $i=0.1\sim0.5$ 的坡度，以保证砂粒滑入砂槽。为了使曝气能起到池内回流作用，在必要时可在设置曝气装置的一侧装设挡板，如图 3-21 所示。

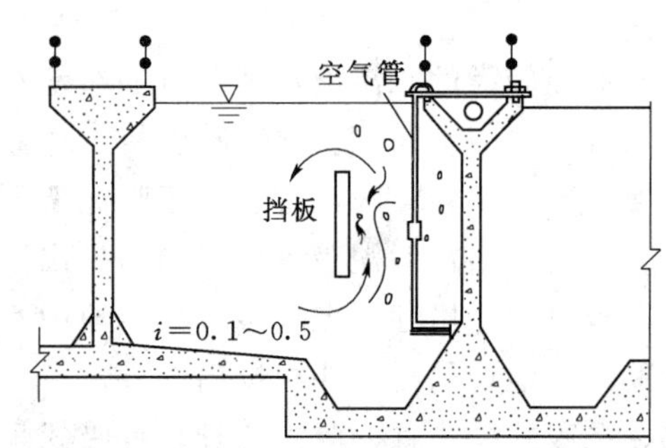

图 3-21 曝气沉砂池构造

2. 曝气沉砂池的工作原理

污水在池中存在两种流动形态，其一为水平流动，同时在池的一侧设置曝气装置——空气扩散板，因为在池的横断面上产生旋流运动，整个池内水流产生螺旋状前进的流动形式。旋流速度在过水断面的中心处最小，而在池的周边最大。由于曝气和水流的旋流作用，污水中悬浮颗粒相互碰撞、摩擦，并受到空气气泡上升时的冲刷作用，使黏附在砂粒上的有机污染物得以剥离。此外，由于旋流产生的离心力，把相对密度较大的无机颗粒甩向外层并下沉，相对密度较小的有机物旋至水流的中心部位被水带走，从而可使沉砂中的有机物含量低于 10%。集砂槽中的沉砂可采用机械刮砂、空气提升器或泵吸式排砂机排除。

3. 曝气沉砂池的特点

（1）沉砂中有机物的含量低于 5%。

（2）由于池中设有曝气设备，它还具有预曝气、脱臭、防止污水厌氧分解、除泡作用以及加速污水中油类的分离等作用。以上这些特点对后续的沉淀、曝气、污泥消化池的正常运行以及对沉砂的干燥脱水提供了有利条件。

（三）钟式沉砂池

钟式沉砂池是利用机械力控制水流流态与流速，加速砂粒的沉淀，并使有机物随水流带走的沉砂装置。沉砂池由流入口、流出口、沉砂区、砂斗及带变速箱的电动机、传动齿轮、压缩空气输送管和砂提升管以及排砂管组成。污水由流入口切线方向流入沉砂区，利用电动机及传动装置带动转盘和斜坡式叶片产生离心力，由于砂粒与有机物所受离心力的不同，把砂粒甩向池壁，掉入砂斗，有机物被留在污水中。调整电动机转速，可达到最佳沉砂效果。沉砂用压缩空气经砂提升管、排砂管清洗后排除，清洗水回流至沉砂区，排砂可达到清洁砂标准。钟式沉砂池的示意图如图 3-22 所示。

（四）设施设备

1. 砂水分离器

砂水分离器常用作沉砂池除砂系统的配套设备，其作用是将从沉砂池排出的砂水混合液进行砂水分离。由驱动装置、出砂口、螺旋体、支架、U 形槽、出水口、水箱组成，如图 3-23 所示。

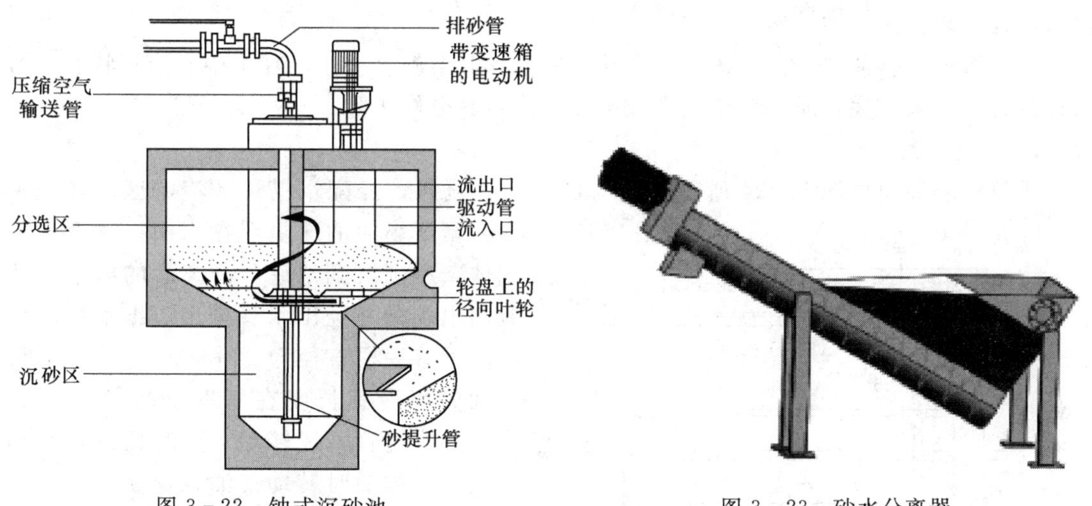

图 3-22　钟式沉砂池

图 3-23　砂水分离器

2. 旋流沉砂池除砂机

旋流沉砂池除砂机是专用于旋流沉砂池的一种先进设备。该设备沉砂、洗砂效果好，广泛应用于污水处理工程的前置预处理工序中。旋流沉砂池除砂机由叶轮、转动轴、电动机、减速器和提砂系统（泵提或气提）等部分组成。由于叶轮旋转时将使池中污水做螺旋运动，加上因污水切向进入产生的与叶轮相一致的旋流，池中的污水形成涡螺流态，在适当的叶浆倾角和线速度条件下，污水中的砂粒将受到冲刷并仍保持最佳的沉砂效果，而原来附着在砂粒上的有机物质以及重量小的物质随污水一同流出旋流池。另外，由于叶轮的旋转，减少了旋流池因进水量变化导致流态变化的敏感程度，因此保证了沉砂池效果的稳定，出砂的有机成分低。

五、隔油池

隔油池是利用油比水轻的特性，将油分离于水面并撇除。隔油池主要用于去除浮油或破乳后的乳化油。隔油池的形式较多，主要有平流式隔油池（API）、平行板式隔油池（PPI）、波纹斜板隔油池（CPI）和压力差自动撇油装置等。

1. 含油污水中油的种类

含油污水主要来源于石油、石油化工、钢铁、炼焦、机械加工与修理、屠宰、饮食业等工矿企业。在一般的生活污水中，油脂占总有机物的10%。

油类污染物按组成成分可分为两类：第一类包括动物或植物脂肪；第二类是原油或矿物油的液体部分。

污水中的油类按其存在状态可分为以下四类。

（1）浮油。油珠的粒径一般为100～150μm，很容易浮于水面形成油膜或油层。浮油是含油污水的主要组成部分。

（2）分散油。油珠的粒径一般为10～100μm，悬浮于水中，静置一定时间后可形成浮油。

（3）乳化油。油珠粒径小于10μm，一般为0.1～2μm，通常由于污水中含有表面活性剂而使之形成稳定的乳化状态，即使长期静置也难以从水中分离出来。乳化油必须先经过破乳处理转化为浮油，然后再加以分离。

（4）溶解油。油珠粒径有的可小到几个纳米，其溶解度很小，在水中呈溶解状态。溶解油的含量一般不大，通常利用化学或生化方法将其分解去除。

2. 平流式隔油池

平流式隔油池如图3-24所示。污水自进水管流入，经配水槽进入澄清区。在该区内，密度小的油珠上浮在水面；密度大的固体杂质则沉到池底。分离后的净水继续流向出水槽并经出水管排出。出水端的水面附近有一根直径为200～300mm的圆形集油管，沿其长度在管壁的一侧开有切口，并可绕管轴线转动。平时切口在水面以上，需排油时转动集油轴，使切口侵入水面油层以下，循环运动的刮油刮泥机将浮于水面的油刮入管内，沿管道导出池外；同时刮油刮泥机还将污泥刮入污泥斗排出。

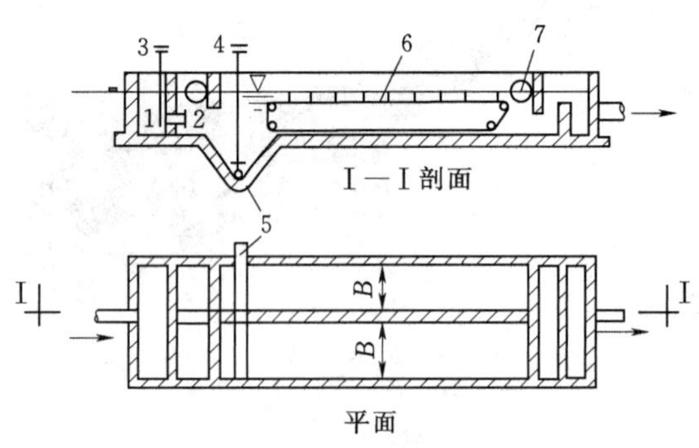

图3-24 平流式隔油池示意图
1—布水间；2—进水孔；3—进水间；4—排渣阀；5—排渣管；6—刮油刮泥机；7—集油管

3. 斜板式隔油池

斜板式隔油池是借鉴斜板式沉淀池的思路，由平流式隔油池改良发展而来，其构造如图3-25所示。池内装置的波纹板间距为20～50mm，倾角为45°的污水流入隔油池后，沿板面向下流，从出水堰排出。污水从斜板中通过时，水中的油粒上浮到上层板的下表面，并沿板的下表面向上流动，最后从位于水表面的集油管排走；水中的污泥则沉到下板的上表面，滑落入池底部并通过排泥管排出。

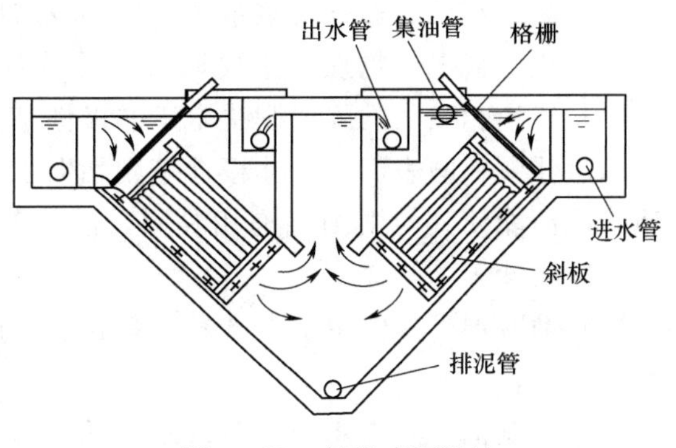

图 3-25　斜板式隔油池

由于大幅度缩短了油粒上浮距离，因此这种隔油池的油水分离效率较高，可分离油滴的最小直径约为 60μm，污水在池中停留时间一般不大于 30min，占地面积只有平流式的 1/4～1/3，除油有效率为 70%～80%。我国新建的隔油池大多采用斜板式隔油池。

近些年还广泛使用一种叫“粗粒化装置”的小型高效油水分离装置，其原理是让污水通过一种亲油性粗粒化材料，粗粒化材料快速吸附、黏附水中微小油粒，并在其表面凝聚粗粒化成的大油滴，这些大油滴可以很容易地利用其上浮去除。粗粒化装置除油率很高，可除去 1～2μm 的油粒，出水含油量可降至 20mg/L 以下。另外，设备占地面积也小，药剂、动力消耗低，不产生二次污染，是一种很有发展前途的除油装置。

六、气浮

1. 气浮的概念

气浮法是利用高度分散的微小气泡作为载体去黏附废水中的污染物，使其视密度小于水而上浮到水面实现固液或液液分离的过程。在污水处理领域，气浮广泛应用于：分离地面水中的细小悬浮物、藻类及微絮体；代替二次沉淀池，分离和浓缩剩余活性污泥；浓缩化学混凝处理产生的絮状化学污泥；回收含油污水中的悬浮油及乳化油；回收工业污水中的有用物质，如造纸厂污水中的纸浆纤维等。

2. 气浮的原理

气浮过程包括气泡产生、气泡与颗粒（固体或液滴）附着以及上浮分离等连续步骤。实现气浮法分离的必要条件有两个：一是必须向水中提供足够数量的微细气泡，气泡理想尺寸为 15～30μm；二是必须使目的物呈悬浮状态或具有疏水性质，从而附着于气泡上浮升。

曝气设备产生微气泡的方法主要有电解、分散空气和溶解空气再释放三种。悬浮物与气泡附着有三种基本形式，即气泡在颗粒表面析出、气泡与颗粒吸附以及絮体中裹挟气泡。气泡能否与悬浮颗粒发生有效附着主要取决于颗粒的表面性质。如果颗粒易被水润湿，则称该颗粒为亲水性的，如颗粒不易被水润湿，则是疏水性的。

3. 化学药剂的投加对气浮效果的影响

疏水性很强的物质（如植物纤维、油珠及炭粉末等），不投加化学药剂即可获得满意的固（液）-液分离效果。一般的疏水性或亲水性物质，均需投加化学药剂，以改变颗粒的表面性质，增加气泡与颗粒的吸附。这些化学药剂分为下述几类。

（1）混凝剂。各种无机或有机高分子混凝剂，它不仅可以改变污水中悬浮颗粒的亲水性能，而且还能使污水中的细小颗粒絮凝成较大的絮状体以吸附、截留气泡，加速颗粒上浮。

（2）浮选剂。浮选剂大多数由极性-非极性分子所组成。投加浮选剂之后能否使亲水性物质转化为疏水性物质，主要取决于浮选剂的极性基能否附着在亲水性悬浮颗粒的表面，而与气泡相黏附的强弱则决定于非极性基中碳链的长短。当浮选剂的极性基被吸附在亲水性悬浮颗粒的表面后，非极性基则朝向水中，这样就可以使亲水性物质转化为疏水性物质，从而能使其与微细气泡相黏附。浮选剂的种类很多，如松香油、石油、表面活性剂、硬脂酸盐等。

（3）助凝剂。其作用是提高悬浮颗粒表面的水密性，以提高颗粒的可浮性，如聚丙烯酰胺。

（4）抑制剂。其作用是暂时或永久性地抑制某些物质的上浮性能，而又不妨碍需要去除的悬浮颗粒的上浮，如石灰、硫化钠等。

（5）调节剂。主要是调节污水的 pH 值，改进和提高气泡在水中的分散度以及提高悬浮颗粒与气泡的黏附能力，如各种酸、碱等。

4. 加压溶气气浮法

加压溶气气浮法是目前常用的气浮法。该方法是使空气在加压的条件下溶解于水，然后通过将压力降至常压而使过饱和的空气以细微气泡形式释放出来。加压溶气气浮法有三种基本流程，即全溶气流程、部分溶气流程及回流加压溶气气浮流程。

全溶气流程是将全部入流废水进行加压溶气，再经过减压释放装置进入气浮池进行固液分离的一种流程。

部分溶气流程如图 3-26 所示。该法是将部分入流废水进行加压溶气，其余部分直接进入气浮池。该法比全溶气流程节省电能，同时因加压水泵所需加压的溶气水量与溶气罐的容积比全溶气方式小，故可节省一些设备。但是由于部分溶气系统提供的空气量较少，因此，如欲提供同样的空气量，部分溶气流程就必须在较高的压力下运行。

5. 加压溶气气浮装置系统

加压溶气气浮装置系统如图 3-26 所示。废水由加压泵加压提升，一般加压到 3～4 个大气压，在压力管道上通入一定数量的压缩空气，水气混合体在压力溶气罐内在压力条件下停留一段时间，进行气水混合与空气的溶解，然后通过减压阀进入常压气浮池，在这里泡沫被分离，水被净化排出。

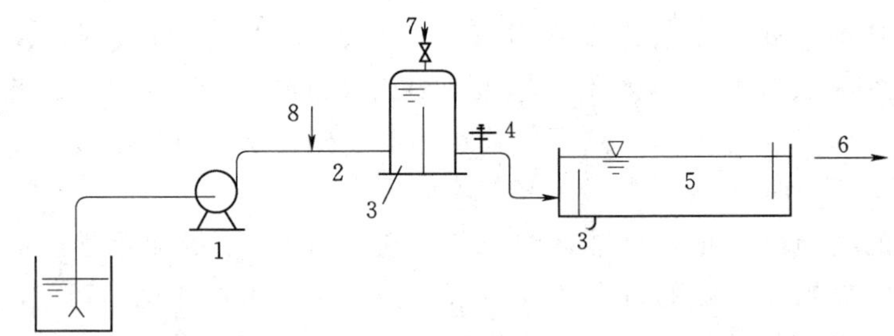

图 3-26　加压溶气气浮装置系统

1—加压泵；2—压力管道；3—压力溶气罐（含填料层）；4—减压阀；5—气浮池；6—出水；7—放气阀；8—集水管及回流清水管

七、过滤

（一）过滤的概念

从广义上讲，过滤就是利用过滤介质对流动水流中的悬浮颗粒施加一定的限制，而流动的水流继续向前流动将悬浮物抛弃，从而完成固液分离。前面所讲的格栅、筛网以及后面将介绍的膜分离等都可归属为过滤，这些过滤方法都是将颗粒物截流在过滤介质的表面，所以又称为表面过滤。平常所讲的过滤，一般是指采用一定厚度的粒状过滤介质（以下简称“滤料”）层进行过滤，过滤时水中的颗粒物可以深入到过滤介质层的内部，所以又称为滤层过滤。这里重点介绍这种过滤。

在废水处理中，过滤一般用于废水的深度处理（包括中水回用）。用在混凝、沉淀或澄清等处理之后，进一步去除水中的细小悬浮颗粒，降低浊度。在过滤时，水中有机物、细菌乃至病毒等更小的粒子由于吸附作用也将随着水的浊度降低而被部分去除。残留在滤后水中的剩余细菌、病毒等，由于失去悬浮物的保护或依附而呈裸露状态，也容易被消毒剂杀死。另外，过滤还常用在对水的浊度要求较高的处理工艺前面（如活性炭吸附、膜处理、离子交换除盐等），作为预处理。

（二）过滤机理

水流自上而下通过滤料层时，水中颗粒的运动过程可分为三个阶段：①颗粒迁移，被水流挟带的颗粒由于拦截、沉淀、惯性、扩散、水动力等物理-力学作用，脱离水流流线向滤料颗粒表面靠近；②颗粒黏附，由于物理-化学作用，水中悬浮颗粒被黏附在滤料颗粒表面，或黏附在滤粒表面原来黏附的颗粒上；③颗粒剥落，在黏附的同时，已黏附在滤料上的悬浮颗粒在水流剪切力的作用下，重新进入水中，被下层滤料截留，避免了污泥局部聚积，使整个滤料的截污能力得以发挥。因此，过滤主要是悬浮颗粒与滤料颗粒之间黏附作用的结果，过滤机理可以归纳为以下三种主要作用。

1. 阻力截流

当污水自上而下流过颗粒滤料层时，粒径较大的悬浮颗粒首先被截留在表层滤料的空隙中，随着此层滤料间的空隙越来越小，截污能力也变得越来越大，逐渐形成一层主要由被截留的固体颗粒构成的滤膜，并由它起重要的过滤作用。

2. 重力沉降

污水通过滤料层时，众多的滤料表面提供了巨大的沉降面积。水中颗粒由于自身的重力作用或惯性作用而脱离流线被抛向滤料表面。

3. 接触絮凝

由于滤料具有巨大的比表面积，它对悬浮物有明显的物理吸附作用。此外，静电力等也会使滤料颗粒黏附水中的悬浮颗粒，就像在滤料层内部发生接触絮凝。

在实际过滤过程中，上述三种机理往往同时起作用，只是因条件不同而有主次之分。对粒径较大的悬浮颗粒，以阻力截留为主；对于细微悬浮物，以发生在滤料深层的重力沉降和接触絮凝为主。

（三）过滤池

过滤池的形式多种多样，按滤料的种类分，有单层滤池、双层滤池和多层滤池；按作用水头分，有重力式滤池（作用水头为4～5m）和压力滤池（作用水头为15～20m）；从进、出水及反冲洗水的供给与排除方式分，有快滤池、虹吸滤池和无阀滤池。根据过滤材料不同，过滤可分为颗粒材料过滤和多孔材料过滤两大类。

在废水处理中，颗粒材料过滤主要用于经混凝或生物处理后低浓度悬浮物的去除。由于废水的水质复杂，悬浮物浓度高、黏度大、易堵塞，选择滤料时应注意以下几点。

（1）滤料粒径应较大。采用石英砂为滤料时，砂粒直径可取 0.5～2.0mm，相应的滤池冲洗强度也大，可达 18～20L/(m^2·s)。

（2）滤料耐腐蚀性应较强。滤料耐腐蚀的标准是，用浓度为 1％的 Na_2SO_4 水溶液，将烘干恒重后的滤料浸泡 28d，质量减少值以不大于 1％为宜。

（3）滤料的机械强度好，成本低。

滤料可采用石英砂、无烟煤、陶粒、大理石、白云石、石榴石、磁铁矿石等颗粒材料及近年来开发的纤维球、聚氯乙烯或聚丙烯球等。

由于废水悬浮物浓度高，为了延长过滤周期，提高滤池的截污量，可采用上向流、粗滤料双层和三层混合滤料滤池；为了延长过滤周期适应滤池频繁冲洗的要求，可采用连续流过滤池和脉冲过滤滤池；对含悬浮物浓度低的废水可采用给水处理中常用的压力滤池、移动冲洗罩滤池、无（单）阀滤池等。

1. 上向流滤池

上向流滤池如图 3－27 所示。废水自滤池下部进入，向上流经滤层，从上部流出。滤料通常采用石英砂，粒径根据进水水质确定，尽量使整个滤层都能发挥截污作用，并使水头损失缓慢上升。废水处理滤料的级配列于表 3－2 中。

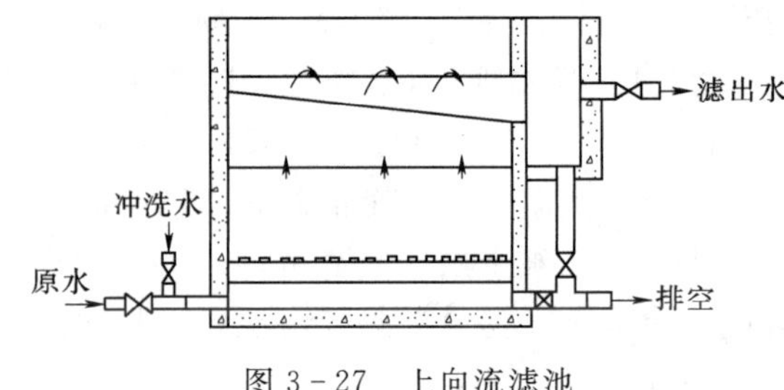

图 3－27　上向流滤池

表 3－2　上向流滤池的滤料级配

滤料层及承托层	粒径/mm	厚度/mm	滤料层及承托层	粒径/mm	厚度/mm
上部细砂层	1～2	1500	下部粗砂层	10～16	250
中部砂层	2～3	300	承托层	30～40	100

由于上向流滤池过滤和冲洗时的水流方向相同，要求不同流量时能均匀布水，为此，在滤池下部设有安装了许多配水喷嘴的配水室。为防止气泡进入滤层引起气阻，需将进水中的气体分离出来，经排气阀排到池外。

上向流滤池的特点如下。

（1）滤池的截污能力强，水头损失小。污水先通过粗粒的滤层能较充分地发挥滤层的作用，可延长滤池的运行周期。

（2）配水均匀，易于观察出水水质。

（3）污物被截留在滤池下部，滤料不易冲洗干净。

2. 多层滤料滤池

多层滤料滤池，常用的有双层滤料滤池和三层滤料滤池，如图 3－28 所示。双层滤池的滤料可采用上层为无烟煤，下层为石英砂。由于无烟煤的相对密度（1.4～1.6）比石英

砂的相对密度（2.6）小，无烟煤的粒径可选择大些。因此，上层的孔隙率大，可截留较多的污物，下层的孔隙率较小，可进一步截留污物，污物可穿透滤池的深处，能较好地发挥整个滤层的过滤作用。水头损失也增加较慢。同样，在双层滤料的下面再加一层密度更大、更细的石榴石（相对密度为4.2）便构成了三层滤料滤池。我国石榴石来源不足，可用磁铁矿石（相对密度为4.7～4.8）作为重滤料。

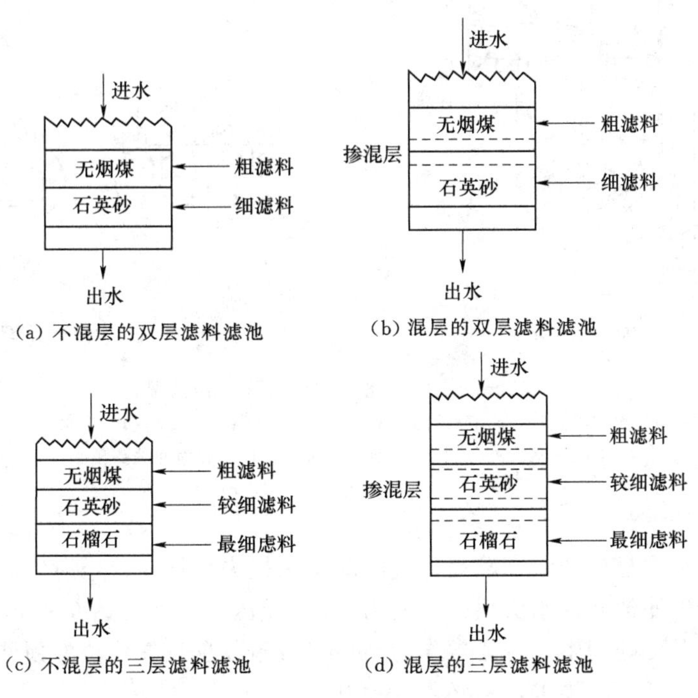

图3-28　不混层和混层的双层滤料与三层滤料滤池

多层滤料滤池主要用于饮用水处理，现已推广到废水的深度处理中。双层滤料滤池中无烟煤粒径要求在滤层高度内，可将75%～90%的悬浮物去除。例如，要求滤池悬浮物的去除率为90%时，则悬浮物的60%～80%应由煤层去除，其余的由砂层去除。多层滤料的粒径和厚度见表3-3。

表3-3　多层滤料的粒径和厚度

滤料层数	材料	粒径/mm	厚度/cm	滤料层数	材料	粒径/mm	厚度/cm
	无烟煤	1.0～1.1	50.8～76.2		无烟煤	1.0～1.1	45.7～61.0
双层	石英砂	0.45～0.60	25.4～30.5	三层	石英砂	0.45～0.55	20.4～30.5
					石榴石	0.25～0.4	5.1～10.2

多层滤料滤池，根据滤料层界面处允许混层与否可分为混层滤池和非混层滤池。经验表明，无烟煤滤料的最小粒径与石英砂最大粒径之比为3～4时，无明显混层现象。不混层时，双层滤料和三层滤料滤池进水悬浮物的最大允许浓度分别为100mg/L和200mg/L。

3. 压力滤池

压力滤池有立式和卧式两类，如图3-29所示。立式压力滤池，因横断面面积受限

制，多为小型的过滤设备。规模较大的废水处理厂宜采用卧式压力滤池，如国外污水三级处理中采用直径为3m、长11.5m的卧式压力滤池。

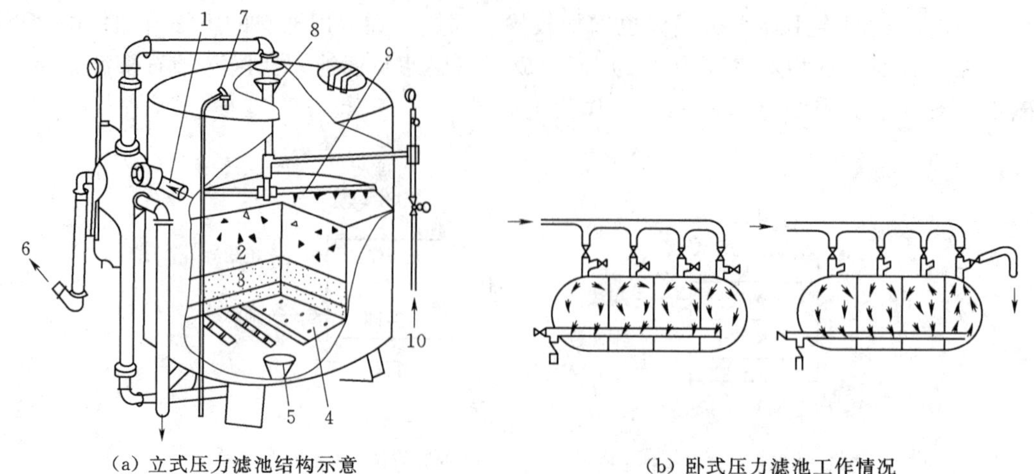

(a) 立式压力滤池结构示意　　(b) 卧式压力滤池工作情况

图3-29　压力滤池的构造和工作情况

1—进水管；2—无烟煤滤池；3—砂滤层；4—滤头；5—下部配水盘；6—出水口；7—排气管；8—上部配水盘；9—旋转式表面冲洗装置；10—表面冲洗高压水进口

压力滤池的特点如下。

(1) 由于废水中悬浮物浓度较高，过滤时水头损失增加较快，所以滤池的允许水头损失也较高，重力式滤池允许水头损失一般为2m，而压力滤池可达6～7m。

(2) 在废水深度处理中，过滤常作为活性炭吸附或臭氧氧化法的预处理，压力滤池的出水水头能满足后处理的要求，不必再次提升。

(3) 压力滤池是密闭式的，可防止有害气体从废水中逸出。

(4) 压力滤池采用多个并联时，各滤池的出水管可相互连接，当其中一个滤池进行反冲洗时，冲洗水可由其他几个滤池的出水供给，这样可省去反冲洗水箱和水泵。

压力滤池滤层的组成，采用下向流时，多为无烟煤和石英砂双层滤料。日本为去除二级出水中的悬浮物，无烟煤有效粒径采用1.6～2.0mm，无烟煤有效粒径为石英砂的2.7倍以下，无烟煤和砂组成的滤层厚度为600～1000mm，砂层厚度为无烟煤厚度的60%以下。最大滤速采用12.5m/h。为加强冲洗，通常采用表面水冲洗和空气混合冲洗方法。

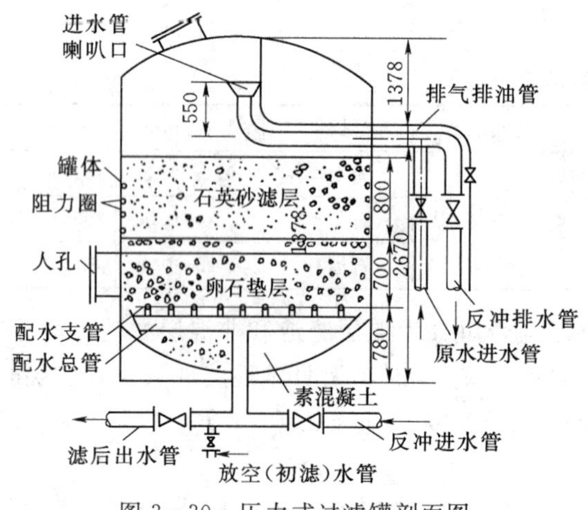

图3-30　压力式过滤罐剖面图

油田含油废水多采用压力滤池进行处理，压力式过滤罐剖面如图3-30所示。过滤时，废水由进水管经喇叭口进入池中，自上而下地通过滤层，废水中的微小油珠以及经絮凝预处理后未沉淀的微小悬

浮物被去除。油田一般使用石英砂滤料，有效粒径为0.5～0.6mm，各种粒径所占的百分比为d=0.25～0.5mm，占10%～15%；d=0.5～0.8mm，占70%～75%；d=0.8～1.2mm，占15%～20%。石英砂滤料的厚度为0.7～0.8m。垫层可用卵石或砾石，它的厚度和分层铺设情况因配水系统不同而异。目前油田多采用大阻力配水系统，其垫层多采用以下分层：垫层自上而下d=2～4mm，厚度100mm；d=4～8mm，厚度100mm；d=8～16mm，厚度100mm；d=16～32mm，厚度150mm；d=32～64mm，厚度250mm；共厚700mm。压力滤池工作周期为12～24h，反冲洗强度为12～15L/(m^2·s)，反冲洗时间为10～15min。

4. 新型滤料滤池

近年来，国内外都在研究采用塑料或纤维球等轻质材料作为滤料的滤池，这种滤池具有滤速高、水头损失小、过滤周期长、冲洗水耗量低等优点。

(1) 塑料、石英砂双层滤料滤池上层采用圆柱形塑料滤料，直径为3mm，滤层高1000mm，下层为石英砂滤料，粒径为0.6mm，层高500mm，支撑层高350mm，滤速为30m/h。因塑料比无烟煤粒径大，而且均匀、空隙率大，所以，悬浮物截留量大。又因塑料的相对密度小，反冲时采用同样的反冲强度时，塑料的膨胀率大、清洗效果好，可缩短反洗时间，节省冲洗水量。另外，塑料的磨损率也小。

(2) 纤维球滤料滤池采用耐酸、耐碱、耐磨的合成纤维球作滤料，用直径为20～50μm的纤维丝制成直径为10～30mm的纤维球。纤维可用聚酯等合成纤维。滤速为30～70m/h，生物处理后出水经过滤处理后，悬浮物浓度由14～28mg/L降到2mg/L。采用空气搅动，冲洗水量只占1%～2%。

八、离心分离与磁分离

1. 离心分离原理

利用快速旋转所产生的离心力使污水中的悬浮颗粒分离的过程称为离心分离。

含固体悬浮物的污水在离心设备中做快速旋转运动时，由于悬浮物的密度与水不同，质量大的固体颗粒受到的离心力大，被抛到外圈；而质量小的水则推向内圈，从而达到悬浮颗粒与污水分离的目的。离心分离的效率主要取决于在离心装置中施加给悬浮颗粒的离心力的大小。

2. 磁分离

一切宏观物体，在某种程度上都具有磁性，但各种物质的磁性强弱各有差异。针对这种差异，利用外加磁力将水中固体颗粒分离的方法，称为磁分离。磁分离不但已成功地应用于钢铁工业废水中磁性悬浮物的分离，而且经过适当的辅助处理后，还能用于其他工业废水、城市污水和地面水的处理。

第二节　污水的化学处理方法

化学处理方法是利用化学反应的作用，分离回收污水中处于各种状态的污染物质。主要方法有混凝、中和、电解、氧化还原等。

一、混凝法

混凝法是通过向水中投加一定的化学药剂，使水中的细分散颗粒和胶体物质脱稳，并进一步形成粗大絮凝体的过程。一般来讲，水中胶体颗粒脱稳的过程称为凝聚，脱稳的胶体颗粒相互聚集成大的矾花的过程称为絮凝。混凝是凝聚和絮凝的总称。通过絮凝法可以降低污水的浊度和色度，去除多种高分子物质、有机物、某些重金属毒物（汞、镉、铅）和放射性物质等；也可去除导致水体富营养化的氮和磷等可溶性有机物。此外，通过投加混凝剂还可改善污泥的脱水性能。与其他处理法相比，混凝法的优点是设备简单、易于实施、推广维护易于掌握、便于间歇运行、处理效果一般良好；缺点是运行费用高、沉渣量大。

（一）混凝的机理

为了使胶体颗粒沉降，就必须破坏胶体的稳定性，促使胶体颗粒相互聚集成为较大的颗粒。

化学混凝的机理至今仍未完全弄清楚，因为它涉及的因素很多，如水中杂质的成分和浓度、水温、水的pH值以及混凝剂的性质和混凝条件等。但归结起来，可以认为主要有三方面因素的作用。

1. 压缩双电层作用

胶体微粒都带有电荷。天然水中的黏土类胶体微粒以及污水中的胶态蛋白质和淀粉微粒等都带有负电荷。带同种电荷的胶粒之间存在着排斥力，距离越近，斥力越大。因此，胶体微粒不能相互聚集而长期保持稳定的分散状态。

但是，如果在水中投入电解质——混凝剂，由于混凝剂提供大量正离子，它会大大降低胶粒之间的静电斥力甚至使之完全消失。这时布朗运动的动能足以使范德华力发挥作用，胶粒之间产生明显引力而逐渐聚结，最终形成凝聚物而沉降下来。

压缩双电层作用是阐明胶体凝聚的一个重要理论。它特别适用于无机盐混凝剂所提供的简单离子的情况。但是，如果仅用双电层作用原理来解释水中的混凝现象，会产生一些矛盾。例如，三价铝盐或铁盐混凝剂投量过多时，混凝效果反而下降，水中的胶粒又会重新获得稳定。于是提出了第二种混凝机理——吸附架桥。

2. 吸附架桥作用

三价铝盐或铁盐以及其他高分子混凝剂溶于水后，经水解和缩聚反应形成高分子聚合物，具有线性结构。这类高分子物质可被胶体微粒强烈吸附。因其线性长度较大，当它的一端吸附某一胶粒后，另一端又吸附另一胶粒，在相距较远的两胶粒间进行吸附架桥，使颗粒逐渐结大，形成肉眼可见的粗大絮凝体。这种由高分子物质吸附架桥作用而使微粒相互聚集的过程，称为絮凝。

3. 网捕作用

三价铝盐或铁盐等水解而生成沉淀物。这些沉淀物在自身沉降过程中，能集卷、网捕水中的胶体等微粒，使胶体凝结、共同沉淀。

上述三种作用产生的微粒凝结现象——凝聚和絮凝，总称为混凝。

对于不同类型的混凝剂，压缩双电层作用和吸附架桥作用所起的作用程度并不相同。对硫酸铝、氯化铁等无机混凝剂，压缩双电层、吸附架桥作用及网捕作用都同时

起作用；而对一些高分子混凝剂尤其是有机高分子混凝剂，吸附架桥作用则可能是起主导作用的。

（二）混凝剂

混凝剂内容详见第五章。

（三）混凝设备

1．混合设备

混合有两种基本形式：一种是借助水泵的吸水管或压水管混合；另一种是在混合设备中进行混合。

（1）借助水泵的吸水管或压水管混合。

当泵站与絮凝反应设备距离很近时，将药液加于泵吸水管或吸水井中，通过水泵叶轮高速转动达到快速而剧烈的混合目的。其优点是混凝效果好，设备简单，节省投资，不另外消耗动力；缺点是当吸水管多时，投资设备要增多，安装管理麻烦，对水泵叶轮有轻微腐蚀作用，同时应避免空气进入水泵。

当泵站与反应池较远时，可将药液投入距离反应池前一定距离（应不小于 50 倍管道直径）的进水管中，使药剂与水在管道内混合，也有较好的凝聚效果。管道混合的优点是设备简单，不占地，节省投资，压头损失小；缺点是当流量减小时，可能在管中反应沉淀，堵塞管道。

（2）在混合设备中进行混合。

在专用混合设备中进行混合，有机械和水力两种方法。

1）机械混合。这是用电动机带动桨板或螺旋桨进行强烈搅拌的一种有效的混合方法。机械混合池构造如图 3－31 所示。桨板外缘的线速度一般为 2m/s 左右，混合时间为 10～30s。其优点是机械搅拌的强度可以调节，比较机动，混合效果较好。缺点是增加了机械设备，也增加了维修保养工作和动力消耗。机械混合池适用于各种规模的水厂中。机械混合池的桨板有多种形式，如桨式、推进式、涡流式等，采用较多的为桨式。

2）水力混合。它是通过水的流动以达到药剂与水的混合。水力混合槽有多种形式，常见的有隔板混合池、穿孔板式混合池、涡流式混合池等。图 3－32 所示为隔板混合池。池为钢筋混凝土或钢制，池内设隔板，药剂在隔板前投入，水在隔板通道间流动过程中与药剂达到充分的混合。混合时间一般为 10～30s。

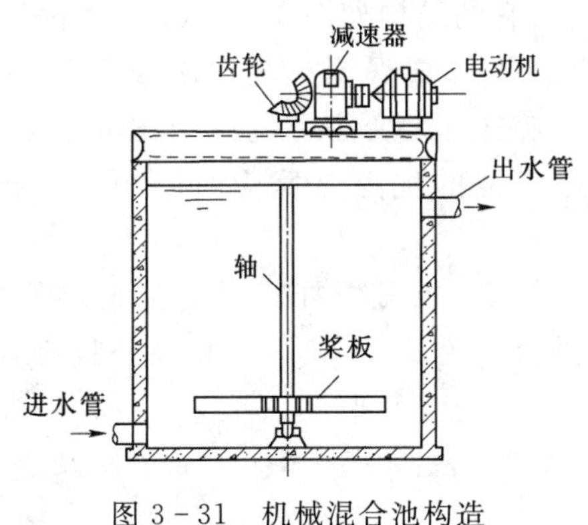

图 3－31　机械混合池构造

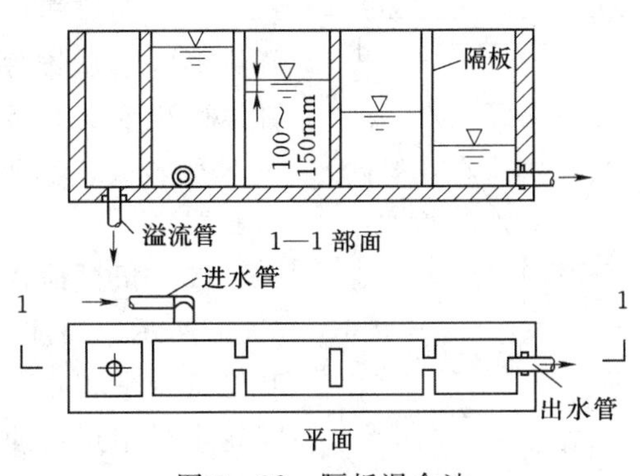

图 3－32　隔板混合池

水力混合池的主要优点是混合效果较好，某些池型能调节水头高低，适应流量变化，操作简单，广泛用于大中型水处理厂中；缺点是占地面积较大，某些进水方式要裹进大量气体，对后续处理带来一些不利影响。

2. 反应设备

水与药剂混合后即进入反应池进行反应。反应阶段的作用是促使小混合阶段所形成的细小矾花在一定时间内继续形成大的、具有良好沉淀性能的絮凝体（可见的矾花），以使其在后续的沉淀池内下沉。所以，反应阶段需要有适当的紊流程度及较长的时间，通常反应时间需 20～30min。

反应池的形式也有机械搅拌和水力搅拌两类。水力搅拌反应池在我国应用广泛，类型也较多，主要有隔板反应池、涡流式反应池等。其中比较常用的是隔板反应池。

（1）隔板反应池。隔板反应池有平流式、竖流式和回转式三种。它是利用水流断面上流速分布不均匀所造成的速度梯度，促进颗粒互相碰撞，从而达到混凝目的。为避免结成的絮凝体被打碎，隔板中的流速应逐渐减小。

1）平流式隔板反应池。其结构如图 3－33 所示。多为矩形钢筋混凝土池子，池内设木质或水泥隔板，水流沿廊道回转流动，可形成很好的絮凝体。一般进口流速为 0.5～0.6m/s，出口流速为 0.15～0.2m/s，反应时间一般为 20～30min。其优点是反应效果好，构造简单，施工方便。但池容大，水头损失大。

2）竖流式隔板反应池。此类反应池的原理与平流式隔板反应池相同。

3）回转式隔板反应池。它是平流式隔板反应池的一种改进形式，常与平流式沉淀池合建，如图 3－34 所示。其优点是反应效果好，压头损失小。隔板反应池适用于处理水量大且水量变化小的情况。

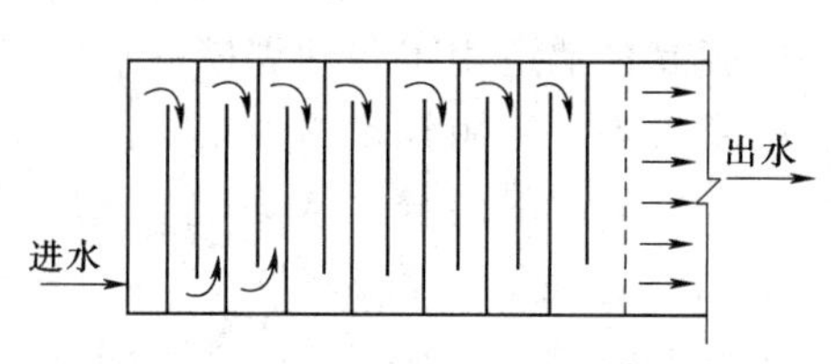

图 3－33　平流式隔板反应池

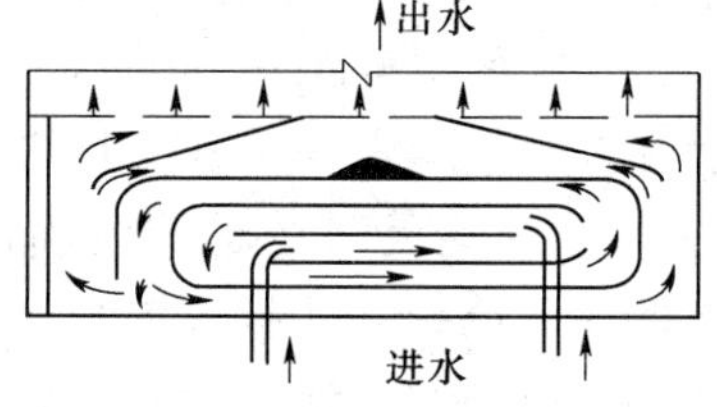

图 3－34　回转式隔板反应池

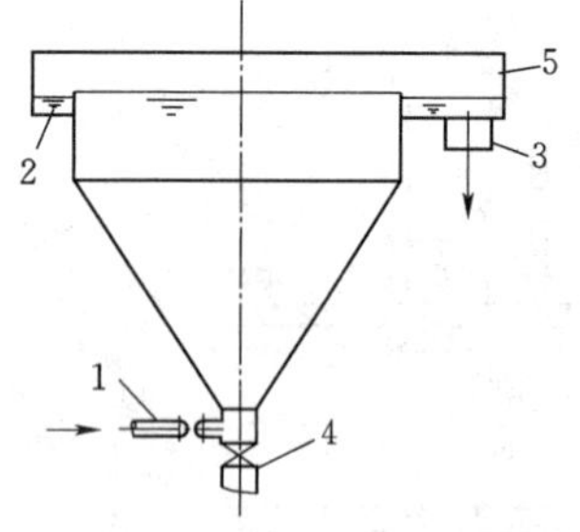

图 3－35　涡流式反应池
1—进水管；2—圆周集水槽；3—出水管；4—放水阀；5—格栅

（2）涡流式反应池。它的结构如图 3－35 所示，下半部为圆锥形，水从锥底部流入，形成涡流扩散后缓慢上升，随着锥体面积变大，反应液流速由大变小，流速变化的结果有利于絮凝形成，涡流式反应池的优点是反应时间短、容积小、易布置。

（3）机械搅拌式反应池。机械搅拌式反应池的结构如图 3－36所示。反应池用隔板分为 2～4 格，每格装一搅拌叶轮，叶轮有水平和垂直两种。水力停留时间一般采用 15～30min，叶轮半径中点线速度由进水格的 0.5～0.6m/s 依次减小到出水格的 0.1～0.2m/s。

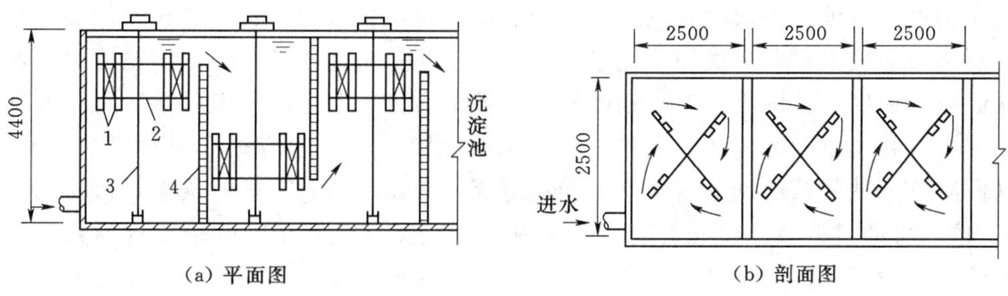

图 3－36　机械搅拌式反应池

1—桨板；2—叶轮；3—旋转轴；4—隔板

（四）澄清池

废水的混凝处理工艺包括水和药剂的混合、反应以及絮凝体与水的分离三个阶段。澄清池就是完成上述三个过程于一体的专门设备。澄清池中起到截留分离杂质颗粒作用的介质是呈悬浮状的泥渣。废水在池中的净化是由混凝剂对原水中微粒的混凝、料浆中的悬浮泥渣对微絮粒的接触絮凝以及泥渣的沉降分离等过程来完成的。当水中微粒与混凝剂作用生成的微絮粒一旦在运动中与相对巨大的泥渣颗粒接触碰撞，就被吸附于泥渣颗粒上而被迅速除去。这一过程实际上也是絮凝作用，通常称为接触絮凝作用。因此，保持悬浮状态的、浓度均匀稳定的泥渣区，就成为决定澄清池处理效果的关键，也是所有澄清池的共同特点。

按照泥渣与废水接触方式的不同，澄清池可分为泥渣循环分离型和悬浮泥渣过滤型两大类。前者是让泥渣在竖直方向上不断循环，在运动中捕集水中的微絮粒，并在分离区加以分离；后者是靠上升水流的能量在池内形成一层悬浮状态的泥渣，当水流自下而上通过泥渣层时，其中的絮体就被截留下来。在常用的澄清池中，属于泥渣循环分离型的有机械加速澄清池和水力循环澄清池；属于悬浮泥渣过滤型的有普通悬浮澄清池和脉冲式澄清池。在废水处理中，以机械加速澄清池应用最广泛。

机械加速澄清池是利用机械搅拌作用来完成混合、泥渣循环和接触絮凝过程的。图 3－37所示为机械加速澄清池的结构。

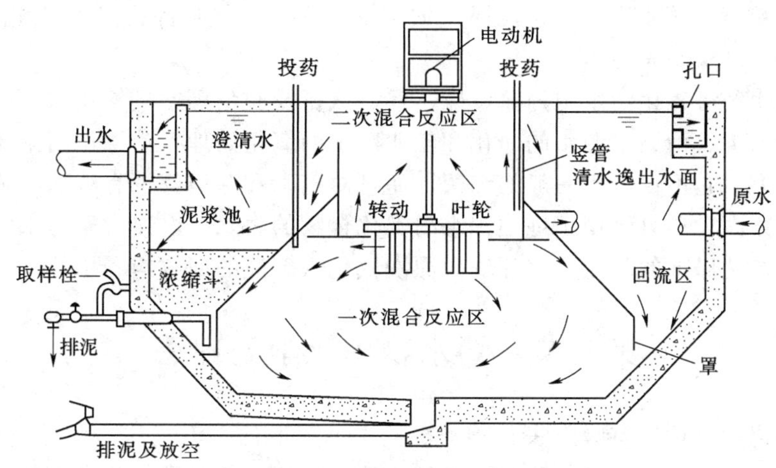

图 3－37　机械加速澄清池结构

机械加速澄清池由一次混合反应区、二次混合反应区、导流筒、分离室和泥渣浓缩区五个主要部分组成。投药后的原水由进水管导入三角形的配水槽，然后由槽底的配水孔进入一次混合反应区。池中心装有转动叶轮，叶轮下方的叶片起着药剂及水和泥渣间的混合搅拌作用；叶片上方的圆盘实际上是一个低水头的离心泵，起着提升泥水混合液的作用。分离区沉降下来的泥浆由回流区下部的回流缝流入一次混合反应区。泥浆回流量为进水量的3～5倍，可通过调节叶轮开启度（叶轮顶和第二反应区底板间的距离称为开启度）来控制回流量。为了保持池内悬浮层浓度稳定，需要不断排走多余的污泥，因此在池内设有1～3个泥渣浓缩斗。当池子直径较大或进水含沙量较高时，澄清池底部常常积泥，为此需装设机械刮泥机，将泥刮向池中央，再排出池外。加速澄清池的优点是效率较高，运行比较稳定，对原水水质（如浊度、温度）和处理水量的变化适应性较强，操作比较方便。

二、中和法

中和法是利用酸碱中和的化学原理消除污水中过量的酸和碱，使其pH值达到中性的过程，中和法可分为投药中和法和过滤中和法。

（1）投药中和法，如中和酸性污水的碱性药剂常用石灰、石灰石、白云石等。此法的优点是可以处理任何物质、任何浓度的酸性污水；缺点是卫生条件差，操作管理复杂，需要较多的机械设备。

（2）过滤中和法，如使酸性污水流过具有中和能力的滤料而得以中和，可作滤料的有石灰石、白云石、大理石等。此法的优点是操作管理简单，出水pH值较稳定，不影响环境卫生，沉渣少；缺点是进水酸度受限制。

三、电解法

电解法是将电能转变为化学能的过程。电解槽中的污水在电流作用下除电极的氧化还原反应外，实际反应过程是很复杂的。电解法处理污水时具有多种效能，如氧化作用、还原作用、凝聚作用和浮选作用等。

四、氧化还原法

氧化还原法是利用氧化还原反应将水中的污染物转变为无毒或微毒的物质，从而达到处理废水的目的。水处理中常用的氧化剂有氧、氯、臭氧、高锰酸钾和二氧化氯等。常用的还原剂有亚铁盐（$FeSO_4$）、金属铁（铁粉、铁屑）、金属锌、二氧化硫和亚硫酸盐（Na_2SO_3、$NaHSO_3$）等。

氯作为氧化剂可氧化污水中的氰、硫、酚、氨氮及脱色等。臭氧在水处理中有三个方面的应用，即消毒、污染水源水的净化和工业污水的氧化处理。消毒作用主要体现在臭氧有很强的杀菌力，它不仅对于一般的细菌，而且对病毒和芽孢等也有很强的杀伤作用。在工业污水处理方面，臭氧已用于炼油污水酚类化合物的去除、电镀含氰污水的氧化、含染料污水的脱色、洗涤剂的氧化、照片洗印漂洗氰化铁废液的回收与利用等。

第三节　污水物理化学处理法

污水物理化学处理法有吸附法、离子交换法、萃取法、汽提法、膜分离法、辐射法、高级氧化技术（包括超临界水氧化法、光氧化技术、低温等离子体化学等技术）等。

一、吸附法

（一）吸附的概念

物质在界面上的富集现象称为吸附。吸附法是指利用多孔性固体吸附污水中的某种或几种污染物，从而使污水得到净化的方法。吸附是一种界面现象，其作用发生在两个相的界面上。具有吸附能力的多孔性固体物质称为吸附剂，而污水中被吸附的物质称为吸附质。例如，活性炭与污水接触时，污水中的污染物会从水中转移到活性炭的表面上来，如图 3－38 所示。

在水处理中，大多数吸附过程往往是几种吸附作用综合的结果。常用的吸附剂有活性炭、磺化媒、焦炭、木炭、泥煤、高岭土、硅藻土、硅胶、煤渣、木屑、金属（铁粉、锌粉、活性铝）以及其他合成吸附剂等，其中活性炭应用最为广泛。活性炭吸附法目前较多地应用于给水处理中去除微量有害物质、色度及臭味；在必要时也用于城市污水及工业污水的深度处理，去除难以生物降解或化学氧化的少量有害物质、色素、杀虫剂以及重金属离子，如汞、锑、铋、镉、银、铅、镍等。

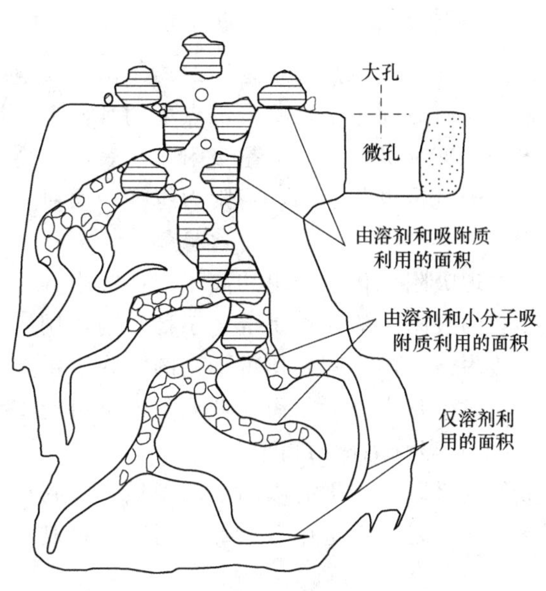

图 3－38　活性炭的细孔分布及作用模式

（二）吸附的分类

吸附剂表面的吸附力可分为三种，即分子间引力（范德华力）、化学键力和静电引力，因此吸附可分为三种类型，即物理吸附、化学吸附和离子交换吸附。

1. 物理吸附

物理吸附是一种常见的吸附现象，也称为范德华力吸附，是由吸附质与吸附剂之间的静电力或分子间引力产生的吸附过程。物理吸附的特征表现在以下几个方面。

（1）物理吸附是一种放热反应，当系统的温度升高时，被吸附的物质由于分子的热运动会脱离吸附剂表面而自由转移，该现象称为脱附或解吸。吸附质在吸附剂表面可以较易解吸。

（2）由于物理吸附是由分子间力引起的，所以吸附热较小，一般在 41.9kJ/mol 以内。

（3）没有特定的选择性。由于物质间普遍存在着分子引力，同一种吸附剂可以吸附多种吸附质，只是因为吸附质间性质的差异而导致同一种吸附剂对不同吸附质的吸附能力有所不同。

（4）影响物理吸附的主要因素是吸附剂的比表面积。

2. 化学吸附

化学吸附是吸附质与吸附剂之间通过化学键力结合而引起的吸附过程。化学吸附的特征如下。

（1）吸附热大，相当于化学反应热，吸附热一般为83.7～418.7kJ/mol。

（2）有选择性，一种吸附剂只能对一种或几种吸附质发生吸附作用，且只能形成单分子层吸附。

（3）化学吸附比较稳定，当吸附的化学键力较大时，吸附反应为不可逆。

（4）吸附剂表面的化学性能、吸附质的化学性质以及温度条件等，对化学吸附有较大的影响。

3. 离子交换吸附

离子交换吸附是指吸附质的离子由于静电引力聚集到吸附剂表面的带电点上，同时吸附剂表面原先固定在这些带电点上的其他离子被置换出来，等于吸附剂表面放出一个等当量离子。这种吸附实质上是吸附剂的表面发生了离子交换反应。在吸附质浓度相同的条件下，离子所带电荷越多，吸附力越强。而对于电荷相同的离子，其水化半径越小，越易被吸附。

物理吸附、化学吸附和离子交换吸附并不是孤立的，往往相伴发生。在污水处理中，大多数的吸附现象往往是上述三种吸附作用的综合结果。吸附质、吸附剂以及吸附温度等具体吸附条件的不同，使得不同的吸附占主要地位。例如，同一吸附体系在中、高温下可能主要发生化学吸附，而在低温条件下可能主要发生物理吸附。

（三）影响吸附的因素

影响吸附的因素有吸附剂的性质、吸附质的性质和吸附过程的操作条件。了解这些因素的目的，是便于选用合适的吸附剂，控制合适的操作条件。

1. 吸附剂的性质

（1）孔的大小。吸附剂内孔的大小和分布对吸附性能影响很大，孔径太大，表面积小，吸附能力差；孔径太小，不利于吸附质扩散，并对直径较大的吸附质起阻碍作用。

（2）比表面积。吸附剂的比表面积越大，吸附能力越强，吸附容量越大。活性炭的比表面积一般为500～1000m^2/g，其吸附能力可近似地以碘值（mg/g）（对碘的吸附量）来表示。活性炭粒径越小，或是微孔越发达，其比表面积越大。活性炭的比表面积越大，其吸附量将越大。

（3）表面氧化物。活性炭本身是非极性的，在制造过程中，易与其他元素如氧、氢等结合形成各种表面氧化物，如羟基、羧基、羰基等，氧化物含量、性质及电荷随原料组成、活化条件不同而异。由于活性炭表面具有微弱极性，使其他极性溶质竞争活性炭表面的活性位置，导致对水中某些金属离子产生离子交换吸附或络合反应，提高处理效果。此外，活性炭还是一种催化剂，具有催化氧化及催化还原作用，使水中金属如二价铁氧化成三价铁，二价汞离子还原成金属汞而被吸附去除。

（4）吸附剂种类。吸附剂种类、颗粒大小，对吸附效果影响很大。一般认为，极性分子型吸附剂易吸附极性分子型吸附质，非极性分子型吸附剂易吸附非极性分子型吸附质；吸附剂颗粒小，吸附速度大。吸附质在水中溶解度越小，越容易吸附，而不易解吸。

2. 吸附质的性质

吸附质在水中溶解度越小，越容易吸附，而不易解吸。

3. 吸附过程的操作条件

（1）pH值。溶液的pH值影响到溶质处于分子或离子或络合状态的程度；也影响到活性炭表面电荷特性（电荷正、负性及电荷密度等）。炭表面电荷为电中性时，达到等电点。此时的pH值称为电荷零点pH值，不同的炭有不同的电荷零点pH值。研究表明，在等电点处可发生最大的吸附，说明中性物质的吸附为最大。

（2）温度。升温利于脱附，降温利于吸附。温度对气相吸附的影响比对液相吸附的影响大。

（3）接触时间。在进行吸附操作时，应保证吸附与吸附剂有一定的接触时间，使吸附接近平衡，以充分利用吸附剂的吸附能力。吸附平衡所需的时间取决于吸附速度。

（4）流通截面。如增大流通截面，降低流量以延长接触时间，虽能提高一些处理效果，但并不太显著。有条件时宜通过试验确定最佳接触时间，一般不超过1h。

4. 微生物作用

吸附剂在水处理，特别是在废水处理中，使用活性炭料交换一段时间之后，在炭表面会繁殖微生物，参与对有机物的去除，会使活性炭的去除负荷及使用周期成倍增长。

（四）常用吸附剂——活性炭

天然吸附剂有黏土、硅藻土、无烟煤、天然沸石等。人工吸附剂有活性炭、分子筛、活性氧化铝、磺化煤、活性氧化镁、树脂吸附剂等。以下就水处理常用的吸附剂（活性炭）加以介绍。

1. 活性炭的特性

（1）活性炭是一种多孔性、疏水性吸附剂，对水中有机物有较强的吸附作用。在工业废水处理中，可用于除去表面活性物质、酚类、染料、农药、重金属等污染物。

活性炭可制成粉末状和颗粒状，废水处理常用粒状炭，其应用工艺简单，操作方便。

粒状活性炭外观呈黑色，化学稳定性好，耐酸、碱、高温及高压。可浸水，相对密度小于1。

（2）由于活性炭是多孔材料，它的比表面积（即每克吸附剂所具有的表面积）可达$500\sim2000m^2/g$。活性炭的吸附量不仅与比表面积有关，还与细孔的构造和细孔分布有关。不同的细孔，在吸附过程中所起的作用不同。大孔主要为吸附质提供扩散的通道，使吸附质得以到达过渡孔与小孔中去。通过过渡孔吸附质可扩散到小孔中去。如吸附质分子较大，小孔几乎不起吸附作用，此时主要由过渡孔进行吸附。而小孔的表面积最大（占所有孔表面积的95%以上），因此活性炭的吸附量主要由小孔决定，所以活性炭宜处理含小分子污染物的废水。

（3）活性炭表面的化学性质也是影响其吸附特性的因素。活性炭是由形状扁平的石墨微晶体构成的，处于微晶体边缘的碳原子，由于共价键不饱和而易与氧、氢等结合形成含氧官能团，使活性炭具有一定的极性。

2. 活性炭的质量指标

表3-4为我国活性炭质量国家标准。表3-5是水处理用粒状活性炭特性指标。

表 3-4 **活性炭质量国家标准（GB 7701.2—2008）**

指标名称	指标	指标名称		指标
外观	暗黑色炭素物质呈颗粒状	粒度/mm	>2.50	≤2%
水分	≤5%		1.25～2.50	≥83%
强度	≥85%		1.00～1.25	≤14%
碘吸附质	≥800mg/g		<1.00	≤1%

表 3-5 **水处理用粒状活性炭特性指标**

指标	一般范围	指标	一般范围
粒径	0.44～3mm	真密度	2～2.2g/cm^3
长度	0.44～4mm	堆积密度	0.35～0.5g/cm^3
强度	≥80%	总孔容积	0.7～1.0cm^3/g
碘值	700～1200mg/g	总表面积	590～1500m^2/g
亚甲蓝值	100～1500mg/g	pH 值	8～10
水分	≤3%	灰分	≤8%

3. 活性炭的再生

吸附饱和的活性炭可以再生重复利用。再生过程就是将吸附质从活性炭的细孔中去除，且活性炭结构基本不发生变化。活性炭再生方法有加热再生、化学再生、溶剂再生、生物再生等。常用的是加热再生法和化学再生法。

（1）加热再生法。当将吸附饱和的活性炭加热到一定温度时，吸附质分子的能量增大，使之从活性炭的活性点脱离；或者在较高温度条件下，活性炭吸附的有机物被氧化和分解，成为气态逸出或断裂成低分子。加热再生法有低温加热和高温加热两种不同的再生方式。

（2）化学再生法。通过化学反应，使吸附质转化为易溶于水的物质而从活性炭解吸脱附。活性炭的化学再生法有湿式氧化法、臭氧氧化法、电解氧化法等。

（3）溶剂再生法。用苯、丙酮及甲醇等有机溶剂萃取吸附在活性炭上的有机吸附质，使其脱附，活性炭得以再生。

（4）生物再生法。利用微生物的作用将活性炭吸附的有机物氧化分解而脱附。

（五）吸附工艺

在水处理中应用的活性炭主要有粉末活性炭（powdered activated carbon，PAC）和粒状活性炭（granular activated carbon，GAC），它们的应用条件和处理工艺也不一样。

1. 粉末活性炭

粉末活性炭可以用于二级生物处理出水的深度处理，或直接投入生物反应池中形成粉末炭，也可以用于一些物理化学工艺。在二级生物处理出水的深度处理中，粉末活性炭与二级生物处理出水一起进入接触池，经过一段时间的水炭接触，水中的一些残余污染物质会被活性炭吸附。活性炭可以沉入池底，深度处理后的水则可以排放或回用。由于粉末活性炭颗粒非常细小，自身难以通过重力沉淀，所以常辅助投加混凝剂（如聚合电解质）来形成混凝沉淀，或采用快速砂滤池过滤来去除吸附了污染物质的粉末活性炭。在工业废水

的物理化学处理流程中，粉末活性炭常与一些化学药剂配合使用形成沉淀来去除一些特殊的物质。

2. 粒状活性炭

采用粒状活性炭处理水时，被处理水一般通过活性炭填充床反应器（通常称为吸附塔或吸附池），可采用几种不同类型的活性炭填充床，其典型形式有固定床、移动床和流化床三种。

（1）固定床。固定床是吸附处理最常用的吸附塔形式，它又分为降流式和升流式两种。降流式是废水自上而下流过吸附剂层，由吸附塔底部出水。这种方式处理效果稳定。但经过吸附层的水头损失较大，如果废水含悬浮物浓度高时尤为严重。为了防止堵塞吸附层，常用定期反冲洗，还要在吸附层上部装设反冲洗装置。图 3－39 是降流式固定床吸附塔构造示意图。

升流式固定床的操作是废水自下而上流经吸附剂层。运行时，水头损失增加较慢，所以运行周期长。如水头损失增大，可提高升流流速，使吸附剂层膨胀，可达到自清的目的。如果进水水流不均衡，又不能及时调整操作，有可能导致吸附剂（活性炭）随出水流失。根据处理水量、原水水质和处理要求的不同，可选择单床式、多床串联式和多床并联式三种操作方式，如图 3－40 所示。

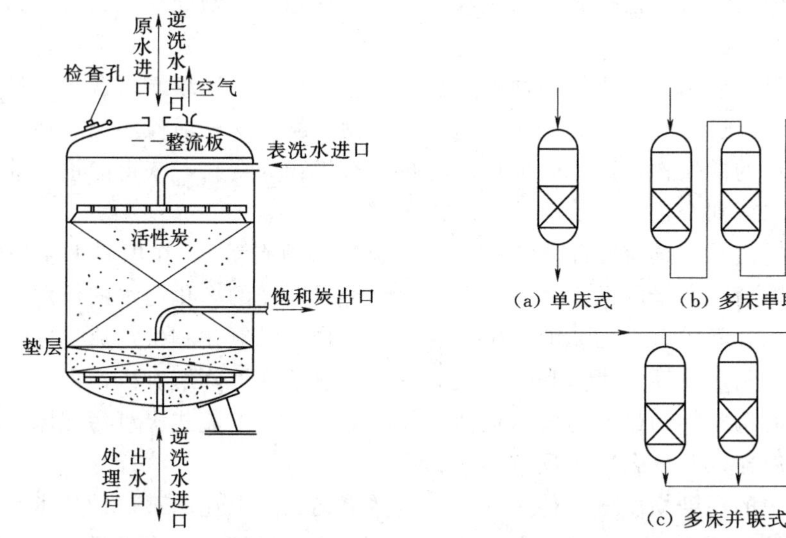

图 3－39　降流式固定床吸附塔构造示意图　　图 3－40　固定床吸附操作示意图

（2）移动床。移动床的运行特点是，废水自吸附塔底部流入吸附塔，水流向上与吸附剂活性炭逆流接触，处理水由塔顶排出。活性炭由塔顶加入，接近吸附饱和的活性炭从塔底定期排出塔外。与固定床相比，移动床能充分利用吸附剂的吸附容量，水头损失也较小。被截流在吸附剂层的悬浮固体可随饱和活性炭一起从塔底排出，因此可免去反冲洗。运行时要求保持塔内吸附剂上下层不互混，操作管理要求严格。

（3）流化床。水由下向上升流通过活性炭层，炭由上向下移动。活性炭在塔内处于膨胀状态或流化状态。水与炭逆流接触。炭与水的接触面大，能使炭充分发挥吸附作用。废水含悬浮物浓度高也能适应，无需进行反冲洗。要求连续排炭和投炭。宜保持炭层成层状向下移动。操作管理要求严格。

二、离子交换法

离子交换是指在固体颗粒和液体之间的界面上发生的离子交换过程。离子交换剂是一种不溶于溶液，同时又能与此溶液中的电解质进行离子交换反应的物质。离子交换剂根据其化学性质及材质可分为有机离子交换剂（如沸石）和无机离子交换剂（如煤、褐煤及泥煤等)。而有机合成树脂是有机高分子聚合物，这种聚合物的主要特征是它带有许多可以在溶液中电离的离子基团。合成树脂又可分为阳离子交换树脂、阴离子交换树脂及氧化还原树脂、螯合物树脂及两性树脂等。在水处理中，离子交换树脂常采用固定床和连续床方式进行。在实际应用中，离子交换法主要用于水的软化、纯水制备及高纯水的制备以及其他工业污水，特别是含重金属、放射性物质污水的处理与回收利用。

第四节 污水生物化学处理法

污水生物化学处理法是利用微生物的代谢作用，使污水中的有机污染物转化为稳定的无害物质。根据微生物对氧的需求，可分为两大类，即利用好氧微生物作用的好氧法和利用厌氧微生物作用的厌氧法。根据微生物在水中的存在状态，生物处理法又可分为活性污泥法和生物膜法。

活性污泥法是目前应用最广泛的一种生物技术。它是将空气连续鼓入含有大量溶解性有机物质的污水中，经过一定时间后，水中即形成生物絮凝体——活性污泥，在活性污泥上栖息、生活着大量的微生物，这种微生物以溶解性有机物为食料，获得能量，并不断增长繁殖，从而使污水得到净化。

生物膜法是通过污水连续流经固体填料（碎石、塑料填料等)，在填料上生成污泥状的生物膜，生物膜繁殖着大量的微生物，起到与活性污泥同样的净化污水的作用。生物膜法有多种处理构筑物，其中有生物滤池、生物转盘、生物接触氧化和生物流化床等。

厌氧生物处理是利用兼性厌氧菌和专性厌氧菌在无氧条件下降解有机污染物的处理技术。用于厌氧处理的构筑物的最普通的消化池，如厌氧滤池、上流式厌氧污泥床、厌氧转盘、挡板式厌氧反应器以及复合厌氧反应器等。

由于城市污水中的污染物质是多种多样的，这样单纯利用上述的某一种技术是难以去除的。往往需要几种处理方法的有效结合，才能达到净化的目的，最终满足排放标准。

一、活性污泥与活性污泥法

（一）活性污泥

1. 活性污泥的形态和组成

活性污泥通常为黄褐色絮绒状颗粒，也称为“菌胶团”或“生物絮凝体”，其直径一般为0.02～0.2mm；含水率一般为99.2%～99.8%，密度因含水率不同而异，一般为1.002～1.006g/cm^3；活性污泥具有较大的比表面积，一般为20～100cm^2/mL。

活性污泥的固体物质仅占1%以下，由有机物和无机物两部分组成，组成比例因污泥性质的不同而异。例如，城市污水处理系统中的活性污泥，其有机成分占75%～85%，

无机成分仅占 15%～25%。

活性污泥中固体物质的有机成分主要由生长在活性污泥中的微生物组成，这些微生物群体构成了一个相对稳定的生态系统和食物链，其中以各种细菌和原生动物为主，也存在着真菌、放线菌、酵母菌以及轮虫等后生动物。此外，活性污泥还夹杂着由入流污水挟带的有机固体物质，其中包括某些难以为细菌摄取、利用的“难降解的有机物质”。微生物菌体经内源代谢、自身氧化的残留物，如细胞膜、细胞壁等，也属于难降解的有机物质。活性污泥的无机组成部分，则全部是由原水带入，至于微生物体内存在的无机盐类，由于数量极少可忽略不计。

活性污泥由下列四部分物质组成。

(1) 具有代谢功能活性的微生物群体（Ma）。

(2) 微生物（主要是细菌）内源代谢、自身氧化的残留物（Me）。

(3) 由污水带入的难以为细菌降解的惰性有机物（Mi）。

(4) 由污水带入的无机物质（Mii）。

2. 活性污泥的微生物及其功能

活性污泥中的微生物是由各种细菌、真菌类、原生动物和以轮虫为主的后生动物组成的混合培养体。原生动物以细菌为食物，后生动物以细菌和原生动物为食物。在活性污泥中的有机物、细菌、原生动物和后生动物构成了一个相对稳定的生态系统和生态食物链。活性污泥微生物集合体的食物链如图 3-41 所示。

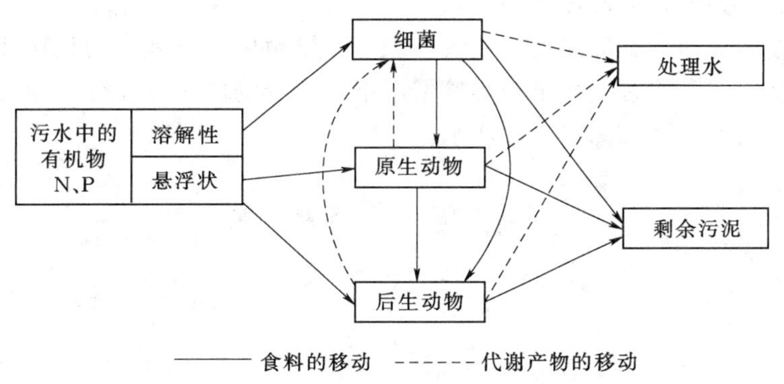

图 3-41　活性污泥微生物集合体的食物链

活性污泥微生物中的细菌以异养型的原核生物为主，在正常成熟的活性污泥上的细菌数量大致为 10^7～10^8 个/mL 活性污泥。在活性污泥中能形成优势的细菌，主要有各种杆菌、球菌、单胞菌属等。在环境适宜的条件下，它们的世代时间仅为 20～30min。它们也都具有较强的分解有机物并将其转化成无机物质的功能。

真菌的细胞构造较为复杂，而且种类繁多，与活性污泥处理系统有关的真菌是微小腐生或寄生的丝状菌，这种真菌具有分解碳水化合物、脂肪、蛋白质及其他含氮化合物的功能，但大量异常的增殖会引发污泥膨胀，丝状菌的异常增殖是活性污泥膨胀的主要诱因之一。一般认为，丝状菌和真菌对活性污泥沉降效果有影响，即使当丝状菌的数量在整个生物群落中所占的百分比很小时，污泥絮体的实际密度也会降低很多，以至于污泥很难用重力沉淀法来有效地进行分离，从而最终影响出水的水质，这种情况通常被称为污泥膨胀。

活性污泥中的原生动物有肉足虫、鞭毛虫和纤毛虫三类，其中纤毛虫几乎都捕食细菌，通常为占优势的原生动物。通过显微镜镜检，能够观察到出现在活性污泥中的原生动物，并辨别认定其种属，据此能够判断处理水质的优劣。因此，将原生动物称为活性污泥系统的指示性生物。此外，原生动物还不断地摄食水中的游离细菌，起到进一步净化水质的作用。

后生动物（主要指轮虫）在活性污泥系统中是不经常出现的，仅在处理水质优异的完全氧化型活性污泥系统（如延时曝气活性污泥系统）中出现。轮虫出现是水质非常稳定的标志。

在活性污泥处理系统中净化污水的第一承担者，也即主要承担者是细菌，而摄食处理水中游离细菌，使污水进一步净化的原生生物则是污水净化的第二承担者。原生生物摄取细菌，是活性污泥生态系统的首位捕食者。后生动物摄食原生动物，则是生态系统的第二捕食者。通过显微镜镜检活性污泥原生动物的生物相，是对活性污泥质量评价的重要手段之一。

活性污泥中存在大量的细菌，其主要功能是降解有机物，是有机物净化功能的中心，同时，活性污泥中还存在硝化细菌与反硝化细菌，在生物脱氮中起着十分重要的作用。

3. 活性污泥微生物的增殖与活性污泥的增长

曝气池内，活性污泥微生物降解污水中有机污染物的同时，伴随着微生物的增殖，而微生物的增殖实际上就是活性污泥的增长。

微生物的增殖规律，一般用增殖曲线来表示。增殖曲线所表示的是在某些关键性的环境因素，如温度一定、溶解氧含量充足等情况下，营养物质一次充分投加时，活性污泥微生物总量随时间的变化，如图 3-42 所示。

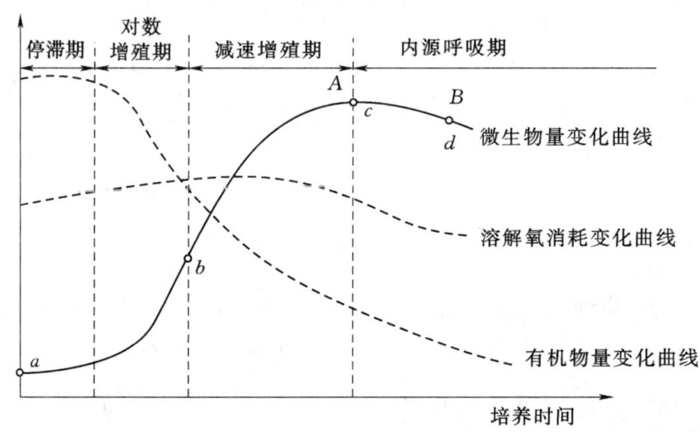

图 3-42 活性污泥增长曲线及其与有机污染物（BOD）降解、氧利用速率的关系

纯种微生物的增殖曲线可作为活性污泥多种属微生物增殖规律的范例。根据图 3-42 所示，整个增长曲线可分为四个阶段（期）。

（1）适应期，也称停滞期或调整期。这是微生物培养的最初阶段，是微生物细胞内各种酶系统对新环境的适应过程。在本阶段初期，微生物不裂殖，数量不增加，但在质的方

面却开始出现变化，如个体增大，酶系统逐渐适应新的环境。在本期后期，酶系统对新环境已基本适应，微生物个体发育也达到一定的程度，细胞开始分裂、微生物开始增殖。

(2) 对数增殖期，又称增殖旺盛期。本期的必要条件是营养物质（有机污染物）非常充分，微生物以最高速率摄取营养物质，也以最高速率增殖。微生物细胞数按几何级数增加。微生物（活性污泥）增殖速率与时间呈直线关系，为一常数，其值即为直线的斜率。

(3) 减速增殖期，又称稳定期或静止期。经对数增殖期后，微生物大量繁衍、增殖，培养液（污水）中的营养物质也被大量耗用，营养物质逐步成为微生物增殖的控制因素，微生物增殖速率减慢，增殖速率几乎和细胞衰亡速率相等，微生物活体数达到最高水平但也趋于稳定。

(4) 内源呼吸（代谢）期，又称衰亡期。培养液（污水）中营养物质（有机物）浓度继续下降，并达到近乎耗尽的程度。微生物由于得不到充足的营养物质，而开始利用自身体内的储存物质或衰亡的菌体，进行内源代谢以维持生理活动。在此期间，多数细菌进行自身代谢而逐步衰亡，只有少数微生物细胞继续裂殖，活菌体数大为下降，增殖曲线呈显著下降趋势。在细菌形态方面，此时也多呈退化状态，且往往产生芽孢。

决定污水中微生物活体数量和增殖曲线上升、下降走向的主要因素是其周围环境中营养物质的多寡。通过对污水中营养物（有机污染物）量的控制，就能够控制微生物增殖（活性污泥增长）的走向和增殖曲线各期的延续时间。以增殖曲线所反映的微生物增殖规律，即活性污泥增长规律，对活性污泥处理系统有着重要的意义。比值 F（有机物量）/M（微生物量）是活性污泥处理技术重要的设计和运行参数。

4. 活性污泥絮凝体的形成

在活性污泥反应器——曝气反应池内形成发育良好的活性污泥絮凝体，是使活性污泥处理系统保持正常净化功能的关键。活性污泥絮凝体，也称生物絮凝体，其骨干部分是由千万个细菌为主体结合形成的，通常称为“菌胶团”的颗粒。菌胶团对活性污泥的形成及各项功能的发挥，起着十分重要的作用，只有在它发育正常的条件下，活性污泥絮凝体才能很好地形成，其对周围有机污染物的吸附功能及其絮凝、沉降性能，才能够得到正常发挥。

（二）活性污泥法的基本流程

活性污泥法自1914年在英国曼彻斯特的试验厂开始应用以来，已有近百年的历史。随着在实际生产上的广泛应用和技术上的不断改进创新，特别是近几十年来，先后出现了多种能够适应各种条件的工艺流程，当前活性污泥法已成为一种应用最广泛的污水生物化学处理技术。

活性污泥法处理工艺主要由活性污泥反应器（曝气池）、二次沉淀池、曝气与空气扩散装置、污泥回流系统和剩余污泥排放系统等组成。

1. 工艺组成

曝气池：反应主体。二次沉淀池：进行泥水分离，保证出水水质；保证回流污泥，维持曝气池内的污泥浓度。污泥回流系统：维持曝气池的污泥浓度；改变回流比，改变曝气池的运行工况。剩余污泥排放系统：是去除有机物的途径之一；维持系统的稳定运行。供氧系统：主要由供氧曝气风机和专用曝气器构成向曝气池内提供足够的溶解氧。

2. 工艺原理及流程

经初次沉淀池等预处理后的污水从一端进入曝气反应池，与此同时，从二沉池连续回流的活性污泥作为接种污泥，也同步进入曝气反应池。从鼓风机房送来的空气，通过管道系统和铺设在曝气反应池底部的空气扩散装置，以细小气泡的形式进入污水中，其作用除向污水充氧外，还使曝气反应池内的污水、活性污泥处于剧烈搅动状态。活性污泥与污水和空气互相混合（称为混合液）、充分接触，使活性污泥反应得以正常进行。活性污泥法的基本流程如图 3－43 所示。

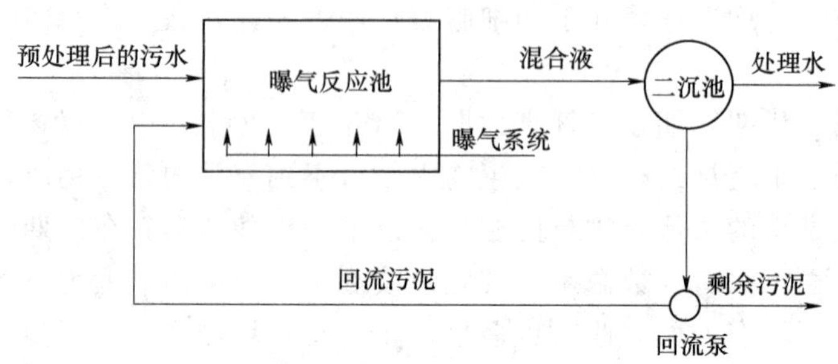

图 3－43 活性污泥法的基本流程

活性污泥反应的结果是污水中有机污染物得到降解和去除，污水得到净化，同时由于微生物的生长和繁殖，活性污泥也得到增长。曝气池中混合液（活性污泥和污水、空气的混合液体）进入二沉池进行沉淀分离，上层出水排放，分离后的污泥一部分返回曝气池，使曝气池内保持一定浓度的活性污泥，其余为剩余污泥，由系统排出。剩余污泥与在曝气反应池内增长的生物污泥，在数量上应保持动态平衡，使曝气反应池内的污泥浓度相对恒定。

从活性污泥法基本流程中可以看出，活性污泥法净化污水的效果是由两个构筑物完成的：一是污水首先在曝气反应池中由活性污泥微生物氧化分解有机物，使污水中的有机物得以从污水中去除；二是曝气反应池中的混合液经二沉池，使由于氧化分解污水中有机物得以增殖的活性污泥从污水中分离出来，此时污水才真正得以净化。因此，活性污泥法的曝气反应池和沉淀池是保证活件污泥法净化污水效率必不可少的设备。

（三）活性污泥净化反应的主要影响因素

活性污泥微生物只有在适宜的环境下才能生存和繁殖，活性污泥处理技术就是人为地为微生物创造良好的生活环境条件，使微生物对有机物降解的生理功能得到强化。影响微生物生理活动的因素较多，其中主要有营养物质、温度、pH 值、溶解氧以及有毒物质等。

1. 营养平衡

活性污泥的微生物，在其生命活动过程中所必需的营养物质包括碳源、氮源、无机盐类及某些生长素等。碳是构成微生物细胞的重要物质，污水中大多含有微生物能利用的碳源，对于有些含碳量低的工业废水，可能需要补充投加碳源。微生物除了需要碳营养外，还需要氮、磷营养性成分。微生物对碳、氮、磷的需求量，可按 BOD∶N∶P＝100∶5∶1 考虑。

微生物对无机盐类的需求量很少，但却又是不可缺少的。对微生物而言，无机盐类可分为主要的和微量的两类。主要的无机盐类首推磷以及钾、镁、钙、铁、硫等，它们参与细胞结构的组成、能量的转移、控制原生质的胶态等。微量的无机盐类则有铜、锌、钴、锰、钼等，它们是酶辅基的组成部分或是酶的活化剂。微生物一般从污水中所含有的各种盐类获取上述各种无机元素。微量元素对微生物的生理活动有着激活作用，但需求量极少。一般情况下，对生活污水、城市污水以及绝大部分有机性工业废水进行生物处理时，都无需另行投加。

活性污泥微生物的最佳营养比一般为 BOD∶N∶P＝100∶5∶1，生活污水是活性污泥微生物的最佳营养源，一般满足这一比值要求。经过初次沉淀池或水解酸化工艺等预处理后，BOD 值有所降低，N 及 P 含量的相对值有所提高，其 BOD∶N∶P 比值可能变为 100∶20∶2.5。

2. 溶解氧含量

参与污水活性污泥处理的是以好氧菌为主体的微生物种群，曝气反应池内必须有足够的溶解氧。溶解氧不足，必将对微生物的生理活动产生不利的影响，污水处理进程也必将受到影响，甚至遭到破坏。根据活性污泥法大量的运行经验数据，要维持曝气反应池内微生物正常的生理活动，在曝气反应池出口端的溶解氧一般宜保持不低于 2mg/L。

曝气反应池内溶解氧也不宜过高；否则会导致有机污染物分解过快，从而使微生物缺乏营养，导致活性污泥结构松散、破碎、易于老化。此外，溶解氧过高，过量耗能，也是不经济的。

3. pH 值

以 pH 值表示的氢离子浓度能够影响微生物细胞膜上的电荷性质。电荷性质改变，微生物细胞吸取营养物质的功能也会发生变化，从而对微生物的生理活动产生不良影响。pH 值过大地偏离适宜数值，微生物酶系统的催化功能就会减弱，甚至消失。参与污水生物处理的微生物，最佳的 pH 值范围一般为 6.5～8.5。

在曝气反应池内，保持微生物最佳 pH 值范围是十分必要的。这是活性污泥处理进程正常、取得良好处理效果的必要条件。当污水（特别是工业废水）的 pH 值变化较大时，应设置调节池，使污水的 pH 值调节到适应范围后再进入曝气池。

4. 水温

温度适宜，能够促进、强化微生物的生理活动；温度不适宜，会减弱甚至破坏微生物的生理活动，导致微生物形态和生理特性的改变，甚至可能使微生物死亡。微生物最适宜的温度是指在这一温度条件下，微生物的生理活动强劲、旺盛，增殖速度快，世代时间短。参与活性污泥处理的微生物，多属嗜温菌，其适宜温度为 10～45℃。最佳温度范围一般为 15～30℃。

在常年或多半年处于低温的地区，应考虑将曝气反应池建于室内。建于室外露天的曝气反应池，则应采取适当的保温措施。

5. 有毒物质

有毒物质是指达到一定浓度时对微生物生理活动具有抑制作用的某些无机物质及有机物质，如重金属离子（铅、镉、铬、铁、铜、锌等）和非金属无机有毒物质（砷、氰化物等）能够和细胞的蛋白质结合，而使其变性或沉淀。汞、银、砷等离子对微生物的亲和力较大，能与微生物酶蛋白结合而抑制其正常的代谢功能。

有机物质对微生物的毒害作用有一个量的问题，即只有有毒物质在环境中达到某一浓度时，毒害与抑制才显露出来，这一浓度称为有毒物质极限允许浓度。

（四）活性污泥处理系统的控制指标

通过人工强化、控制，使活性污泥处理系统能够正常、高效运行的基本条件：适当的污水水质和水量；具有良好活性和足够数量的活性污泥微生物，并相对稳定；在混合液中保持能够满足微生物需要的溶解氧浓度；在曝气池内，活性污泥、有机污染物、溶解氧三者能够充分接触。

为保证达到上述基本条件，需确定相应的控制指标，这些指标既是活性污泥法的评价指标，也是活性污泥法处理系统的设计和运行参数。

1. 混合液活性污泥微生物量的指标

（1）混合液悬浮固体浓度，又称混合液污泥浓度，简称 *MLSS*。

它表示曝气反应池单位容积混合液中所含有的活性污泥固体物质的总质量，表示单位为 mg/L 或 kg/m^3。它是反映曝气池中活性污泥数量多少的指标，即

$$MLSS = Ma + Me + Mi + Mii \tag{3-1}$$

该指标既包含 *Me*、*Mi* 两项非活性物质，也包括 *Mii* 无机物，因此不能精确地表示“活”的活性污泥量，仅能表示活性污泥的相对值。

（2）混合液挥发性悬浮固体浓度，简称为 *MLVSS*。

该指标表示混合液活性污泥中所含有的有机性固体物质的浓度，表示单位为 mg/L 或 kg/L，即

$$MLVSS = Ma + Me + Mi \tag{3-2}$$

本项指标中还包括 *Me*、*Mi* 等惰性有机物质，因此也不能很精确地表示活性污泥微生物量，它表示的仍然是活性污泥量的相对值。*MLVSS* 与 *MLSS* 的比值以 f 表示，即

$$f = \frac{MLVSS}{MLSS} \tag{3-3}$$

一般情况下，f 值比较固定，对于生活污水，f 值为 0.75 左右。以生活污水为主的城镇污水也接近此值。

2. 活性污泥的沉降性能指标

正常的活性污泥在静止 30min 内即可完成絮凝沉淀和成层沉淀过程，随后进入浓缩。根据活性污泥在沉降、浓缩方面所具有的这一特性，建立了以活性污泥静止沉淀 30min 为基础的两项指标，表示其沉降、浓缩性能。

（1）污泥沉降比，又称 30min 沉降率，简称 *SV*。

混合液在量筒内静置 30min 后形成的沉淀污泥容积占原混合液容积的百分数，以%表示。

污泥沉降比能够反映曝气池运行过程的活性污泥量，可用以控制、调节剩余污泥的排放量，还能通过它及时地发现污泥膨胀等异常现象。

（2）污泥容积指数，又称“污泥指数”，简称 *SVI*。

该指标的物理意义是在曝气池出口处的混合液，经过 30min 静置后，每克干污泥形成的沉淀污泥所占有的容积，以 mL 计。

污泥容积指数（SVI）的计算式为

$$SVI=\frac{\text{混合液(1L)30min 静沉形成的活性污泥容积(mL)}}{\text{混合液(1L)中悬浮物固体干重(g)}}=\frac{SV(\%)\times 10(\text{mL/L})}{MLSS(\text{g/L})}$$

式中　SVI——污泥指数，mL/g；

SV——污泥 30min 沉降比，%；

$SV\%\times 10$——30min 沉降后污泥容积，mL/L；

$MLSS$——污泥浓度，g/L。

SVI 的单位为 mL/g。习惯上只称数字，而把单位略去。

SVI 值能够反映活性污泥的松散程度和凝聚沉降性能。生活污水及城市污水处理的活性污泥 SVI 值为 70～100。SVI 值过低，说明泥粒细小、无机物质含量高、缺乏活性；SVI 过高，说明污泥沉降性能不好，并且有产生膨胀现象的可能。

SV 和 SVI 是活性污泥处理系统重要的设计参数，也是评价活性污泥数量和质量的重要指标。

3. 污泥龄（SRT）

生物反应池（曝气反应池）内活性污泥总量（Vx 即生物反应池容积乘以混合液悬浮物固体浓度）与每日排放污泥量（ΔX）之比，称为污泥龄，即活性污泥在生物反应池内的平均停留时间，因此又称为“生物固体平均停留时间”。

污泥龄（生物固体平均停留时间）是活性污泥处理系统重要的设计、运行参数。这一参数能够说明活性污泥微生物的状况，世代时间长于污泥龄的微生物在生物反应池内不可能繁衍成优势菌种属，如硝化菌在 20℃时，其世代时间为 3d，当小于 3d 时，硝化菌就不可能在曝气反应池内大量增殖，不能成为优势菌种，生物反应池内就不能产生硝化反应。

4. BOD-污泥负荷

BOD-污泥负荷是指生物反应池内单位质量污泥（干重，kg）在单位时间（d）内所接受的或所去除的有机物量（BOD，kg）。前者称施加 BOD-污泥负荷，它表示了生物反应池内活性污泥的 F/M 值，F 指供给污泥的食料（Feed），M 指污泥质量（Mass）。因此，曝气反应池的 F/M 值可按式（3-4）计算，即

$$\frac{F}{M}=\frac{QS_0}{XV}\quad (\text{kgBOD/(kgMLSS}\cdot\text{d)}\tag{3-4}$$

式中　Q——污水流量，m^3/d；

S_0——进水 5d 生化需氧量（BOD）浓度，mg/L；

V——生物反应池容积，m^3；

X——混合液悬浮物固体（MLSS）浓度，mg/L。

后者称去除 BOD-污泥负荷，现行规范规定的 BOD-污泥负荷都是指去除负荷，按式（3-5）计算，即

$$Ls=\frac{Q(S_0-S_e)}{XV}\quad \text{kgBOD/(kgMLSS}\cdot\text{d)}\tag{3-5}$$

式中　Q——污水流量，m^3/d；

S_0——进水5d生化需氧量（BOD），mg/L；

S_e——出水5d生化需氧量（BOD），mg/L；

V——生物反应池容积，m^3；

X——混合液悬浮物固体（MLSS）浓度，mg/L。

BOD-污泥负荷是活性污泥处理系统设计、运行的重要参数，是影响有机污染物降解、活性污泥增长的重要因素。采用高值的BOD-污泥负荷，将加快有机污染物的降解速率与活性污泥增长速率，减小生物反应池的容积，在经济上比较适宜，但处理水的水质未必能够达到预定的要求；采用低值的BOD-污泥负荷，有机物的降解速率和活性污泥的增长速率都将降低，生物反应池的容积加大，建设费用有所增高，但处理水的水质较好。按污泥负荷分为$L_S<0.1$（低负荷运行）、$L_S=0.2\sim0.5$（一般负荷运行）、$L_S>2.0$（高负荷运行）三类。

5. BOD-容积负荷

在活性污泥法系统的设计与运行中，还使用另一种负荷值，即BOD-容积负荷，它是指单位生物反应池容积（m^3）在单位时间内（d）所接受的有机物量（BOD）。BOD-容积负荷按式（3-6）计算，即

$$L_v=\frac{QS_a}{V} \tag{3-6}$$

6. 剩余污泥量

剩余污泥量有两种计算方法：①按污泥龄计算；②按污泥产率系数、衰减系数及不可生物降解和惰性悬浮物计算。

（五）活性污泥法的净化过程

活性污泥能够连续从污水中去除有机污染物，此过程是由以下几个净化阶段完成的。

1. 初期吸附去除

在活性污泥系统内，污水与活性污泥微生物充分接触，形成混合液，在很短的时间（5～10min）内，就会出现很高的有机物（BOD）去除率。这种初期高速去除现象是吸附作用所引起的。由于活性污泥表面积很大（2000～10000m^2/m^3混合液），且表面具有多糖类黏质层，因此，污水中悬浮和胶体物质被絮凝和吸附去除。

吸附在微生物细胞表面的BOD，经过几小时的曝气后才会相继摄入代谢。在初期，被污泥去除的有机物数量是有限的，它取决于污水的类型以及与污水接触时的污泥性能。例如，污水中呈悬浮状和胶体状的有机物多，则初期去除率大；反之如溶解性有机物多，则初期去除率小。又如，回流污泥未经足够曝气，预先储存在污泥里的有机物将代谢不充分，污泥未得到再生，不能很好地恢复活性，因而必将降低初期去除率，但是回流污泥经过长时间的曝气，则会使污泥长期处于内源呼吸阶段，由于过分自身氧化而失去活性，同样会降低初期去除率。

2. 微生物的代谢

进入细胞体内的有机污染物通过微生物的代谢反应而被降解，或被彻底氧化为CO_2和H_2O等，或转化为新的有机体，使细胞增殖。一般来说，自然界中的有机物都可以被

某些微生物所分解，多数合成有机物也可以被经过驯化的微生物分解。活性污泥法是多基质多菌种的混合培养系统，其中存在错综复杂的代谢方式和途径，它们相互联系、相互影响。

3. 凝聚体的形成与凝聚沉淀

絮凝体是活性污泥的基本结构，它能够防止微型动物对游离细菌的吞噬，并承受曝气等外界不利因素的影响，更有利于与处理水分离。水中能形成絮凝体的微生物很多，动胶菌属、埃希氏大肠杆菌、产碱杆菌属、假单胞菌属、芽孢杆菌属、黄杆菌属等都具有凝聚性能，可形成大块菌胶团。凝聚的原因主要是微生物摄食过程释放的黏性物质促进凝聚。另外，在不同的条件下，细菌内部的能量不同，当外界营养不足时，细菌内部能量降低，表面电荷减少，细菌颗粒间的结合力大于排斥力，形成颗粒；而当营养物充足时，细菌内部能量大，表面电荷增大，形成的颗粒重新分散。

沉淀是混合液中固相活性污泥颗粒同处理水分离的过程。固液分离得好坏，直接影响出水水质。如果处理水挟带生物体，出水 BOD 和 SS 将增大。所以，活性污泥法的处理效率同其他生化处理方法一样，应包括二次沉淀池的效率，即用曝气池及二次沉淀池的总效率表示。

（六）活性污泥法的主反应器——曝气生物反应池

曝气生物反应池是活性污泥法的核心设施，活性污泥系统的效能，首先取决于曝气生物反应池功能的优劣。

曝气生物反应池按池内混合液的流态分为推流式和完全混合式；按池的平面形状分为长廊式、圆形、方形和环状跑道式；按曝气方式分为鼓风曝气和机械曝气；按曝气生物反应池和二次沉淀池的组建关系分为合建式和分建式等。下面主要按流态分类方法阐述曝气生物反应池的工艺及其构造特征。

1. 推流式曝气生物反应池

推流式曝气生物反应池的平面形状通常呈长廊形。推流是指混合液在池中沿水流方向无纵向返混，即混合液从池的一端流入池内，然后沿池长方向一直向前流动，最终从池的另一端流出。虽然在推流式曝气生物反应池中无纵向混合，但通过设置在池底部的空气扩散装置，可造成横向混合。因此，在推流式反应池中，水流呈螺旋形流过反应池，如图 3-44 所示。

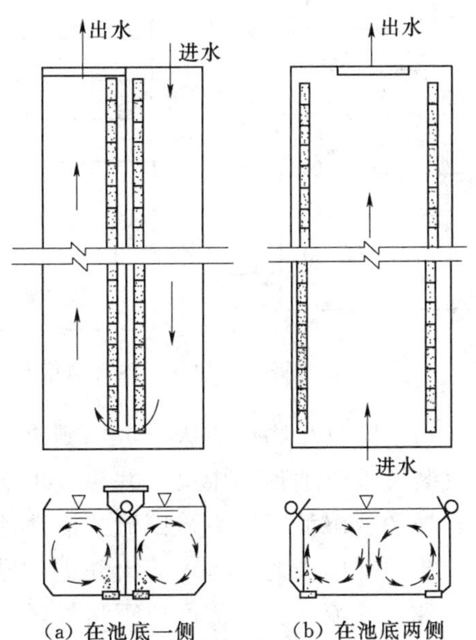

图 3-44　推流式鼓风曝气生物反应池及其空气装置的布置形式与水流在横断面的流态

推流式曝气生物反应池的廊道数主要取决于污水处理流量，即规模。可以想见，当廊道数为双数时，进、出水口位于曝气生物反应池的同一侧，为单数时，则位于两端，如图 3-45 所示。

推流式曝气生物反应池的池长主要根据污水处理厂厂址的地形条件与总体布置而定，为保证在水流方向不产生短流，长度宜长些为好，通常在 50m 以上，长度（L）与长廊道宽度（B）宜保持在 $L \geqslant (5 \sim 10) B$，廊道宽度与池深（$H$）宜保持在 $B = (1 \sim 2) H$。池深与造价及曝气动力费用密切相关，池深越大，氧利用效率越高，但造价与动力费也越高；反之，池深越浅，造价和动力费越低，但氧利用率也越低。此外，池深还与污水处理厂占地面积等因素相关，故推流式曝气生物反应池的池深通常要根据上述因素，经技术经济比较后确定。当前我国推流式曝气生物反应池池深多采用 3～5m。

2. 完全混合式曝气生物反应池

完全混合式曝气生物反应池是指污水进入反应池后能立即与池中混合液进行完全充分的混合。完全混合式曝气生物反应池多采用表面机械曝气装置，但也可采用鼓风曝气。完全混合式曝气生物反应池应首推合建式完全混合曝气沉淀池，简称曝气沉淀池。其主要特点是曝气反应与固液分离在同一处理构筑物内完成。曝气沉淀池有多种结构形式，表面多为圆形，偶见方形或多边形。图 3-46 所示为我国 20 世纪 70 年代以来广泛采用的一种形式。从图 3-46 可见，曝气沉淀池由曝气区、导流区和沉淀区三部分组成。

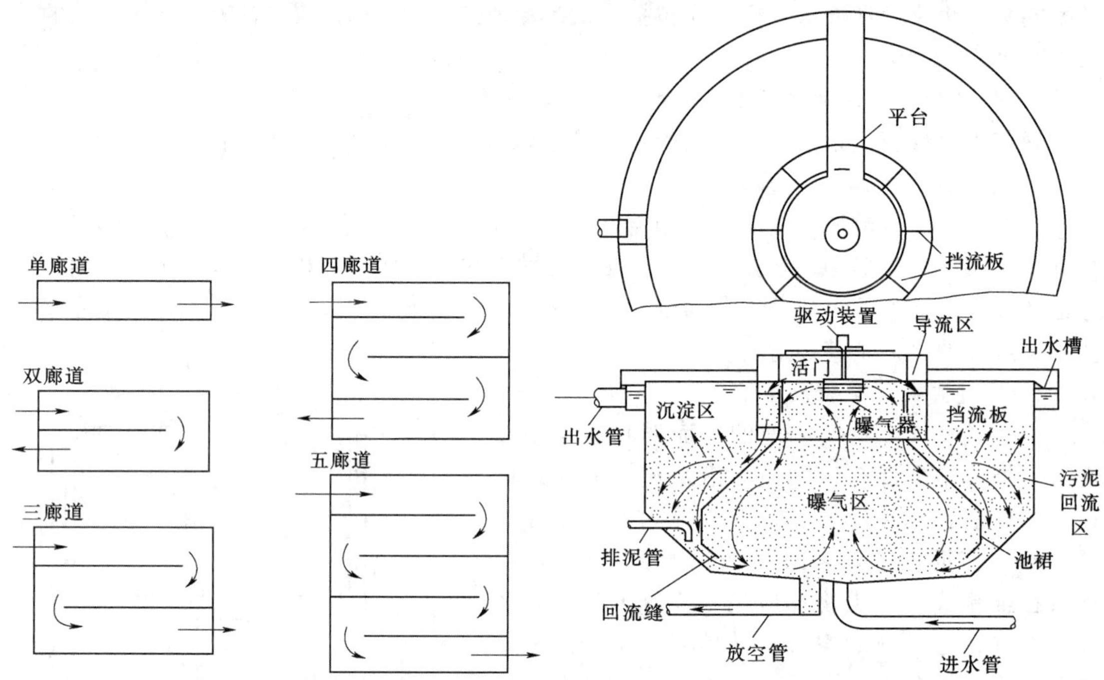

图 3-45 曝气生物反应池廊道组合

图 3-46 圆形曝气沉淀池剖面示意图

（1）曝气生物反应区。考虑到表面机械曝气装置的提升能力，深度一般在 4m 以内。曝气装置设于池顶部中央，并深入水下某一深度。污水从池底部进入，并立即与池内原有混合液和从沉淀区回流缝回流的活性污泥完全充分混合接触。经过曝气生物反应后的污水从位于顶部四周的回流窗流出并进入导流区。回流窗的大小可调节，以调节流量。

（2）导流区。导流区位于曝气区与沉淀区之间，其宽度通过计算确定，一般在 0.6m 左右，内设竖向整流板，其作用是阻止从回流窗流入的水流在惯性作用下旋流，并释放混合液中的气泡，使水流平稳地进入沉淀区，为固液分离创造良好条件。导流区的高度在

1.5m以上。

(3) 沉淀区。沉淀区位于导流区和曝气区的外侧，其功能是泥水分离，上部为澄清区，下部为污泥区。澄清区的深度不宜小于1.5m，污泥区的容积一般应不小于2h的存泥量。澄清的处理水沿设于四周的出流堰流出进入排水槽，出流堰多采用锯齿状的三角堰。污泥通过回流缝回到曝气生物反应区，回流缝一般宽0.15～0.20m。在回流缝上侧设池裙，以避免死角。在污泥区的一定深度设排泥管，以排出剩余污泥。

图3-47所示为表面呈方形的曝气沉淀池。在曝气生物反应区内设中心管，表面机械曝气器设于中心管上侧，在它的旋流作用下，混合液在中心管内呈上升流，并从上出口外溢，在池内形成循环流，处理水经设于上侧的出水管进入沉淀区的中心管，混合液由中心管下部溢出进行固液分离。在沉淀区的污泥区与曝气区中心管之间有回流污泥管连接，在表面机械曝气器形成的抽升力作用下，回流污泥被抽升，与污水同步进入曝气生物反应区的中心管。方形曝气沉淀池适用于较小规模的污水处理站。

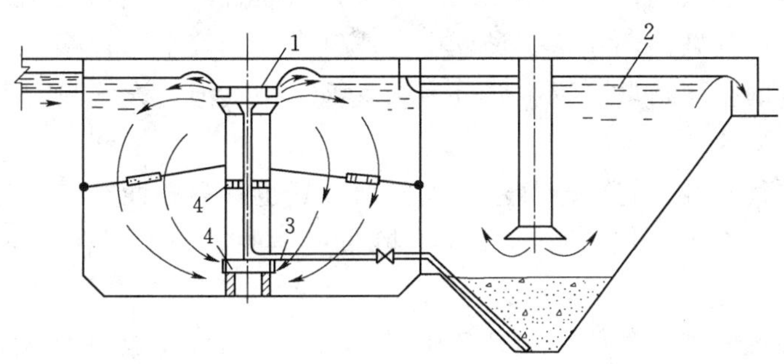

图3-47 方形曝气沉淀池

1—曝气区；2—沉淀区；3—抽吸回流污泥管；4—污水进水窗

完全混合式曝气沉淀池具有结构紧凑、流程短、占地少、无需回流设备、易于管理等优点，在国内外得到了广泛应用。但曝气沉淀池的沉淀区在泥水分离、污泥浓缩以及污泥回流等环节上还存在一些尚待解决的问题。

在工程实践中还有与沉淀池分建的完全混合曝气生物反应池，曝气生物反应池采用表面机械曝气装置。将曝气生物反应池分为一系列相互衔接的方形单元，每个单元设一台表面机械曝气装置。污水与回流污泥沿曝气生物反应池池长均匀引入，并均匀地排出混合液进入二次沉淀池，这样设置需设污泥回流系统。

应当说明，理论上完全的推流式曝气生物反应池（即完全无返混）和真正的完全混合式曝气生物反应池（即污水进入池内立即达到与混合液完全充分混合），在工程实践中是没有的。一个反应器的流态是处于推流式还是完全混合式，在理论上通常要通过其液龄分布函数判定。反应器液龄分布函数的求定方法这里从略，读者如有需要，可参考有关书籍。在工程实践中，往往采用测定池中各点的运行参数，如溶解氧（DO）、悬浮固体浓度（MLSS）、COD浓度等来进行判定：在推流式曝气池中，污水从进口至出口各点是完全不同的；而在完全混合曝气池中则理论上应完全一样，但由于水流死角、短流以及检测的误差，不可能完全一样。通常认为，各点检测到的运行参数差值处于10%范围内，便被认为该反应器处于完全混合式流态。

（七）曝气系统与空气扩散装置

曝气装置是活性污泥系统至关重要的设备之一。广泛用于活性污泥系统的空气扩散装置有鼓风曝气和机械曝气两大类。表示曝气装置技术性能的主要指标：①动力效率（E_p），每消耗 1kW・h 电能转移到混合液中的氧量，以 $kgO_2/(kW \cdot h)$ 计；②氧利用效率（E_A），通过鼓风曝气转移到混合液中的氧量，占总供氧量的百分比（%）；③氧转移效率（E_L），也称为充氧能力，通过机械曝气装置的转动，在单位时间内转移到混合液中的氧量，以 kgO_2/h 计。鼓风曝气系统性能按①、②两项指标评定；机械曝气装置则按①、③两项指标评定。

1. 鼓风曝气

鼓风曝气系统由空压机、空气扩散装置和输气管道组成。空压机将压缩空气通过管道输送到安装在曝气池底部的空气扩散装置，经过扩散装置使空气形成不同尺寸的气泡。气泡在扩散装置出口处形成的尺寸大小取决于空气扩散装置的形式，气泡经过上升和随水循环流动，最后在液面处破裂，在这一过程中完成氧向混合液中的转移。

鼓风曝气系统的空气扩散装置主要分为微气泡、中气泡、大气泡、水力剪切、水力冲击及空气升液等类型。

（1）微气泡空气扩散装置。微气泡空气扩散装置也称多孔性空气扩散装置，通常用多孔性材料如陶粒、粗瓷等掺以适当的如酚醛树脂一类的黏合剂，在高温下烧结成为扩散板、扩散管及扩散罩等形式。

这一类扩散装置的主要性能特点是产生微小气泡，气、液接触面大，氧利用率较高，一般都可达10%以上，其缺点是气压损失较大，易堵塞，送入的空气应预先通过过滤处理。

常用的微气泡空气扩散装置有扩散板、扩散管、固定式平板型微孔空气扩散器、固定式钟罩型微孔空气扩散器、膜片式微孔空气扩散器等。膜片式微孔空气扩散器不会堵塞，也无需设除尘设备。

（2）中气泡空气扩散装置。应用较为广泛的中气泡空气扩散装置是穿孔管，开孔直径为 3～5mm。这种扩散装置构造简单、不易堵塞、阻力小，但氧利用率较低，只有 4%～5%，动力效率也低，约 $1kgO_2/(kW \cdot h)$。

网状膜空气扩散装置也属于中气泡空气扩散装置，该装置的特点是不易堵塞、布气均匀、构造简单、便于维护管理、氧的利用率较高。

（3）水力剪切式空气扩散装置。水力剪切式空气扩散装置是利用装置本身的构造特点，产生水力剪切作用，在空气从装置吹出之前，将大气泡切割成小气泡。此类空气扩散装置有倒盆式扩散装置、固定螺旋扩散装置和金山型空气扩散装置等。该类扩散装置构造简单，便于维护管理，氧利用率为 8%～10%。

（4）水力冲击式空气扩散装置。水力冲击式空气扩散装置主要有密集多喷嘴空气扩散装置、射流式空气扩散装置等。密集多喷嘴空气扩散装置的氧利用率较高，且不易堵塞。射流式空气扩散装置，也称液下曝气器，氧利用率高、噪声低，但动力效率不高，约 $1kgO_2/(kW \cdot h)$。

2. 表面机械曝气装置

（1）表面机械曝气装置的氧转移途径。表面机械曝气装置的叶轮安装在曝气生物反应池水面下一定深度，在动力的驱动下进行高速转动，通过下列三个作用使空气中的氧转移到污水中去。

1）叶轮转动形成的幕状水跃，使空气卷入。

2）叶轮转动造成的液体提升作用，使混合液连续地上、下循环流动，气、液接触界面不断更新，不断地使空气中的氧向液体内转移。

3）高速转动叶轮叶片的后侧形成负压区，能吸入部分空气。

（2）表面机械曝气装置的分类。按传动轴的安装方向，表面机械曝气器可分为以下两种。

1）竖轴（纵轴）式机械曝气器，常用的有泵型、K 型、倒伞型和平板型叶轮四种。

2）卧轴（横轴）式机械曝气器，主要是转刷曝气器。转刷曝气器主要用于氧化沟，它具有转速调节方便、维护管理容易、动力效率高等优点。

二、活性污泥法的主要运行方式

活性污泥法的运行方式分类可以按反应池中的流态分类，也可按反应池中完成的功能分类。按流态分类有推流式、完全混合式、间歇式等活性污泥法处理系统；按功能分类有缺氧/好氧法（ANO 法）、厌氧/好氧法（APO 法）、厌氧/缺氧/好氧法（AAO 法）等。下面按流态来论述活性污泥的运行方式。

（一）推流式活性污泥法处理系统

1. 普通活性污泥法系统

推流式活性污泥法处理系统是指系统中的主体构筑物曝气生物反应池的水流流态属推流式。这类处理系统最早使用且一直沿用至今，最典型的是普通活性污泥法系统，也称传统活性污泥法系统。普通活性污泥法系统工艺如图 3－48 所示。

由图 3－48 可见，经预处理后的污水从曝气生物反应池首端进入池内，由二次沉淀池回流的回流污泥也同步进入。污水与回流污泥形成的混合液在池内呈推流式流动至池的末端，流出池外后进入二次沉淀池，在这里污水与活性污泥分离，分离后的污水排出，沉淀污泥部分回流至曝气池，部分作为剩余污泥排出系统。

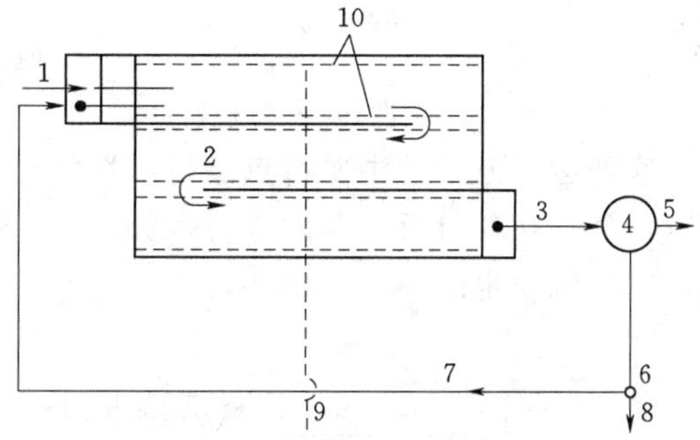

图 3－48　普通活性污泥法系统工艺

1—经预处理后的污水；2—曝气生物反应池；3—从曝气池流出的混合液；4—二次沉淀池；5—处理后污水；6—污泥泵站；7—回流污泥系统；8—剩余污泥；9—来自空压机站的空气管；10—曝气系统与空气扩散装置

本工艺特征：有机污染物在曝气生物反应池内的降解，经历了第一阶段吸附和第二阶段代谢的完整过程，活性污泥也经历了一个从池首端的对数增长、减速增长到池末端的内源呼吸期完整的全生长周期。由于有机污染物浓度沿池长逐渐降低，需氧速率也会沿池长逐渐降低。因此，在池首端和前段混合液中的溶解氧浓度较低，甚至可能不足，但在池末端溶解氧含量较充足，一般能够达到规定的 2mg/L 左右。

普通活性污泥法系统对污水处理的效果较好，BOD 去除率可达 90%以上，适宜处理净化程度和稳定程度要求较高的污水。

从工艺流程可以看出，普通活性污泥法处理系统存在以下问题。

（1）曝气生物反应池首端有机污染物负荷高，耗氧速率也高，为了避免由于缺氧形成厌氧状态，进水有机物负荷不宜过高。因此，曝气池容积大，占地较多，基建费用高。

（2）耗氧速率沿池长是变化的，而供氧速率难以与其吻合、适应。在池前段可能出现耗氧速率高于供氧速率，从而出现溶解氧过低的现象；池后段又可能反过来，从而出现溶解氧过剩的现象。对此，采用渐减供氧方式可在一定程度上解决这一问题。

（3）对进水水质、水量变化的适应性较差，运行效果易受水质、水量变化的影响。

2．阶段曝气活性污泥法系统

阶段曝气活性污泥法系统是针对普通活性污泥法系统存在的问题，在工艺上作了某些改革的活性污泥处理系统。阶段曝气活性污泥法系统于 1939 年在美国纽约开始应用，迄今已有 60 多年的历史，应用广泛，效果良好。由于该系统是多点进水，所以也称分段进水活性污泥法。其工艺流程如图 3－49 所示。

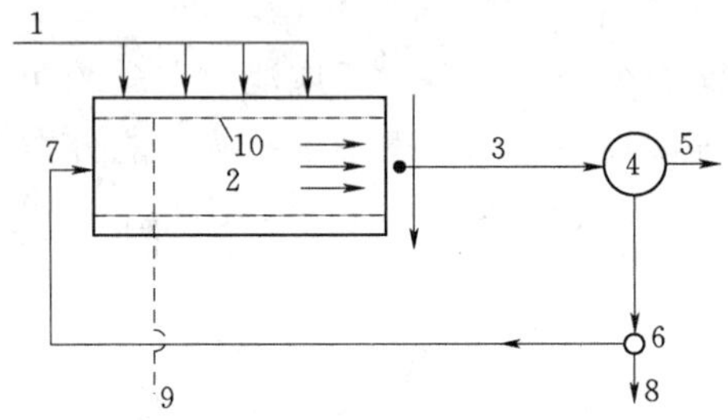

图 3－49　阶段曝气活性污泥法系统

1—经预处理后的污水；2—曝气生物反应池；3—从曝气生物反应池流出的混合液；4—二次沉淀池；5—处理后污水；6—污泥泵站；7—回流污泥系统；8—剩余污泥；9—来自空压机站的空气管；10—曝气系统与空气扩散装置

该工艺与传统活性污泥法系统的主要不同点是，污水沿曝气生物反应池的长度分散地、但均衡地进入。这种运行方式具有以下效果。

（1）曝气生物反应池内有机污染物负荷及需氧率得到均衡，一定程度地缩小了耗氧速率与供氧速率之间的差距，有助于能耗的降低。活性污泥微生物的降解功能也得以正常发挥。

（2）污水分散均衡进入，提高了曝气生物反应池对水质、水量冲击负荷的适应能力。

3．吸附-再生活性污泥法系统

这种运行方式的主要特点是将活性污泥对有机污染物降解的两个过程——吸附与代谢稳定，分别在各自反应器内进行，如图 3－50 所示。这种系统又名生物吸附活性污泥法系统，或接触稳定法。

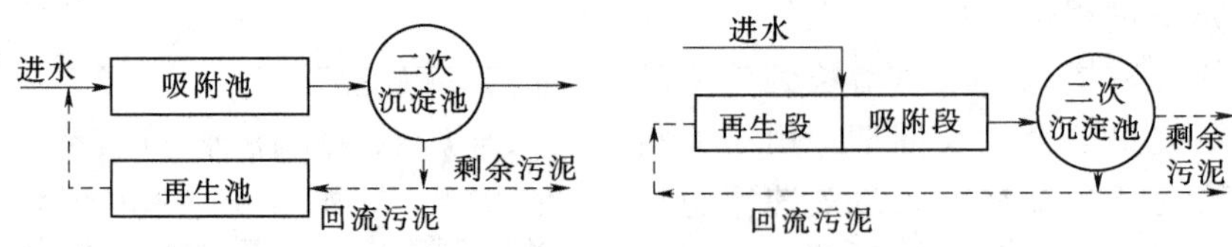

（a）分建式吸附-再生活性污泥法系统　　（b）合建式吸附-再生活性污泥法系统

图 3－50　吸附-再生活性污泥法系统

为说明这种运行方式的基本原理，首先从史密斯（Smith）的试验说起。史密斯曾将含有溶解性和非溶解性混合有机污染物的污水和活性污泥共同进行曝气，发现污水的BOD_5值在5～15min内急剧下降，然后略行升起，随后又缓慢下降。史密斯认为，BOD值的第一次急剧下降是活性较强的活性污泥对污水中的有机污染物吸附的结果，即“初期吸附去除”。随后略行升起是由于胞外水解酶将吸附的非溶解状态的有机物水解成为溶解性小分子有机物后，部分有机物又进入污水中使BOD值上升。此时，活性污泥微生物进入营养过剩的对数增殖期，能量水平很高，微生物处于分散状态，污水中存活着大量的游离细菌，也进一步促使BOD值上升。随着反应的持续进行，有机污染物浓度下降，活性污泥微生物进入减速增殖期和内源呼吸期，BOD值又缓慢下降。

吸附-再生活性污泥法就是以上述现象为基础而开创的。由图3-50可见，污水和经过再生池充分再生后活性很强的活性污泥同步进入吸附池，在这里充分接触30～60min，使部分呈悬浮、胶体和溶解状态的有机污染物为活性污泥所吸附得以去除。混合液继后流入二次沉淀池，进行泥水分离，澄清水排放，污泥则进入再生池，在这里进行第二阶段的分解和合成代谢反应，使污泥的活性得到充分恢复，以使其进入吸附池与污水接触后，能够充分发挥其吸附功能。

与普通活性污泥法系统相比，吸附-再生系统具有以下特征。

（1）污水与活性污泥在吸附池内接触的时间较短（30～60min），因此，吸附池的容积一般较小，而再生池接纳的是已排除剩余污泥的回流污泥，因此，再生池的容积也是较小的。吸附池与再生池的容积之和，仍低于普通活性污泥法曝气生物反应池的容积。

（2）该工艺对水质、水量的冲击负荷具有一定的承受能力。当在吸附池内的污泥遭到破坏时，可由再生池内的污泥予以补救。

该工艺存在的主要问题：处理效果低于普通活性污泥法，且不宜处理溶解性有机污染物含量较高的污水。

（二）完全混合式活性污泥法处理系统

完全混合式活性污泥法处理系统中的曝气生物反应池与二沉池可以合建，也可以分建。在该系统中，污水与回流污泥进入曝气生物反应池后，立即与池内混合液充分混合，可以认为池内混合液是已经处理而未经泥水分离的处理水。

该工艺特点如下。

（1）进入曝气生物反应池的污水很快即被池内已存在的混合液所稀释、均化，原污水在水质、水量方面的变化，对活性污泥产生的影响将降到较小程度，正因为如此，这种工艺对冲击负荷有较强的适应能力，适用于处理工业废水，特别是浓度较高的工业废水。

（2）污水在曝气生物反应池内分布均匀，各部位的水质相同，F/M值相等，微生物群体的组成和数量几近一致，各部位有机污染物降解工况相同，因此，有可能通过对F/M值的调整，将整个曝气生物反应池的工况控制在最佳状态，此时工作点处于微生物增殖曲线上的一个点上。活性污泥的净化功能得以良好发挥，在处理效果相同的条件下，其负荷率高于推流式曝气生物反应池。

（3）曝气生物反应池内混合液的需氧速率均衡，动力消耗低于推流式曝气生物反应池。

完全混合活性污泥法系统存在的主要问题：在曝气生物反应池混合液内，各部位的有机污染物质量相同、能的含量相同、活性污泥微生物质与量相同，在这种情况下微生物对有机物的降解动力较低。因此，活性污泥易于产生膨胀现象。与此相异，在推流式曝气生物反应池内，相邻的两个过水断面，由于后一个断面上的有机物浓度、微生物质与量均不同于前一个断面，存在着有机物的降解动力，因此，活性污泥产生膨胀的可能性较低。此外，在一般情况下，其处理水水质低于采用推流式曝气生物反应池的活性污泥法系统。

（三）间歇式活性污泥法处理系统

上述活性污泥处理系统的运行方式都是连续式的，包括进水、曝气、沉淀、出水都是按顺序在空间上的不同地点但在时间上是连续进行的。而间歇式活性污泥法（Sequencing Batch Reactor，SBR，故又称序批式活性污泥法）处理系统工艺，其进水、曝气、沉淀、出水却是在空间上的同一地点（反应池），但在时间上是按顺序间歇进行的。所以，也可以说间歇式活性污泥法工艺是时间意义上的推流式系统。在活性污泥处理技术开创的早期，通常按间歇方式运行，只是由于这种运行方式操作繁琐、空气扩散装置易于堵塞等问题，所以活性污泥法处理系统长期采取连续的运行方式。

近几十年来，电子工业发展迅速。污泥回流、曝气充氧以及混合液中的各项主要指标，如溶解氧浓度（DO）、pH 值、电导率、氧化还原电位（ORP）等，都能够通过自动检测仪表做到自控操作，污水处理厂整个系统都能够做到自控运行。这样，就为活性污泥法处理系统的间歇运行在技术上创造了重新开始启用这项工艺的条件。因此，可以说间歇式活性污泥法工艺是一种既古老又有一定生命力的处理技术。

由于这项工艺在技术上具有某些独特的优越性，自 1979 年以来，在美、德、日、澳、加等工业发达国家的污水处理领域，得到了较为广泛的应用。从 20 世纪 80 年代开始，该技术在我国也受到重视，并得到广泛应用，包括用于城镇污水以及啤酒、制革、食品加工、肉类加工、制药等工业废水处理。

1. 间歇式活性污泥法处理系统的工艺流程及其特征

由间歇式活性污泥法处理系统的工艺流程（图 3－51）可见，该工艺系统最主要的特征是采用集有机污染物降解与混合液沉淀于一体的间歇曝气生物反应池。与连续式活性污泥法系统相比，系统组成简单，无需设污泥回流设备，不单设二次沉淀池，曝气生物反应池容积也小于连续式，建设费用与运行费用都较低。此外，间歇式活性污泥法处理系统还具有以下特点。

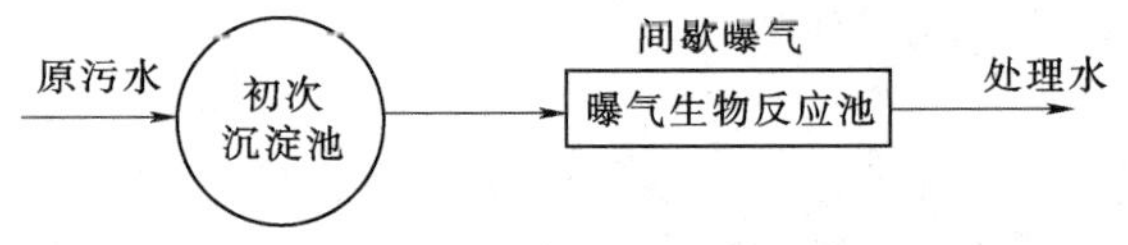

图 3－51　间歇式活性污泥法处理系统工艺流程

（1）在大多数情况下（包括工业废水处理），不需设调节池。

（2）*SVI* 值较低，污泥易于沉淀，一般情况下不产生污泥膨胀现象。

（3）通过对运行方式的调节，在单一的生物反应池内能够进行脱氮和除磷反应。

（4）应用电动阀、液位计、自动计时器及可编程序控制器等自控仪表，可使工艺运行过程实现由中心控制室控制的全部自动化操作。

（5）如果运行管理得当，处理出水水质优于连续式。

2. 间歇式活性污泥法处理系统的工作原理与操作过程

间歇式活性污泥法处理系统的间歇式运行，是通过其主要反应器——曝气生物反应池的运行操作来实现的。曝气生物反应池的运行操作由进水、反应、沉淀、排水和待机（闲置）五道工序组成。这五道工序都在曝气生物反应池内进行，各工序运行操作的要点与功能如图 3-52 所示。

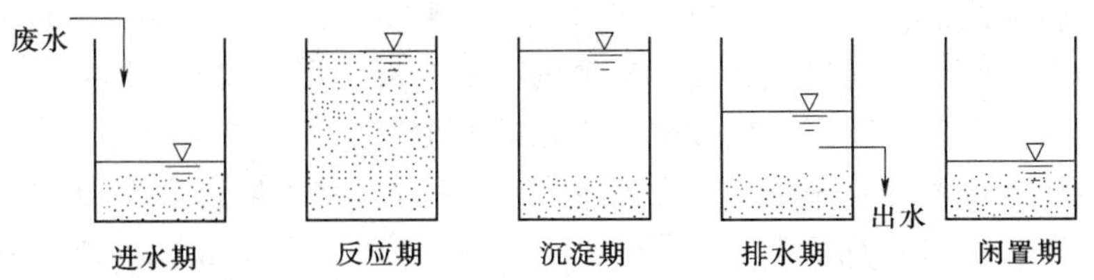

图 3-52　间歇式活性污泥法运行操作五道工序示意图

（1）进水工序。进水前，反应器处于五道工序中最后的闲置期（或待机期），处理后的废水已经排放，池内残存着高浓度的活性污泥混合液。进水注满后再进行反应，从这个意义来说，反应池起到了调节池的作用，因此，反应池对水质、水量的变动有一定的适应性。

污水进入、水位上升时，可根据其他工艺上的要求，配合进行其他的操作过程，如曝气便可取得预曝气的效果，又可取得使污泥再生恢复其活性的作用；也可根据需要，如需脱氮、释放磷等，则进行缓速搅拌；也可以不采取其他技术措施而单纯进水等。

本工序所用时间，可根据实际排水情况和设备条件确定，从工艺效果上要求，进水历时以短促为宜，瞬间最好，但这在实际上有时是难以做到的。

（2）反应工序。反应工序是该工艺最主要的工序，污水进入达到预定高度后，即开始反应操作。根据污水处理的目的，如 BOD 去除、硝化、磷的吸收以及反硝化等，可采取相应的技术措施，如前三项，则需曝气，后一项则需缓速搅拌。可根据需要达到的程度调节反应的延续时间：如需要反应器连续进行 BOD 去除—硝化—反硝化反应，在 BOD 去除-硝化反应时，曝气需时较长；而在进行反硝化时，则应停止曝气，使反应器进入缺氧或厌氧状态，进行缓速搅拌，此时为了向反应器内补充电子供体，应投加甲醛或注入少量有机污水。

在本工序的后期，进入下一步沉淀之前，还要进行短暂的微量曝气，以吹脱黏附在污泥上的气泡或氮，保证沉淀过程的正常进行，如需要排泥，也在本工序后期进行。

（3）沉淀工序。沉淀工序相当于活性污泥法连续系统的二次沉淀池。停止曝气和搅拌，使混合液处于静止状态，活性污泥与水分离，由于本工序是静止沉淀，沉淀效果一般良好。沉淀工序的历时基本同二次沉淀池，一般为 1.0h。

（4）排放工序。经过沉淀后产生的上清液，作为处理水排放，直至最低水位，在反应器内残留一部分活性污泥，作为种泥，这一工序的历时宜为 1.0～1.5h。

（5）待机工序。待机工序也称为闲置工序，即在处理水排放后，反应器处于停滞状态，等待下一个操作周期开始。此工序历时应根据现场具体情况而定。

3. 间歇式活性污泥法工艺有待研究的问题

间歇式活性污泥法处理工艺是一种系统简单、处理效果好的污水生物处理技术，但在理论和工程设计以及工程运行操作方面，还存在需要研究、探讨的问题，举例如下。

（1）关于待机与进水工序与多项功能相结合的问题。待机与进水工序都需要消耗一定的时间，但如何合理地利用待机与进水工序的时间段来完成某些功能，如均衡污水水质、水量（调节功能）、水解酸化（改善污水的可生化性）以及待机时对保留的种污泥进行适当曝气（污泥再生）等，都有待研究和探讨。

（2）关于间歇式活性污泥法反应池的BOD-污泥负荷与混合液污泥浓度问题。与普通活性污泥法相同，间歇式活性污泥法反应池内的混合液污泥浓度与BOD-污泥负荷是两项重要的设计与运行参数。它们直接影响本工艺的其他各项工艺参数，如反应时间、反应器容积、供氧与耗氧速率等，从而对处理效果产生直接影响。应综合多方面因素选定。迄今，间歇式活性污泥法处理工艺的这两项基本参数，还是根据经验取值：对处理城市污水，其反应池内的污泥浓度可考虑取3000～5000mg/L，BOD-污泥负荷以脱碳为主时，宜取0.2～0.3kgBOD/(kgMLSS·d)；以脱氮为主时，宜取0.05～0.15kgBOD/(kgMLSS·d)；以除磷为主时，宜取0.4～0.7kgBOD/(kgMLSS·d)；同时脱氮除磷时，宜取0.1～0.2kgBOD/(kgMLSS·d)。如何合理地确定污泥浓度与BOD-污泥负荷，是一个有待研究和探讨的问题。

（3）关于耗氧与供氧问题。间歇式活性污泥法工艺是时间意义上的推流，反应器内的有机污染物浓度、微生物增殖速率与耗氧速率等项参数的工况，都是随时间而逐渐降低的。因此，间歇式活性污泥法反应池的耗氧与供氧如何合理地匹配，以便尽可能降低能耗，也是很值得研究和探讨的问题。目前，适宜的方法是采用渐减曝气方式。

4. 间歇式活性污泥法处理工艺的发展及其主要的变形工艺

基于间歇式活性污泥法处理工艺，迄今已开发出多种各具特色的变形工艺。现将其中主要的几种工艺简要介绍如下。

（1）间歇式循环延时曝气活性污泥工艺（intermittent cyclic extended activated sludge，ICEAS)。该工艺的运行方式是连续进水、间歇排水。在反应阶段，污水多次反复地经受“曝气好氧、闲置缺氧”的状态，从而产生有机物降解、硝化、反硝化、吸收磷、释放磷等反应，能够取得比较彻底的BOD去除、脱氮和除磷效果。在反应（包括闲置）阶段后设沉淀和排放阶段。该工艺最主要的优点是将同步去除BOD、脱氮、除磷的AAO工艺集于一池，无污泥回流和混合液的内循环，能耗低。此外，污泥龄长，沉降性能好，剩余污泥少。

（2）循环式活性污泥工艺（cyclic activated sludge technology，CAST)。该工艺的主要技术特征之一是在进水区设置生物选择器，它实际上是一个容积较小的污水与污泥的接触区；特征之二是活性污泥由反应器回流，在生物选择器内与进入的新鲜污水混合、接触，创造微生物种群在高浓度、高负荷环境下竞争生存的条件，从而选择出适应该系统生存的独特微生物种群，并有效地抑制丝状菌的过量增殖，从而避免污泥膨胀现象的产生，提高系统的稳定性。

混合液在生物选择器的水力停留时间为1h，活性污泥从反应器的回流率一般取值为20%。在高污泥浓度条件下的生物选择器具有释放磷的作用。经生物选择器后，混合液进入反应器，经反应后顺序经过沉淀、排放等工序。如需要考虑脱氮、除磷，则应将反应阶

段设计成为缺氧—好氧—厌氧环境，污泥得到再生，并取得脱氮、除磷的效果。

CAST工艺的操作运行灵活，其内容覆盖了间歇式活性污泥法处理工艺及其所有的各种变形工艺，但其反应机理比较复杂。

（3）由需氧池（demand aeration tank）为主体处理构筑物的预反应区和间歇曝气池（intermittent aeration tank）为主体的主反应区组成的连续进水、间歇排水的工艺系统，简写为DAT-IAT工艺。

在需氧池，污水连续流入，同时有从主反应区回流的活性污泥注入，进行连续的高强度曝气，强化了活性污泥的生物吸附作用，“初期降解”功能得到充分发挥。大部分可溶性有机污染物被去除。

在主反应区的间歇曝气池，由于需氧池的调节、均衡作用，进水水质稳定、负荷低，提高了对水质变化的适应性。由于C/N较低，有利于硝化菌的繁育，能够产生硝化反应。又由于进行间歇曝气和搅拌，能够造成缺氧-好氧-厌氧-好氧的交替环境，可在去除BOD的同时取得脱氮除磷的效果。

此外，由于在预反应区的需氧池内强化了生物吸附作用，故在微生物的细菌中储存了大量的营养物质，在主反应区的间歇曝气池内可利用这些物质提高内源呼吸的反硝化作用，即产生所谓储存性反硝化反应。

该工艺在沉淀和排放阶段也连续进水，这样能综合利用进水中的碳源和储存性反硝化反应，在理论上有很强的脱氮功能。但是，该工艺采用延时曝气方式，污泥龄长、排泥量少，从理论上来讲除磷能力不可能太高。

以上各种工艺已在美、澳等国得到应用，并受到重视，我国在生产实践中也有采用。

（四）氧化沟处理系统

氧化沟处理系统又称循环式曝气生物反应池，是20世纪50年代荷兰的巴斯维尔（Pass-veer）所开发的一种污水生物处理技术。图3-53所示为氧化沟的平面图示意，图3-54所示为以氧化沟为生物处理单元的污水处理流程。

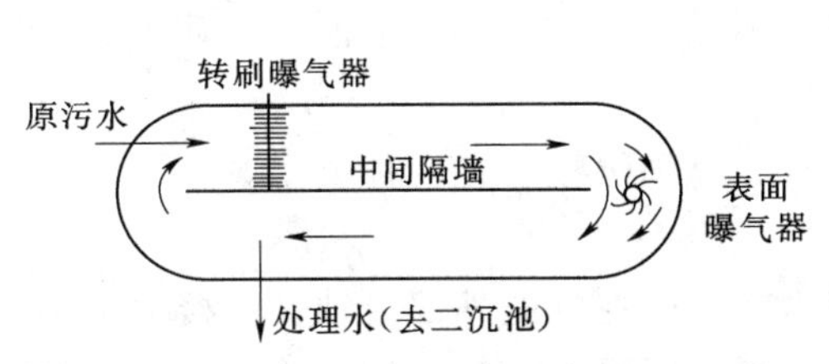

图3-53　氧化沟平面图示意

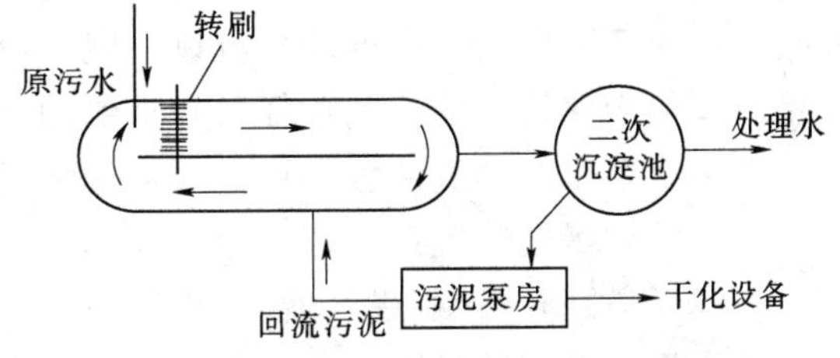

图3-54　以氧化沟为生物处理单元的污水处理流程

1. 氧化沟的工作原理与特征

与普通活性污泥法曝气生物反应池相比，氧化沟具有下列特征。

（1）在构造方面。

1）氧化沟一般呈环形沟渠状，平面多为椭圆形或圆形，总长可达几十米甚至百米以上。沟深取决于曝气装置，一般为2.0～6.0m。

2）单池的进水装置比较简单，只要设置一根进水管即可，如双池以上平行工作时，则应设置配水井，采用交替工作时配水井内还要设自动控制装置，以变换水流方向。

出水一般采用溢流堰式，宜采用可升降式的，以调节池内水深。采用交替工作系统时，溢流堰应自动启闭，并与进水装置相呼应，以控制沟内水流方向。

（2）在水流混合（流态）方面。氧化沟实际上是普通活性污泥法的变形，从图3-53可知，它是将普通活性污泥法中的中间隔墙靠进水端的部分截去一段，使混合液从进水端推流至出水端时可以形成大的返混（循环），因此在流态上氧化沟介于完全混合与推流之间，但主体属于完全混合态。

污水在沟内的流速平均为0.4m/s，氧化沟总长为L，当L为100m以上时，污水完成一个循环所需时间约为5～20min，如水力停留时间定为24h，则在整个停留时间内要作72～288次循环。可以认为在氧化沟内混合液的水质是几近一致的，从这个意义上来说，氧化沟内的流态是完全混合式的。但是，又具有某些推流式的特征，如在曝气装置的下游，溶解氧浓度从高向低变动，甚至可能出现缺氧段。

氧化沟这种独特的水流状态，有利于活性污泥的生物凝聚，而且可以将其区分为富氧区、缺氧区，用以进行硝化和反硝化反应，取得脱氮的效果。

（3）在工艺方面。

1）可考虑不设初沉池，有机性悬浮物在氧化沟内能够达到好氧稳定的程度。

2）可考虑不单设二次沉淀池，将氧化沟与二次沉淀池合建，从而省去污泥回流装置。

3）BOD负荷低，可按延时曝气方式运行，因此，具有下列优点：①对水温、水质、水量的变动有较强的适应性；②污泥龄（生物固体平均停留时间）一般可达15～30d，为普通活性污泥系统的3～6倍，可以存活、繁殖世代时间长、增殖速度慢的微生物，如硝化菌等，故在氧化沟内可能产生硝化反应，如运行得当，氧化沟能够具有反硝化脱氮的效果；③污泥产率低，且多已达到稳定的程度，无需再进行硝化处理。

2. 氧化沟的曝气装置

氧化沟曝气装置的功能：①向混合液供氧；②使混合液中有机污染物、活性污泥、溶解氧三者充分混合、接触。这两项是与普通活性污泥系统相同的。此外，氧化沟对曝气装置有一项独特的要求，即推动水流以一定的流速（不低于0.25m/s）沿池长循环流动，这一项对氧化沟保持它的工艺特征具有重要的意义。

氧化沟采用的曝气装置，可分为横轴曝气装置和纵轴曝气装置两种类型。

（1）横轴曝气装置。

1）曝气转刷（转刷曝气器）。构造上以钢管为转轴，在轴的外部沿轴长焊接大量钢质叶片，使整个曝气器呈刷子状。轴长一般介于4～9m，转刷直径多为0.8～1.0m，充氧能力一般在2kgO_2/(kW·h)左右。采用转刷曝气器的氧化沟，深度多介于2～2.5m，少有采用3.0m者。

2）曝气转盘。用于氧化沟的曝气转盘成组安装在转轴上，由转轴带动在水面上转动。轴长可达6.0m，安装转盘的个数由所需充氧量确定。

转盘直径可达1.37m，转盘上有凸出的三角块并留有小孔，以提高充氧能力，转速一般为45～60r/min，充氧能力可达2.0kgO_2/(kW·h)，采用曝气转盘的氧化沟，深度可达3.5m。

（2）纵轴曝气装置。纵轴曝气装置即完全混合曝气生物反应池采用的表面机械曝气器。各种类型的表面机械曝气器都可用于氧化沟。一般安装在沟渠的转弯处。这种曝气装置有较大的提升能力，因此，氧化沟的水深可增大到4～4.5m。

除以上两种曝气装置外，在工程上采用的还有射流曝气器和提升管式曝气装置。

3. 常用的氧化沟系统

当前国内外常用的有以下几种氧化沟系统。

（1）卡罗塞（Carrousel）氧化沟。卡罗塞氧化沟系统是20世纪60年代由荷兰某公司开发的，它由多沟串联氧化沟及二次沉淀池、污泥回流系统组成，如图3－55所示。图3－56所示为六廊道并采用表面曝气器的卡罗塞氧化沟。在每组沟渠的转弯处安装一台表面曝气器。靠近曝气器的下游为富氧区，这样的氧化沟能够形成生物脱氮的环境条件。

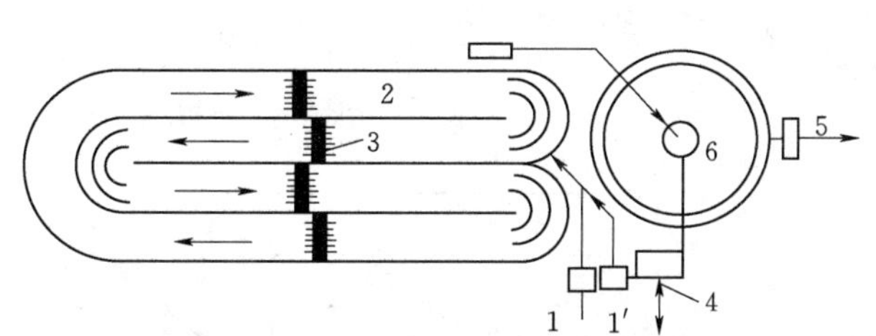

图3－55　卡罗塞氧化沟系统（一）

1—污水泵站；1′—回流污泥泵站；2—氧化沟；3—转刷曝气器；4—剩余污泥排放；5—处理水排放；6—二次沉淀池

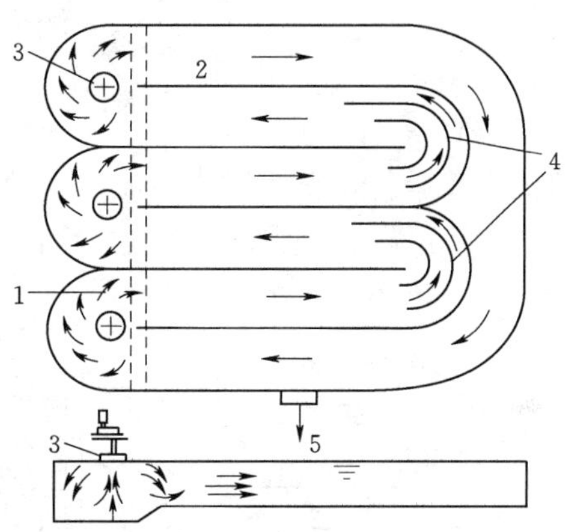

图3－56　卡罗塞氧化沟系统（二）

1—入流污水；2—氧化沟；3—表面机械曝气器；4—导向隔墙；5—处理水排往二次沉淀池

卡罗塞氧化沟系统在世界各地，包括我国，应用广泛，规模大小不等，从200m^3/d到650000m^3/d，BOD去除率可达95%～99%，脱氮效果可达90%以上，除磷率在50%左右。

（2）交替工作氧化沟系统。交替工作氧化沟系统由丹麦某公司开发，有二池和三池两种形式。图3－57及图3－58所示分别为二池及三池交替工作氧化沟。

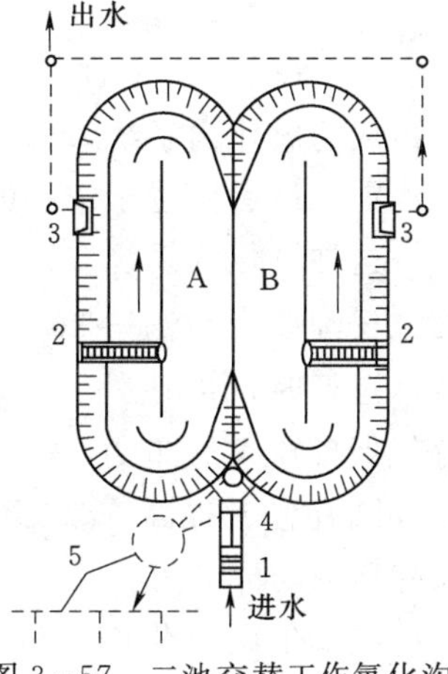

图3－57　二池交替工作氧化沟

1—沉砂池；2—曝气转刷；3—出水堰；4—排泥井（管）；5—污泥井

由图可见，二池交替工作氧化沟由容积相同的A、B两池组成，串联运行交替作为曝气生物反应池和沉淀池，无需设污泥回流系统。本系统处理水质优良，污泥也较稳定。三池交替工作氧化沟的应用较广，两侧的A、C两池交替作为曝气生物反应池和沉淀池，中间的B池则一直为曝气生物反应池，原污水交替地进入A池或C池，处理水则相应地从作

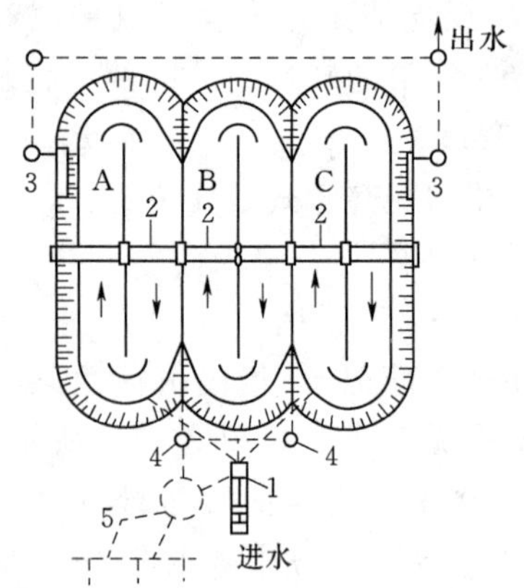

图 3-58　三池交替工作氧化沟
1—沉砂池；2—曝气转刷；3—出水堰；4—排泥井（管）；5—污泥井

为沉淀池的C池和A池流出。如运行适当，三池交替工作氧化沟能够完成BOD去除和硝化、反硝化过程，取得优异的BOD去除和脱氮效果。这种系统无需污泥回流系统。

交替工作的氧化沟系统必须安装自动控制装置，以控制进、出水的方向和溢流堰的启闭以及曝气转刷的开启与停止。上述各工作阶段的时间则应根据水质情况确定。

我国河北省邯郸市引入丹麦技术建成了一套规模为190000m^3/d的三池交替工作氧化沟系统。该系统处理效果良好，并具有脱氮和除磷功能，处理水的各项指标均优于设计要求。

（3）二次沉淀池交替运行氧化沟系统。二次沉淀池交替运行氧化沟系统是氧化沟连续运行，设两座二次沉淀池交替运行，交替回流污泥。这种氧化沟有多种形式，图3-59所示为其中的一种，图3-60所示为以两座侧沟作为二次沉淀池交替运行的氧化沟系统。

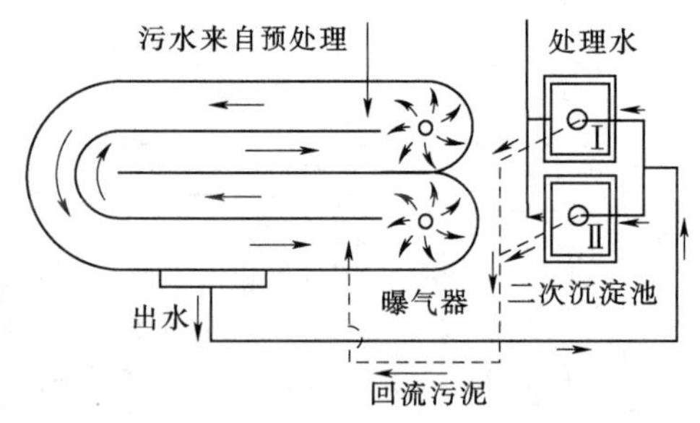

图 3-59　二次沉淀池交替运行氧化沟系统

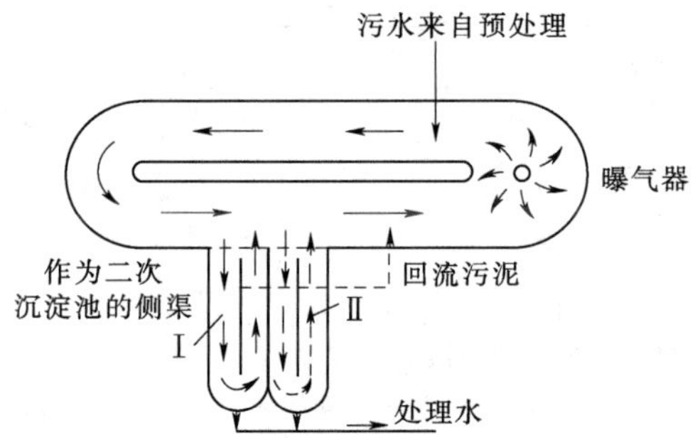

图 3-60　以侧沟作为二次沉淀池交替运行的氧化沟

（4）奥贝尔（Orbal）型氧化沟系统。奥贝尔型氧化沟系统是由多个呈椭圆形同心沟渠组成的氧化沟系统，如图3-61所示。污水首先进入最外环的沟渠，然后依次进入下一层沟渠，最后由位于中心的沟渠流出进入二次沉淀池。

这种氧化沟系统多采用三层沟渠，最外层沟渠的容积最大，为总容积的60%～70%，第二层沟渠为20%～30%，第三层沟渠则仅占10%左右。运行时，应使外、中、内三层沟渠内混合液的溶解氧保持较大的梯度，如分别为0、1mg/L及2mg/L，这样既有利于提高充氧效果，也有可能使沟渠具有脱氮除磷的功能

奥贝尔型氧化沟系统在我国也得到了应用，用以处理城镇污水和石油化工废水等。

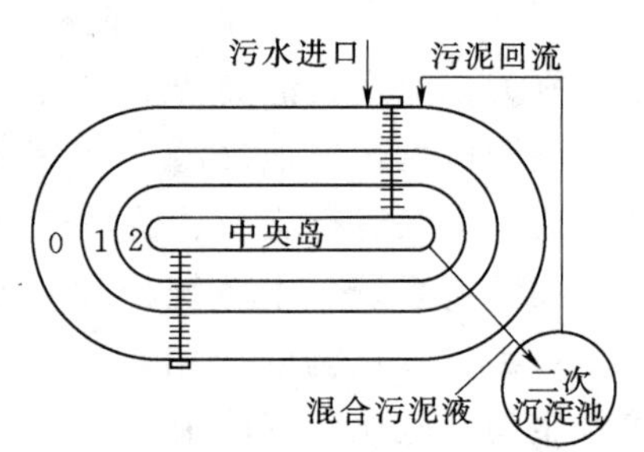

图 3-61　奥贝尔型氧化沟

（5）曝气-沉淀一体式氧化沟。一体式氧化沟就是

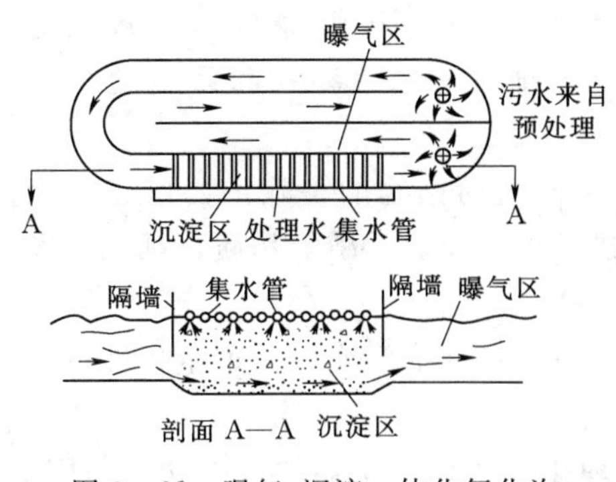

图 3-62 曝气-沉淀一体化氧化沟

将二次沉淀池建在氧化沟内，这种氧化沟是 20 世纪 80 年代初在美国开发后迅速发展起来的，出现了多种形式的一体化氧化沟。图 3-62 所示为有代表性的一种形式。

由图 3-62 可见，在氧化沟的一个沟渠内设沉淀槽，在沉淀槽的两侧设隔墙，其底部设一排三角形导流板，在水面设集水管以收集处理后的出水。混合液从沉淀区底部流过，部分混合液则从导流板间隙上升进入沉淀槽，沉淀污泥则从间隙回流至氧化沟。一体式氧化沟将曝气、沉淀两种功能集于一身，可减少占地面积，免除污泥回流系统，但其构造尚待进一步完善，运行经验也有待进一步积累。

（五）AB 法污水处理工艺

AB 法污水处理工艺，即吸附-生物降解（adsorption - biodegration，AB）工艺，是德国亚琛工业大学宾克（Bohnke）教授于 20 世纪 70 年代中期开创的，80 年代开始用于生产实践。由于该工艺具有一系列独特的优点，受到了污水处理学术界和工程界的重视。

1. AB 法污水处理工艺系统及其主要特征

从 AB 法污水处理工艺流程图 3-63 可见，与普通活性污泥法相比，AB 法污水处理工艺的主要特征如下。

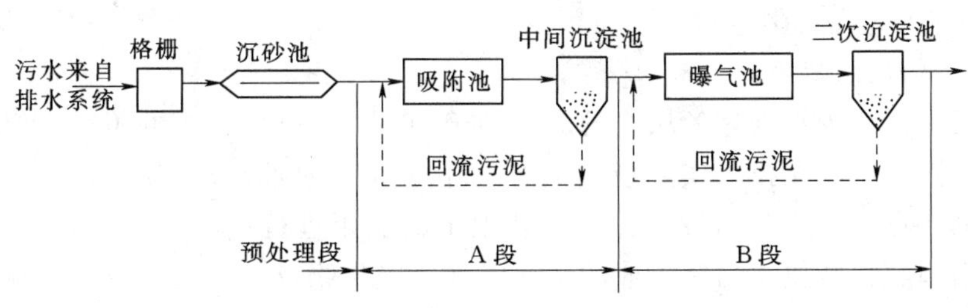

图 3-63 AB 法污水处理工艺流程

（1）全系统分预处理段、A 段、B 段三段。预处理段只设格栅、沉砂池等简易处理设备，不设初次沉淀池。

（2）A 段由吸附池和中间沉淀池组成，B 段则由曝气池及二次沉淀池组成。

（3）A 段与 B 段各自拥有独立的污泥回流系统，两段完全分开，每段能够培育出各自独特的、适于本段水质特征的微生物种群。

2. A 段的功能

（1）A 段连续不断地从排水系统中接受污水，同时也接种了在排水系统中存活的微生物种群，也就是排水系统起到了“微生物选择器”的作用。在这里不断地产生微生物种群的适应、淘汰、优选、增殖等过程，从而能够培育、驯化、诱导出与原污水适应的微生物种群。

由于该工艺不设初沉池，所以 A 段能够充分利用经排水系统优选的微生物种群，从而使 A 段能够形成开放性的生物动力学系统。

(2) A段负荷高，为增殖速度快的微生物种群提供了良好的环境条件。在A段能够成活的微生物种群，只能是抗冲击负荷能力强的原核细菌，原生动物和后生动物难以存活。

(3) A段污泥产率高，并有一定的吸附能力，A段对污染物的去除主要依靠生物污泥的吸附作用。这样，某些重金属和难生物降解有机物质以及氮、磷等物质，都能够通过A段得到一定的去除，因而大大减轻了B段的负荷。

A段对BOD去除率大致为40%～70%，但经A段处理后的污水，其可生化性将有所改善，有利于后续B段的生物降解。

(4) 由于A段对污染物质的去除，主要是以物理化学作用为主导的吸附功能，因此，其对负荷、温度、pH值以及毒性等作用具有一定的适应能力。

3. B段的功能

首先应当说明，B段的各项功能的发挥都是以A段正常运行为条件的。

(1) B段接受A段的处理水，水质、水量比较稳定，冲击负荷已不再影响B段，B段的净化功能得以充分发挥。

(2) 去除有机污染物是B段的主要净化功能。

(3) B段的污泥龄较长，氮在A段也得到了部分去除，BOD/N的比值有所降低，因此，B段具有产生硝化反应的条件。

(4) B段承受的负荷为总负荷的30%～60%，与普通活性污泥处理系统相比，曝气生物反应池的容积可减少40%左右。

AB法处理工艺在我国也得到了应用。

(六) 膜生物反应器系统

膜生物反应器在废水处理领域中的应用始于20世纪60年代末的美国，但当时由于受膜生产技术所限，使其在投入实际应用的开发中遇到了困难。70年代中后期，日本根据本国地价高的特点，对膜分离技术在废水处理中的应用进行了大力的开发与研究。80年代后，由于新型膜材料技术与制造业的迅速发展，膜生物反应器的开发研究在国际范围内开始逐步成为热点。

1. 膜生物反应器的概念

膜生物反应器的概念详见第五章。

2. 膜生物反应器系统的组成及分类

污水处理中的膜生物反应器（membrane bio－reactor，MBR）系统是指将膜分离技术中的超、微滤膜组件与污水生物处理工程中的生物反应器相结合组成的污水处理系统。

膜生物反应器系统综合了膜分离技术与生物处理技术的优点，以超、微滤膜组件代替生物处理系统传统的二次沉淀池以实现泥水分离，被超、微滤膜截留下来的活性污泥混合液中的微生物絮体和较大分子质量的有机物，被截留在生物反应器内，使生物反应器内保持高浓度的生物量和较长的生物固体平均停留时间，极大地提高了生物对有机物的降解率。膜生物反应器系统的出水质量很高，甚至可达到深度处理要求，同时系统几乎不排剩余污泥。

根据膜组件与生物反应器的组合位置，可将膜生物反应器系统分为分置式和一体式两

大类，如图 3-64 所示。

分置式是指膜组件与生物系统反应器分开设置，污水在生物反应器内被微生物降解后经加压泵送入膜组件，处理后的水从膜孔透过，活性污泥和其他悬浮杂质被膜截留后随浓缩液返回生物反应器。超、微滤膜的过滤驱动力一般靠加压泵提供。

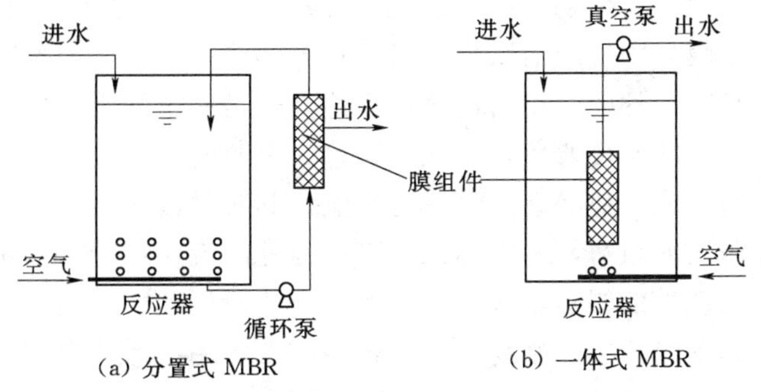

图 3-64　膜生物反应器

一体式是指膜组件直接浸没在生物反应器内部，生物反应器下部设有曝气装置供给微生物氧气，微生物在反应器中氧化降解污水中的有机物，通过水头压差、真空泵和其他类型泵的抽吸得到过滤液，处理后的水通过负压抽吸从膜孔透过，而活性污泥仍然留在生物反应器内，省去了分置式的循环泵及循环管路系统，因而动力较节省。

根据膜组件中膜的材料化学组分的不同可分为有机膜（如聚砜、聚丙烯腈膜等）和无机膜（如陶瓷膜等）；根据膜孔径大小的不同可分为微滤膜、超滤膜、纳滤膜和反渗透膜，反渗透膜由于需要很高的过滤压力，动力消耗过高而在膜生物反应器中使用较少；按膜组件的形状不同又可分为管式、板框式、中空纤维式、卷式等。在分置式膜生物反应器工艺中，平板式和管式应用较多，在一体式膜生物反应器工艺中，中空纤维式和平板式应用较多。根据生物反应器中微生物生长需氧情况的不同，膜生物反应器也分为两大类，即好氧膜生物反应器与厌氧膜生物反应器。

3. 膜生物反应器系统的特征

膜生物反应器系统作为新型的污水生物处理系统，与传统的生物处理系统相比，具有下列特征。

(1) 污染物去除效率高，出水水质稳定，出水中基本无悬浮固体，这主要得益于膜的高效过滤作用，各类膜分离颗粒的大小如图 3-65 所示。这就可使生物反应器保持较高的污泥浓度（*MLSS*），从而降低污泥负荷且同时提高反应器的容积负荷，进而减少反应器容积和系统的占地。

(2) 基本实现了生物固体平均停留时间与污水的水力停留时间的分离，有利于生物反应器中细菌种群多样性的培养和保持，使世代时间长的细菌也能生长，这为系统功能的多样性提供了条件。

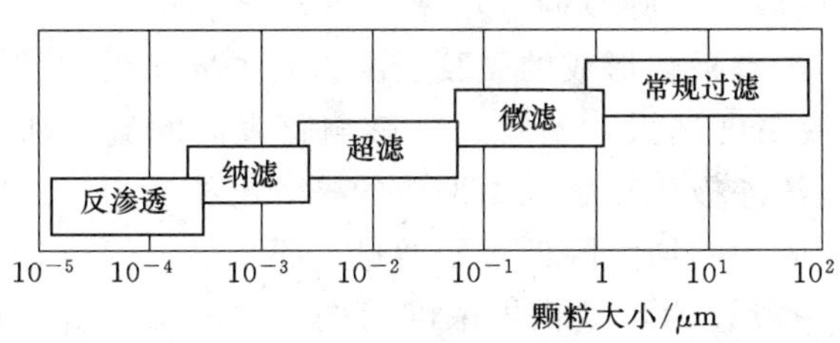

图 3-65　膜种类分离水中污染物颗粒的尺寸

(3) 由于反应器中 *MLSS* 值很高，有时甚至可达 50g/L，因此反应器中 F/M 值很低，使反应器中微生物因营养限制而处于内源呼吸阶段，其比增值率很低，甚至几乎为零。这样，膜生物反应器系统的剩余污泥量很少，大大降低了污泥处理和处置的费用。

(4) 膜生物反应器系统的结构比较紧凑，且易于自动控制，运行管理较方便。

膜生物反应器系统虽然存在上述诸多优点，但也存在一些缺点和有待研究的问题。主要是膜组件的污染与堵塞，理论上这是一个微生物的膜过滤过程，运行时间一长，膜的污染和堵塞不可避免，因此在运行一定时间后需要更换膜组件进行清洗，而清洗后的膜组件的通水能力势必会受到一定影响；其次是由于膜表面会因浓差极化而形成凝胶层，为降低凝胶层的阻力，不得不保持膜表面的高流速运行，这不仅造成能耗较高，也由于膜表面高流速产生的剧烈紊流和高剪切力，使原生动物等大个体的微生物生长受到限制，因此，膜生物反应器中的生物相不及普通活性污泥法系统丰富；再次是膜的制造成本较高，运行能耗也较高，使污水处理成本相对较高。

4. 膜生物反应器系统的应用

膜生物反应器系统在处理医院污水、高浓度有机废水、需利用高效菌处理的难降解有机物废水以及处理后废水需要回用等领域均具有广阔的应用前景，且都已有不少生产性实例。从目前的研究与生产运行情况看，膜生物反应器系统处理废水的规模仍处于万吨级以下。好氧膜生物反应器系统在处理城市与工业废水时，其运行参数见表3-6。

表3-6　好氧膜生物反应器的运行参数

参　数	城市污水	工业废水
进水COD/(mg/L)	44.2～800	1330～68000
COD去除率/%	90～98	90～99.8
MLSS/(g/L)	10～20	>20
容积负荷 L_v/[kgCOD/(m^3·d)]	1.2～3.2	0.25～16
污泥负荷 L_s/[kgCOD/(VSS·d)]	0.03～0.55	0.01～2.72
水力停留时间/h	2～24	14～389
污泥龄/d	5～100	6～600
污泥产率/(kgMLSS/kgCOD)	0～0.34	0.05～0.35

膜通量是膜生物反应器运行的重要操作参数，其影响因素有混合液悬浮固体浓度、温度、膜面流速、膜的工作压力、膜的阻力、膜吸附、膜堵塞和浓差极化等。理论和试验都证明，膜的工作压力对膜通量的影响分两种情况。在低压区，膜的水力阻力包括膜阻力、膜吸附和膜堵塞引起的阻力起主导作用。当*MLSS*浓度一定时，膜通量与压力呈线性关系，工作压力越高通量越大。若*MLSS*浓度较高，膜吸附、堵塞加重，导致膜孔隙率降低，膜的阻力增大，通量减小。在高压区，浓差极化形成的凝胶层阻力起主导作用，通量与工作压力无关。*MLSS*浓度越高，混合液黏度越大，黏度通过影响膜表面的流态和层流边界层厚度来影响膜通量。层流状态下，浓差极化在膜表面形成的凝胶层相当于第二层膜，水透过膜的阻力主要来自于该凝胶层，阻力的增大降低了膜通量。膜组件内的流态由紊流变为层流有一个临界的*MLSS*浓度，一般认为，该临界浓度为30～40g/L，超过此临界浓度，则流态由紊流变为层流。与此相对应，对于工作压力，一般认为也存在一个流

态由紊流变为层流的临界工作压力值。临界压力值随膜孔径的增加而减小，微滤膜的临界压力值在120kPa左右，超滤膜的临界压力值在160kPa左右。

膜的性质包括膜孔径的大小、憎水性、电荷性质、粗糙度等也对分离效果产生影响。对不同的截留分子量的超滤膜的试验研究表明，截留分子量小于300000时，膜孔径增加，膜通量增加。大于该截留分子量时，膜通量变化不大。而膜孔径增加至微滤范围时，膜通量反而下降。据推测，这主要是细菌在微滤膜孔内造成不可逆的堵塞所致。

三、活性污泥法处理系统的维护管理

（一）活性污泥的培养与驯化

活性污泥法处理是利用人工强化培养微生物降解污水中有机物的方法。因此，活性污泥处理系统正式投产运行前首先需要在曝气生物反应池中培养出足够数量的活性污泥，即*MLSS*足够。同时，其质量也要足够好，即*MLVSS*要足够（*MLVSS*/*MLSS*比值应在0.7左右），以及培养出的活性污泥能适应所处理污水的性质和环境条件。前者，即培养足够数量的活性污泥称活性污泥的培养；后者，即培养适应所处理污水水质的活性污泥称活性污泥的驯化。根据培养与驯化两者的关系，通常将活性污泥的培养与驯化分为：同步培驯法，即培养与驯化同时进行，城市污水处理厂启动时常采用这种培驯法；异步培驯法，即先培养足够数量的污泥，然后再逐步驯化已培养的活性污泥适应所处理的污水水质，工业废水处理站常采用这种方法；接种培驯法，是将已有的污水水质类似的污水处理厂活性污泥投入需启动的活性污泥处理系统曝气生物反应池进行活性污泥培养与驯化，这种培驯法只适用于小型污水处理厂，大型污水处理厂需接种量大，运输费用高，经济上不合算。

1. 活性污泥培养方法

（1）间歇培养。将曝气生物反应池注满水，然后停止进水，开始曝气。只曝气而不进水称为“闷曝”。闷曝2～3d后，停止曝气，静沉1h，然后进入部分新鲜污水，这部分污水约占池容的1/5即可。以后循环进行闷曝、静沉和进水三个过程，但每次进水量应比上次有所增加，每次闷曝时间应比上次缩短，即进水次数增加。当污水的温度为15～20℃时，采用这种方法，经过15d左右即可使曝气生物反应池中的*MLSS*达到1000mg/L以上。此时可停止闷曝，连续进水连续曝气，并开始污泥回流。最初的回流比不要太大，可取25%，随着*MLSS*的增高，逐渐将回流比增至设计值。

（2）低负荷连续培养。将曝气生物反应池注满污水，停止进水，闷曝1d。然后连续进水连续曝气，进水量控制在设计水量的1/2或更低。待污泥絮体出现时，开始回流，回流比取25%。至*MLSS*超过1000mg/L时，开始按设计流量进水，*MLSS*至设计值时，开始以设计回流比回流，并开始排放剩余污泥。

（3）满负荷连续培养。将曝气生物反应池注满污水，停止进水，闷曝1d。然后按设计流量连续进水连续曝气，待污泥絮体形成后开始回流，*MLSS*至设计值时开始排放剩余污泥。

2. 在活性污泥培养过程中应注意的问题

（1）为提高培养速度，缩短培养时间，应在进水中增加营养。小型处理厂可投入足量的粪便，大型处理厂可让污水跨越初沉池，直接进入曝气池。

(2) 温度对培养速度影响很大，温度越高，培养越快。因此，污水处理厂一般应避免在冬季培养污泥，但实际中也应视具体情况。例如，污水处理厂恰在冬季完工，具备培养条件，也可以开始培养，以便尽早发挥环境效益。如北京高碑店污水处理厂在冬季利用1个月左右时间也成功地培养出了活性污泥。

(3) 污泥培养初期，由于污泥尚未大量形成，产生的污泥也处于离散状态，因而曝气量一定不能太大，一般控制在设计正常曝气池的1/2即可；否则，污泥絮体不易形成。

(4) 培养过程中应随时观察生物相，并测量 *SV*、*MLSS* 等指标，以便根据情况对培养过程作随时调整。活性污泥的生物相主体是细菌，培养初期出现大量的游离性细菌，随着培养过程的进程，这些细菌将依靠其胞外聚合物连接成“菌胶团”。菌胶团对活性污泥的形成及其各项功能的发挥，具有十分重要的作用。只有在菌胶团发育正常的情况下，才能很好地形成活性污泥絮凝体，并对活性污泥絮凝体周围的有机物发挥吸附功能，活性污泥才算培养完成。

在活性污泥的培养过程中还会逐步出现一些微生物，包括原生动物和后生动物等，微型生物随活性污泥培养的进程会表现出明显的种群更迭，其规律大致是小型游泳型、大型游泳型、匍匐型、固着型。活性污泥培养过程中原生动物出现的顺序大致如图3-66所示。

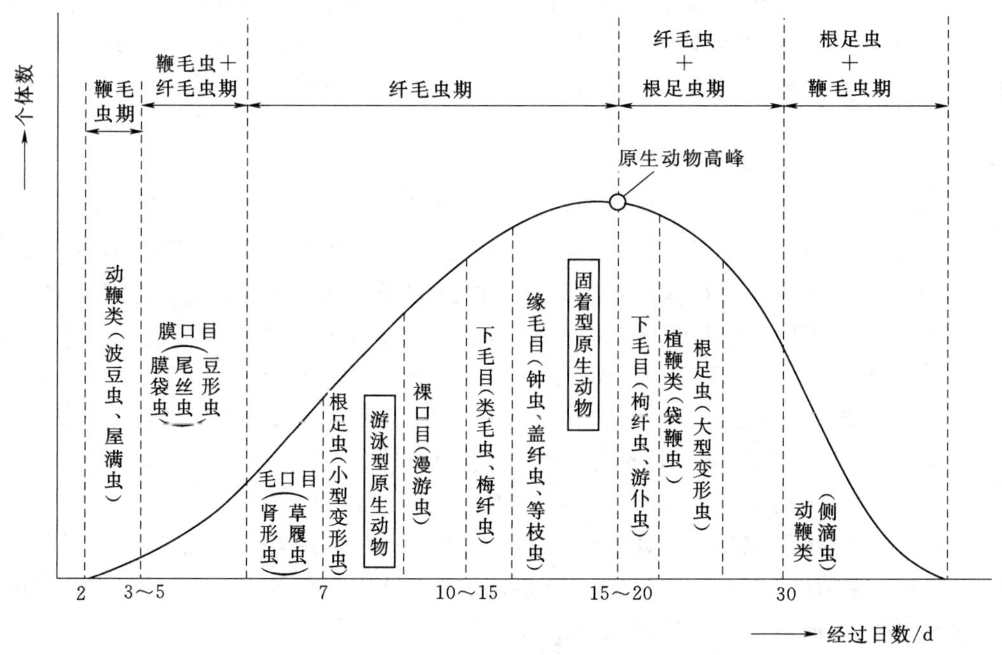

图3-66　活性污泥培养过程原生动物出现的顺序

从图3-66可以看出，活性污泥中原生动物的出现不仅在种类上有更迭的规律，而且在个体数量上也很有规律，活性污泥中的微型动物的数量随着培养时间延长而增加，污泥培养到15～20d时，微型动物的数量最大。此时，纤毛虫数量占绝对优势。只有当曝气生物反应池内出现大量匍匐型、固着型原生动物，如钟虫、等枝虫、盖纤虫等时，活性污泥

絮凝体结构才稳定，水中游离细菌较少，有机物含量低，处理出水水质良好，过程已接近图 3-66 所示的高峰，可以认为活性污泥已经成熟，活性污泥培养驯化阶段完成。因此，钟虫、等枝虫等往往作为活性污泥培养是否已经完成的指示性生物。

（二）活性污泥法处理系统运行效果的控制

活性污泥法处理系统运行正常后，为控制其处理效果，往往需对运行情况进行检测。检测项目及频率一般如下。

1. 直接检测指标

（1）流量。要测定的流量包括进水流量、出水流量、剩余污泥量、回流污泥量和供气量。

（2）COD。包括进水 COD 和出水 COD 值。一般应做混合样，每日至少 1 次。

（3）BOD_5。包括进水 BOD_5 和出水 BOD_5。一般应做混合样，每日至少 1 次。BOD_5 测定需要 5d 时间，因此，一般只能用于工艺效果评价和长期的工艺调控。对既定的处理厂，可以建立 BOD_5 和 COD 的相关关系，用 COD 粗估 BOD_5 值，一般在 3h 内即可得到结果。

（4）SS。进水和出水应测总悬浮固体 *TSS*。曝气生物反应池混合液和回流污泥均应分别测总悬浮物固体 *MLSS* 和挥发性悬浮固体 *MLVSS*。一般可做瞬时样，且每日 1 次。

（5）DO。主要测曝气生物反应池混合液的 DO 值。对于推流式曝气生物反应池，应取各点的平均值，如入口、出口和中间三点的平均值。如有可能，还应测不同深度的 DO 值。DO 测定一般只能做瞬时样。每次测定间歇越短越好，小型处理厂每班至少测 1 次，大型污水处理厂一般应设在线仪表进行连续测定。同时，每日还应测二次沉淀池出水的 DO 值。

（6）pH 值。测定进水、出水的 pH 值，每日至少 1 次。一般只做瞬时样。

（7）温度。测入流污水温度，每日至少 1 次。

（8）营养元素。应定期测定进水 NH_3-N 和 TKN 以及 TP，核算营养是否平衡以及 BOD∶TKN∶TP 是否为 100∶5∶1。应定期测定出水的 NH_3-N、TKN 和 NO_x-N，观察是否存在硝化反应，一般每日 1 次测定，取混合样。

（9）*SV* 与 *SVI*。混合液的 *SV* 和 *SVI* 是经常性测定的项目，可随时测定，用于工艺调控。

（10）*SOUR*。应定期测曝气生物反应池末端混合液的 *SOUR*，每周一次。

（11）生物相。包括观察混合液和回流污泥的生物相，每日应观察记录。

（12）泥位。应定期测定二次沉淀池的泥位。小型污水处理厂可用顶部带有控制阀的取样管测定，大型处理厂应设在线泥位计。

2. 计算指标

通过以上直接测量指标得出计算指标。这些指标包括污泥负荷（F/M）、回流比 R、污泥龄 *SRT*、水力停留时间 *HRT*、二次沉淀池的表面水力负荷和污泥固体负荷以及出水堰单长负荷。

（三）活性污泥法处理系统中常见异常情况处理措施

活性污泥处理系统运行过程中，有时会出现各种异常情况，使处理效果降低，污泥流失。下面为几种主要的异常现象及相应采取的措施。

1. 污泥膨胀

正常的活性污泥沉降性能良好，含水率在99%左右。当污泥变质时，污泥不易沉淀，*SVI* 值增高，污泥的结构松散和体积膨胀，即“污泥膨胀”。污泥膨胀主要是丝状菌恶性繁殖所引起的，也有由于污泥中结合水异常增多导致的污泥膨胀。一般污水中碳水化合物较多，缺乏氮、磷、铁等养料，溶解氧不足，水温高或 pH 值较低等都容易引起丝状菌大量繁殖，导致污泥膨胀。此外，超负荷、污泥龄过长或有机物浓度梯度小等，也会引起污泥膨胀。排泥不通畅则易引起结合水性污泥膨胀。

为防止污泥膨胀，首先应加强操作管理，经常检测污水水质、曝气生物反应池内溶解氧、污泥沉降比、污泥指数和进行显微镜观察等，如发现不正常现象，应立即采取预防措施。一般可调整，如加大空气量、及时排泥，有可能时采取分段进水，以减轻二次沉淀池的负荷等。

当污泥发生膨胀后，可针对引起膨胀的原因采取措施。如缺氧、水温高等可加大曝气量，或降低进水量以减轻负荷，或适当降低 *MLSS* 值，使需氧量减少等，如污泥负荷过高，可适当提高 *MLSS* 值，以调整负荷。必要时还要停止进水，“闷曝”一段时间。如缺氮、磷、铁养料，可投加硝化污泥液或氮、磷等成分。如 pH 值过低，可投加石灰等调节 pH 值。若污泥大量流失，可投加 5～10mg/L 氯化铁，帮助凝聚，刺激菌胶团生长；也可投加漂白粉或液氯（按干污泥的 0.3%～0.6%投加），抑制丝状菌繁殖，且能控制结合水性污泥膨胀。也可投加石棉粉末、硅藻土、黏土等惰性物质，降低污泥指数。污泥膨胀的原因很多，有些原因迄今还没有弄清楚，上述方法只是对污泥膨胀的一般处理措施。

2. 污泥解体

处理后水质浑浊，污泥絮凝体微细化，处理效果变坏等是污泥解体现象。导致这种异常现象的原因有运行中的问题，也有由于污水中混入了有毒物质。

运行不当，如曝气过量，会使活性污泥生物营养的平衡遭到破坏，微生物量减少而失去活性，吸附能力降低，絮凝体缩小，一部分则成为不易沉淀的羽毛状污泥，使处理水质浑浊等。当污水中存在有毒物质时，微生物会受到抑制或中毒，净化能力下降或完全停止，从而使污泥失去活性。一般可通过显微镜观察来判别产生的原因。当鉴别出是运行方面的问题时，应对污水量、回流污泥量、空气量和排泥状态以及 *SV*、*MLSS*、*DO*、L_s 等多项指标进行检查，并加以调整。当确定污水中混入有毒物质时，应考虑这是新的工业废水混入的结果，需查明来源，责成其按国家排放标准加以局部处理。

3. 污泥腐化

在二次沉淀池有可能由于污泥长期滞留而进行厌气发酵生成气体（H_2S、CH_4 等），从而使大块污泥上浮的现象称污泥腐化。它与污泥脱氮上浮不同，污泥腐败，颜色变黑，产生恶臭。此时也不是全部污泥上浮，大部分污泥都是正常地排出或回流，只有沉积在死角长期滞留的污泥才腐化上浮。防止的措施有：①安设不使污泥外溢的浮渣清除设备；②消除二次沉淀池的死角；③加大池底坡度或改进刮泥设备，不使污泥滞留于池底。

4. 污泥上浮

污泥在二次沉淀池呈块状上浮的现象，这多数是由于曝气生物反应池内污泥龄过长，

硝化进程较高（一般硝酸铵达 5mg/L 以上），在沉淀池底部产生反硝化，硝酸盐的氧被利用，氮即呈气体脱出附于污泥上，从而使污泥相对密度降低，整块上浮。反硝化作用一般在溶解氧低于 0.5mg/L 时发生，可在实验室静沉 30～ 90min 以后出现。为防止这一异常现象发生，应增加污泥回流量或及时排除剩余污泥，在脱氮之前即将污泥排除；或降低混合液污泥浓度，缩短污泥龄和降低溶解氧等，使之达不到硝化阶段。

此外，如曝气生物反应池内曝气过度，使污泥搅拌过于激烈，生成大量小气泡附聚于絮凝体上，也可能引起污泥上浮。这种情况机械曝气较鼓风曝气为多。另外，当流入大量脂肪和油时，也容易产生这种现象。防止措施是将供气控制在搅拌所需要的限度内，而脂肪和油则应在进入曝气生物反应池之前加以去除。

5. 泡沫问题

曝气生物反应池和二次沉淀池表面的泡沫集聚，是活性污泥系统经常遇到的运行问题之一。过去往往将泡沫的产生主要归因于表面活性剂。但研究证明，曝气过程产生的泡沫，主要起源于一些微生物的过度增殖。泡沫本身是微生物的机体和微气泡的结合物，实质上是一种生物泡沫。

生物泡沫对污水处理厂的运行是非常不利的。曝气生物反应池或二次沉淀池水面积聚大量泡沫，造成出水有机物浓度和悬浮固体浓度增加；产生恶臭或不良有害气体；降低机械曝气的氧转移效率；污泥硝化时可能产生大量表面泡沫，造成腐化污泥的漫溢，引起管道、压缩机的堵塞和污泥泵的积气，影响污泥硝化的正常运行。

曝气生物反应池的泡沫一般分为三类。①启动泡沫，曝气生物反应池启动运行初期，由于废水中含有一些表面活性物质，引起表面泡沫，但随着活性污泥的成熟，废水中的表面活性物质经生物降解，泡沫可以逐渐消失；②反硝化泡沫，如果曝气生物反应池中进行硝化反应，二次沉淀池或曝气生物反应池内曝气不足的地方会发生反硝化作用，产生的氮气气泡会带动部分污泥上浮，出现泡沫现象；③生物泡沫，由于曝气生物反应池中丝状微生物的异常生长，与气泡、颗粒混合而形成稳定、持续性的泡沫，则较难消除。

控制生物泡沫的措施主要有以下几种方法。

（1）喷洒水。这是最常用的控制生物泡沫的方法。通过喷洒水流或水珠以打碎浮在水面的气泡来减少泡沫。打散的污泥颗粒部分重新恢复沉降性能，但丝状菌仍然存在于混合液中，所以不能根本消除生物泡沫。在美国抽样调查的 75 座发生生物泡沫的城市二级污水处理厂中，应用过喷水法的有 58 座，占调查总数的 77%，成功率达 88%。

（2）投加消泡剂。投加具有强氧化性的杀菌剂，如氯、臭氧和过氧化物等。还有利用聚乙二醇、硅酮生产的市售药剂，以及氯化铁和铜材酸洗液的混合药剂等。药剂的作用仅仅能降低泡沫的增长，却不能消除泡沫的形成。杀菌剂普遍存在副作用，过量投加或投加位置不当，会大量降低曝气池中絮状菌的数量及生物总量。

（3）降低污泥龄。降低污泥龄可以抑制有较长生长期的放线菌的生长。实践证明，当污泥龄在 5～6d 时，能有效控制诺卡氏菌属（*nocardia*）的生长，可避免由其产生的泡沫问题。在上述美国抽样调查的污水处理厂中有 44 座，占调查总数的 59%，应用降低污泥龄的方法控制诺卡氏菌属，成功率达 73%。大多数污水处理厂的污泥龄在 6d 以下。

（4）回流厌氧硝化池上清液。有试验表明，将厌氧硝化池上清液回流到曝气生物反应池，能控制曝气生物反应池表面的气泡形成。厌氧硝化池上清液的主要作用是抑制红球菌属（*rhodococcus sp*）和诺卡氏茵属的生长。由于厌氧硝化池上清液中含有高浓度需氧有机物和氨氮，它们都会影响最后的出水水质，因此本法应慎重采用。

四、生物膜法

生物膜法是根据土壤自净的原理发展起来的。最早人们利用污水灌溉农田，发现土壤渗滤作用对污水中有机物有净化的作用，因此用人工方法建造了间歇砂滤池及接触滤池，继而采用较大颗粒的滤料，建成了滴滤池，现一般称为生物滤池。

最早的生物滤池于 1893 年在英国试验成功，1900 年用于污水处理。

从微生物对有机物降解过程的基本原理分析，生物膜法与活性污泥法是相同的，两者的主要不同在于微生物在处理构筑物中存在的形式不同。在活性污泥法中，微生物形成絮状，悬浮在混合液中，不停地与废水混合和接触，称为悬浮生长。而在生物膜法中，微生物固定于载体的表面形成生物膜，当废水流经其表面时，互相接触，称为附着生长。

生物膜法的工艺主要有生物滤池（如普通生物滤池、高负荷生物滤池、塔式生物滤池）、生物转盘、生物接触氧化池、生物流化床和曝气生物滤池等。

传统活性污泥法的基建与运行费用较高、能耗较大、管理也较复杂、易出现污泥膨胀和污泥上浮等问题，且对 N、P 等营养物质去除效果有限。而生物膜法是一种能代替活性污泥法用于城市污水的二级生物处理方法，具有运行稳定、脱氮效能强、抗冲击负荷能力强、经济节能、无污泥膨胀等问题，并能在其中形成较长的食物链，污泥产量较活性污泥工艺少等优点。它主要适用于温暖地区和中小城镇的污水处理。

（一）生物膜的构造

污水与滤料或某种载体流动接触，经过一段时间后，在其表面形成一种膜状污泥——生物膜。生物膜沿水流方向分布，是由各种微生物、原生动物、后生动物及微型动物等组成的能稳定降解有机物的生态系统。从开始形成到成熟，生物膜经过潜伏和生长两个阶段，一般的城市污水，在 20℃的条件下大致需要 30d 左右形成稳定的生物膜。

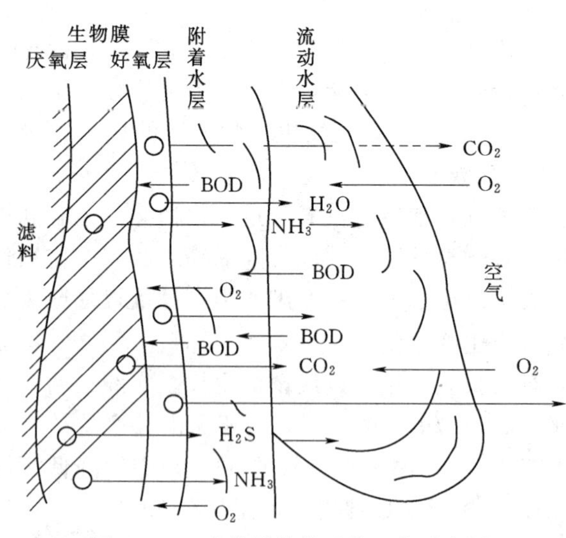

图 3－67　生物膜结构及其工作示意图

图 3－67 是生物膜结构及其工作示意图。从图中可以看出，滤料表面的生物膜可分为厌氧层和好氧层。生物膜在其形成与成熟后，由于微生物不断增殖，生物膜的厚度不断增加，在增厚到一定程度后，在氧不能透入的里侧深部即转变为厌氧状态，形成厌氧性膜。这样，生物膜便由好氧和厌氧两层组成。好氧层的厚度一般为 2mm 左右，有机物的降解主要是在好氧层内进行。生物膜是高度亲水的物质，当污水流经生物膜时，在其外侧形成一层附着水层，在附着水层外部是流动水层。生物膜又是微生物高度密集的物质，在膜的表面和

一定深度的内部生长繁殖着大量的各类微生物和微型动物，形成有机污染物-细菌-原生动物（后生动物）的食物链。

在生物滤池表面的滤料中，常存在着一些褐色或其他颜色的菌胶团，也有的滤池表层有大量的真菌菌丝存在，因此形成一层灰白色的黏膜。下层滤料生物膜则呈黑色。

（二）生物膜中的生物相

生物膜主要有细菌、真菌、藻类（在有光条件下）、原生动物和后生动物等，此外还有病毒。这些微生物体，有的细胞结构简单（如原核生物），有的细胞结构较复杂（如真核生物），而病毒只是非细胞的组织结构。

1. 细菌

细菌是微生物膜的主体，而其产生的胞外聚合物为生物膜结构的形成提供了内在条件。根据所需营养的不同，细菌可分为无机营养型的自养菌和有机营养型的异养菌，其中异养菌是生物膜中的主要细菌类型。

2. 真菌

真菌是具有明显细胞核而没有叶绿素的真核生物，大多数具有丝状形态，包括单细胞的酵母菌（在一定条件下也形成菌丝）和多细胞的霉菌。真菌可利用的有机物范围很广，特别是多碳类有机物，故有些真菌可降解木质素等难降解有机物。当污水中有机物的成分变化、负荷增加、温度降低、pH 值降低和溶解氧水平下降时，很容易孳生丝状菌。

3. 藻类

藻类是受阳光照射下的生物膜中的主要成分。生物膜中常出现的藻类有小球藻属、绿球藻属、席藻属、额藻属、毛校藻属和环丝藻属等。由于藻类含有叶绿素，故藻类能够进行光合作用，即将光能转化成化学能。藻类是阳光照射下生物膜微生物的主要构成部分，但由于藻类只是生物膜表层的很小部分，因而对污水净化作用较小。

4. 原生动物

原生动物是动物界中最低等的单细胞动物，在成熟的生物膜中，能不断捕食生物膜表面的细菌，因而在保持生物膜处于活性方面起着积极作用。从微观角度讲，浮游的原生动物可通过在生物膜内运动产生紊动而影响生物膜深处的传质。原生动物主要包括鞭毛虫类、肉足虫类和纤毛虫类。在 1mL 的生物滤池的生物膜污泥中，通常可见肉足虫类 100～4600 个，鞭毛虫类 200～1300 个，纤毛虫类 500～10000 个。从种属和个数方面讲，纤毛虫类在生物膜中占的比例较大。

5. 后生动物

后生动物是由多个细胞组成的多细胞动物，属无脊椎型。生物膜中经常出现的有：轮虫类，包括旋轮虫和蛭型轮虫等；线虫类，包括双胃线虫和杆线虫属；寡毛类，包括爱胜蚓、颤蚓属和水丝蚓属；昆虫，如毛蠓属及其幼虫类。

综上所述，生物膜上的微生物相十分丰富，形成了由细菌、真菌和藻类到原生动物和后生动物的复杂生态体系，这些微生物的出现及是否占优势常与污水水质和生物膜所处的环境条件相关，如负荷适当时常出现独缩虫属、聚缩虫属、累枝虫属、集盖虫属和钟虫等；负荷过高，真菌类增加，纤毛虫类消失，可以见到的只有屋滴虫属、波豆虫属、尾波虫属等鞭毛虫类；负荷较低时可观察到盾纤虫属、尖毛虫属、表壳虫属和鳞壳虫属等。后生动物如轮虫和线虫等大量出现时，能使生物膜快速更新，生物膜中的厌氧层减少，不会引起生物膜过厚，且生物膜脱落量也少；如果扭头虫属、新态虫属和贝日阿托氏菌属等出现时，表明生物膜中厌氧层增厚。可见，微生物膜上的生物相可以起指标性作用，可用以判断生物膜反应器的运行情况及污水处理效果。

（三）生物膜净化污水的过程

从图3－67可以看出，在生物膜内外，生物膜与水层之间进行着多种物质的传递过程。当流动水流经滤料表面时，有机物就会从运动着的污水中通过扩散作用转移到附着水层中去，并进一步被生物膜所吸附。同时空气中的氧也通过流动水、附着水进入生物膜的好氧层中；生物膜中的微生物在氧的参与下对有机物进行氧化分解和机体新陈代谢，其代谢产物如 CO_2、H_2O 等无机物又沿着相反的方向从生物膜经过附着水排到流动水层及空气中去，使污水得到净化。同时，微生物不断繁殖，生物膜厚度不断增加，造成厌氧层厚度不断增加。

内部厌氧层的厌氧菌用死亡的好氧菌及部分有机物进行厌氧代谢；代谢产物如有机酸、H_2S、NH_3等转移到好氧层或流动水层中。当厌氧层还不厚时，好氧层仍能保持净化功能；但当厌氧层过厚、代谢产物过多时，这些产物向外侧溢出，必然要透过好氧层，使好氧层生态系统的稳定状态遭破坏，从而失去这两种膜层之间的平衡关系，又因气态代谢产物的不断溢出，减弱了生物膜在滤料（载体、填料）上的附着力，处于这种状态的生物膜即为老化生物膜。老化生物膜净化功能较差且易于脱落，生物膜脱落后生成新的生物膜，新生物膜必须在经历一段时间后才能充分发挥其净化功能。在生物膜成熟后的初期，微生物好氧代谢旺盛，净化功能最好；在膜内出现厌氧状态时，净化功能下降，而当生物膜脱落时降解效果最差。生物膜就是通过吸附→氧化→增厚→脱落过程而不断地对有机污水进行净化的。但好氧代谢起主导作用，是有机物去除的主要过程。

（四）生物膜法的分类及特点

1. 生物膜法的分类

按生物膜与污水的接触方式不同，生物膜法可分为充填式和浸没式两类。充填式生物膜法的填料（载体）不被污水淹没，自然通风或强制通风供氧，污水流过填料表面或盘片旋转浸过污水，如生物滤池和生物转盘等；浸没式生物膜法的填料完全浸没于水中，一般采用鼓风曝气供氧，如接触氧化和生物流化床等。

2. 微生物相方面的特征

(1) 参与净化反应的微生物多样化。生物膜中微生物附着生长在滤料表面，生物固体平均停留时间较长，因此在生物膜上可生长世代期较长的微生物，如硝化菌等。在生物膜中丝状菌很多，有时还起主要作用。由于生物膜是固着生长在载体表面，不存在污泥膨胀的问题，因此丝状菌的优势得到了充分的发挥。此外，线虫类、轮虫类以及寡毛类微型动物出现的频率也较高。

(2) 生物的食物链较长。在生物膜上生长繁育的生物中，微型动物存活率较高。在捕食性纤毛虫、轮虫类、线虫类之上栖息着寡毛类和昆虫，因此，生物膜上形成的食物链较长。生物膜处理系统内产生的污泥量也少于活性污泥处理系统。

(3) 硝化菌得以增长繁殖。生物膜处理法的各项处理工艺都具有一定的硝化功能，采

取适当的运行方式，还可以使污水反硝化脱氮。

（4）各段具有优势菌种。由于生物滤池污水是自上而下流动，逐步得以净化，而且上下水质不断发生变化，因此对生物膜上微生物种群发生了很大影响。在上层大多是以摄取有机物为主的异养微生物，底部则是以摄取无机物为主的自养型微生物。

3. 处理工艺方面的特征

（1）运行管理方便、耗能较低。生物处理法中丝状菌起一定的净化作用，但丝状菌的大量繁殖会降低污泥或生物膜的密度。在活性污泥法运行管理中，丝状菌增加能导致污泥膨胀，而丝状菌在生物膜法中无不良作用。相对于活性污泥法，生物膜法处理污水的能耗低。

（2）具有硝化作用。在污水中起硝化作用的细菌属自养型细菌，容易生长在固体介质表面上被固定下来，故用生物膜法进行污水的硝化处理，能取得好的效果，且较为经济。

（3）抗冲击负荷能力强。污水的水质、水量时刻在变化，当短时间内变化较大时，即产生了冲击负荷，生物膜法处理污水对冲击负荷的适应能力较强，处理效果较为稳定。有毒物质对微生物有伤害作用，一旦进水水质恢复正常后，生物膜净化污水的功能即可得到恢复。

（4）污泥沉降脱水性能好。生物膜法产生的污泥主要是从介质表面脱落下来的老化生物膜，为腐殖污泥，其含水率较低、呈块状、沉降及脱水性能良好，在二沉池内易分离，得到较好的出水水质。

（五）生物膜法的工艺流程

生物膜法的基本流程如图 3 - 68 所示。污水经沉淀池去除悬浮物后进入生物膜反应池，去除有机物。生物膜反应池出水入二沉池去除脱落的生物体，澄清液排放。污泥浓缩后运走或进一步处置。

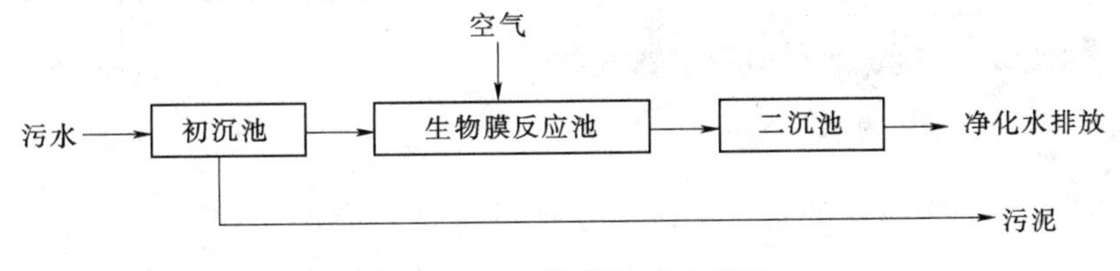

图 3 - 68　生物膜法基本流程

五、生物膜法的分类

（一）生物滤池

1. 生物滤池的分类

生物滤池是生物膜反应器的最初形式，随着研究的不断深入和实际运行经验的不断积累，生物滤池已由原来承受较低负荷的普通生物滤池逐步发展成为能承受较高负荷的高负荷生物滤池、塔式生物滤池和曝气生物滤池。

生物滤池可分为普通生物滤池、高负荷生物滤池、塔式生物滤池和曝气生物滤池。前三者一般均采用自然通风。为防止堵塞，减少占地，高负荷滤池工艺采用处理水回流，并采用碎石、炉渣、蜂窝、波形板等做滤料。而曝气生物滤池借鉴给水处理中过滤和反冲洗技术，由浸没式接触氧化与过滤相结合的生物处理工艺，在有氧条件下完成污水中有机物氧化、过滤过程，使污水获得净化。

2. 普通生物滤池

普通生物滤池，又名滴滤池，是生物滤池早期出现的类型，即第一代生物滤池。普通生物滤池负荷低，水力负荷只有 1～3m^3 废水/(m^2 滤池·d)，BOD_5 负荷也仅为 0.15～0.30kgBOD_5/(m^3 滤池·d)。

(1) 普通生物滤池的构造。普通生物滤池由池体、滤料、布水装置和排水系统四部分组成，如图 3-69 所示。

1) 池体。普通生物滤池池体在平面上多呈方形、矩形或圆形。池壁多用砖石筑造，可筑成带孔洞的和不带孔洞的两种形式。有孔洞的池壁有利于滤料内部的通风，但在低温季节，易受低温的影响，使净化功能降低。

2) 滤料。滤料（填料）是生物滤池的主体，对生物滤池的净化功能有直接影响。

3) 布水装置。生物滤池布水装置的主要任务是向滤池表面均匀撒布污水，应能适应水量变化，防止堵塞，易于清通，以及不受风雪影响等。普通生物滤池多采用固定喷嘴式的间歇喷洒布水系统，主要由投配池、布水管道和喷嘴等组成。目前使用较广泛的还有旋转式布水器（图 3-70），主要由固定不动的进水竖管、配水短管和可以转动的布水横管所组成。

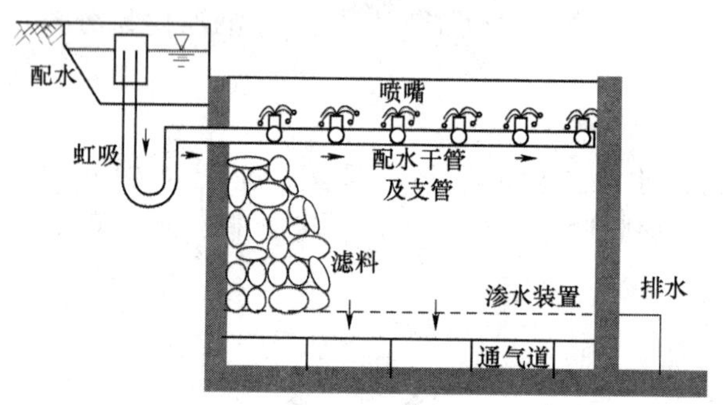

图 3-69 普通生物滤池构造

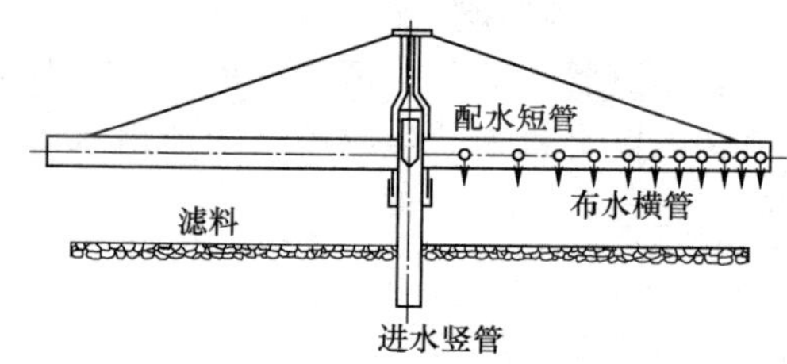

图 3-70 旋转式布水器

4) 排水系统。生物滤池的排水系统设于池的底部，有两个作用：一是排除处理后的污水；二是保证滤池的良好通风。排水系统包括渗水装置、汇水沟、总排水沟以及供通风用的底部空间等。渗水装置使用比较广泛的是混凝土板式渗水装置，如图 3-71 所示。其主要作用在于支撑滤料，排出滤池处理后的污水，并保证通风良好，以免发生沉积和堵塞现象。

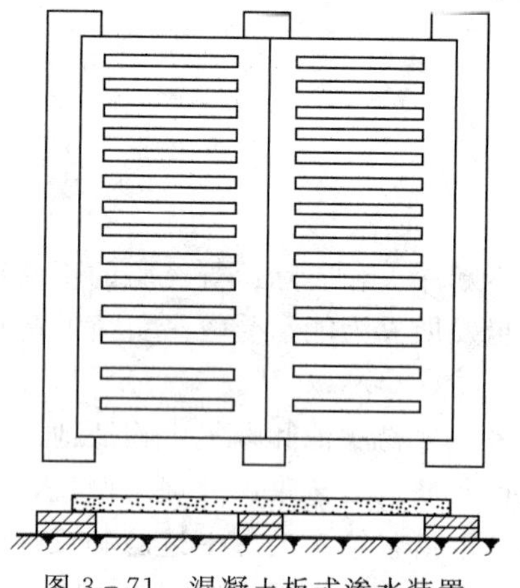

图 3-71 混凝土板式渗水装置

(2) 普通生物滤池的特点。

普通生物滤池一般适用于处理日污水量不大于 1000m^3 的小城镇污水或有机工业废水。其优点是处理效果良好，BOD_5 去除率可达 95%以上；易于管理；节省能源；运行稳定；剩余污泥量小且易于沉

降分离。主要缺点是占地面积大，不适于处理量大的污水；滤料易于堵塞；易产生滤池蝇，影响环境卫生；喷嘴喷洒污水散发臭气。由于上述缺点，使其在推广应用上受到很大限制。

3. 高负荷生物滤池

高负荷生物滤池是在改善普通生物滤池净化功能和运行中存在弊端的基础上提出来的，它通过采取处理水回流稀释进水 BOD_5 值达低于 200mg/L 的技术措施，实现了高滤速，大幅度提高了滤池的负荷，其 BOD_5 容积负荷高于普通生物滤池的 6～8 倍，水力负荷则高达 10 倍。

（1）高负荷生物滤池的构造。高负荷生物滤池构造如图 3－72 所示，其与普通生物滤池的差异如下。

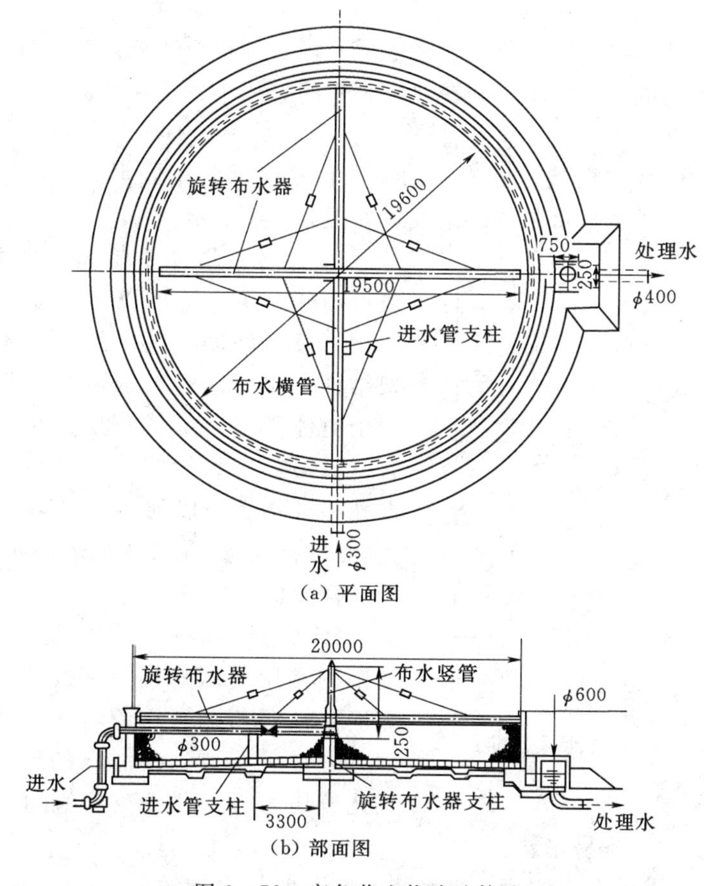

（a）平面图

（b）部面图

图 3－72　高负荷生物滤池构造

1）高负荷生物滤池在平面上多为圆形。

2）高负荷生物滤池广泛使用由聚氯乙烯、聚苯乙烯、聚酰胺等材料制成的呈波形板状、列管状、蜂窝状等人工滤料。滤料粒径较大，多采用 40～100mm。滤料层也由底部的承托层（厚 0.2m，无机滤料粒径为 70～100mm）和其上的工作层（厚 1.8m，无机滤料粒径为 40～70mm）充填而成。

3）高负荷生物滤池多采用旋转布水器布水。

（2）高负荷生物滤池的流程系统。高负荷生物滤池有多种流程系统，有一段（级）系统流程。当原污水浓度较高或对处理水质要求较高时，可以考虑二段（级）滤池处理系统。

（3）高负荷生物滤池的特点。高负荷生物滤池适宜于处理浓度和流量变化较大的废水。同普通生物滤池相比，通过污水回流，增大了进水量，既稀释了进水浓度，又增大了冲刷生物膜的力度，使其常保持活性，可防止滤料堵塞，抑制臭味及滤池蝇的过度孳生；同时增大了滤料粒径，可防止迅速增长的生物膜堵塞滤料，使水力负荷和 BOD_5 负荷大大提高；占地面积小，卫生条件较好；但出水水质较普通生物滤池差，出水 BOD_5 常大于 30mg/L；池内不产生硝化反应，脱氮效率低；二沉池污泥易腐化。

4. 塔式生物滤池

塔式生物滤池是一种新型高负荷生物滤池。塔式生物滤池池体高，有抽风作用，可以克服滤料空隙小所造成的通风不良问题。由于它的直径小、高度大，形状如塔，故称为塔式生物滤池。

（1）塔式生物滤池的构造。塔式生物滤池在平面上多呈圆形。在构造上由塔体、滤料、布水系统以及通风和排水装置所组成，如图 3-73 所示。

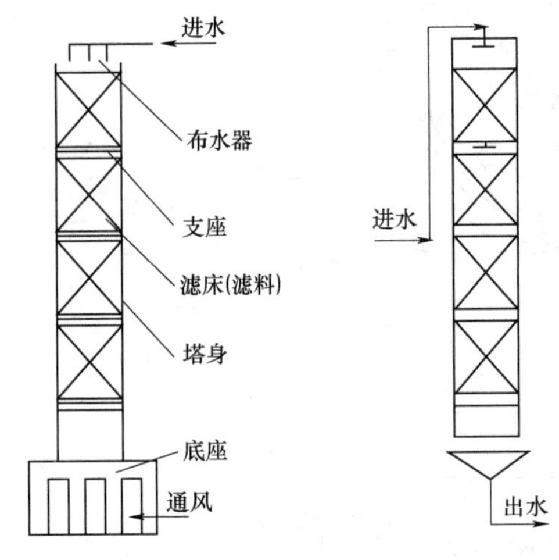

图 3-73　塔式生物滤池示意图

1）塔体。塔体主要起围挡滤料的作用，一般可用砖砌筑，也可以在现场浇筑钢筋混凝土或预制板构件进行现场组装，还可以采用钢框架结构，四周用塑料板或金属板围嵌，以减轻整个池体重量。塔体每层高以不大于 2.5m 为宜。每层还应设检修孔，以便更换滤料；设测温孔和观察孔，以便测量池内温度和观察塔内生物膜的生长情况及滤料表面布水的均匀程度，并取样分析。

2）滤料。塔式生物滤池应采用轻质滤料。如国内常用的纸蜂窝（密度为 20～25kg/m^3）、玻璃布蜂窝和聚氯乙烯斜交错波纹板（密度为 140kg/m^3）等。这些滤料的比表面积较大，结构比较均匀，有利于空气流通与污水的均匀配布，流量调节幅度大，不易堵塞。

3）布水装置。塔式生物滤池的布水装置与一般的生物滤池相同，对大、中型滤塔多采用旋转布水器，对小型滤塔则多采用固定式喷嘴布水系统。

4）通风。塔式生物滤池一般都采用自然通风，自然通风供氧不足的情况下可考虑采用机械通风。采用机械通风时，在滤池上部和下部装设吸气或鼓风的风机，要注意空气在滤池表面上的均匀分布，并防止冬天寒冷季节池温降低，影响效果。

（2）塔式生物滤池的特征。塔式生物滤池的主要工艺特征是能承受的负荷高，高有机物负荷使生物膜生长迅速，高水力负荷也使生物膜受到强烈的水力冲刷，从而使生物膜不

断脱落、更新；塔式生物滤池占地面积小，由于滤料分层而抗冲击负荷能力较强。但在地形平坦时污水所需抽升费用较大，且由于滤池较高，使运行管理不够方便。

5. 曝气生物滤池

曝气生物滤池概念、运行方式及构造详见第五章。

（二）生物转盘

生物转盘的概念、特点及构造详见第五章。

（三）生物接触氧化法

生物接触氧化法的概念、生物接触氧化池构造及流程详见第五章。

（四）生物流化床

生物流化床是20世纪70年代初由美国开发的新型生物膜技术。生物流化床以砂、活性炭、焦炭一类较小的惰性颗粒为载体充填在床内，因载体表面覆盖着生物膜而使其变轻，污水以一定流速自下向上流动，使载体处于流化状态。载体颗粒小，总体的表面积大，生物量较其他生物处理工艺有大幅提高。同时，由于载体处于流化状态，与生物膜接触良好，强化了传质过程，且能有效地防止堵塞现象。生物流化床用于污水处理具有BOD_5容积负荷高、处理效果好、效率高、占地少及投资省等优点，运行适当还具有脱氮效果。生物流化床的投资及占地面积仅相当于传统活性污泥法曝气生物反应池的50%～70%，但动力消耗大，运转费用高。

1. 生物流化床的构造特征

生物流化床是由床体、载体、布水装置、脱膜装置等部分组成。

（1）床体。床体平面多呈圆形，多由钢板焊制，也可以用钢筋混凝土浇灌砌制。

（2）载体。常用的载体有石英砂、无烟煤、焦炭、颗粒活性炭、聚苯乙烯球，载体是生物流化床的核心组件。

（3）布水装置。均匀布水是生物流化床能够发挥正常净化功能的重要环节，特别是对液动流化床（二相流化床）更为重要。布水不均可能导致部分载体沉积而不形成流化，使流化床的工作受到破坏。布水装置又是填料的承托层，在停水时载体不流失，并易于再次启动。常用于液动流化床的几种布水装置如图3-74所示。

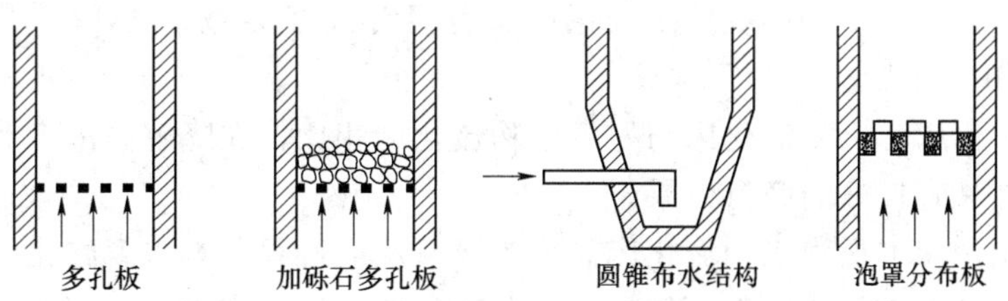

图3-74　常用于液动流化床的几种布水装置

（4）脱膜装置。及时脱除老化的生物膜，使生物膜经常保持一定的活性，是生物流化床维持正常净化功能的重要环节。气动流化床一般不需另行设置脱膜装置。脱膜装置主要用于液动流化床，可单独另行设置，也可以设在流化床的上部。

2. 生物流化床的工艺类型

根据载体流化的动力来源不同，生物流化床可分为以液流为动力的两相流化床（液流动力流化床)、以气流为动力的三相流化床（气流动力流化床）和机械搅拌流化床等三种类型。此外，生物流化床根据床内生物膜处于好氧或厌氧状态分为好氧流化床和厌氧流化床。

好氧生物流化床又可分为二相床和三相床。二相床采用预曝气充氧，反应器内只进行液固两相反应。三相流化床是以气体为动力使载体流化并充氧，床内固、液、气三相互相接触。三相床因不需体外充氧和体外挂膜而应用更为广泛。

(1) 好氧流化床。

1) 液流动力流化床。液流动力流化床（也称为两相流化床）的基本工艺流程如图 3-75 所示。两相流化床是以液流（污水）为动力使载体流化，在流化床内只有污水（液相）和载体（固相）相接触，而污水在单独的充氧设备内进行充氧。

2) 气流动力流化床。气流动力流化床也称为三相生物流化床，它以气体为动力使载体流化，在流化床中存在液相、气相和固相，即污水（液）、载体（固）及空气（气）三相同步进入床体，如图 3-76 所示。

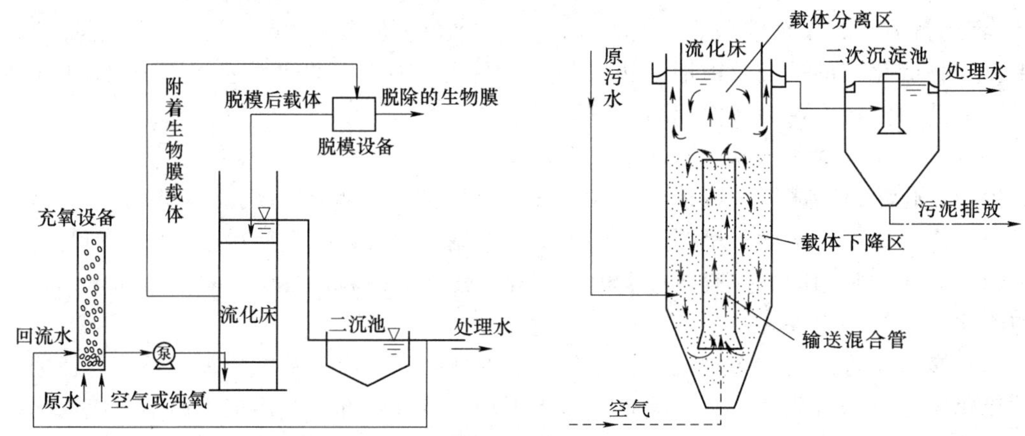

图 3-75　液流动力两相流化床处理工艺流程　　图 3-76　气流动力（三相）流化床处理工艺流程

3) 机械搅拌流化床。机械搅拌流化床又称悬浮粒子生物膜处理工艺，如图 3-77 所示。

(2) 厌氧流化床。厌氧流化床与好氧生物流化床相比，在降解高浓度有机物方面显示出独特优点，且具有良好的脱氮效果。

厌氧生物流化床可视为三相流化床。因为厌氧反应过程分为水解酸化、产酸和产甲烷三个阶段，床内虽未通氧或空气，但产甲烷菌产生的气体与床内液、固两相混合即成三相流化状态。厌氧生物流化床工艺如图 3-78 所示。为维持较高的上流速度，需采用较大的回流比。厌氧生物流化床内微生物种群的分布趋于均一化，在床中央区域，生物膜的产酸活性和产甲烷活性都较高，从而可提高流化床的负荷。

厌氧流化床既适用于高浓度的有机废水，也适用于中、低浓度的有机废水处理，其有机容积负荷可达 2～10kg/(m^3·d)，由于所需氮、磷营养较少，尤其适于处理氮、磷缺乏的工业废水，如含酚废水、a-萘磺酸废水、炼油污水、煤气化废水等，处理效果良好。

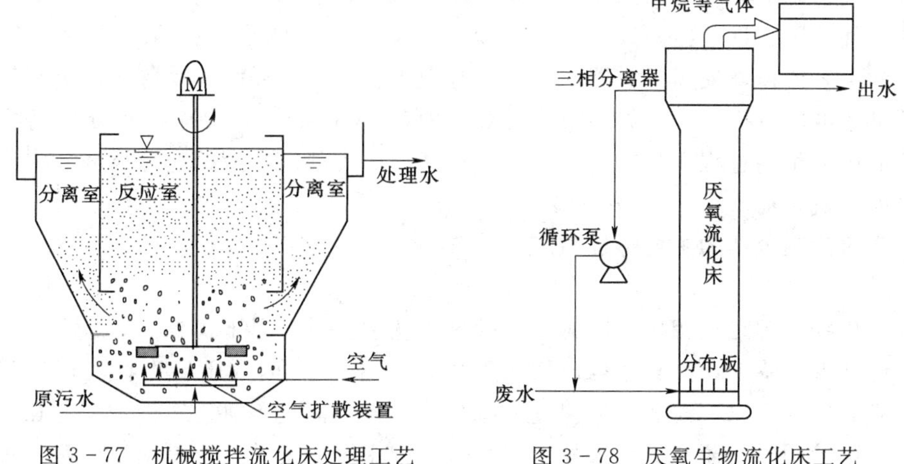

图 3－77　机械搅拌流化床处理工艺　　　图 3－78　厌氧生物流化床工艺

第五节　厌氧净化技术与沼气

一、厌氧生物处理工艺的发展过程

厌氧生物过程广泛地存在于自然界中，但人类第一次有意识地利用厌氧生物过程来处理废弃物，则是在 1881 年由法国的 Louis Mouras 所发明的“自动净化器”开始的，随后人类开始较大规模地应用厌氧消化过程来处理城市污水（如化粪池、双层沉淀池等）和剩余污泥（如各种厌氧消化池等）。这些厌氧反应器现在通称为“第一代厌氧生物反应器”，它们的共同特点是：①水力停留时间（*HRT*）很长，有时在污泥处理时，污泥消化池的 *HRT* 会长达 90d，即使是目前在很多现代化城市污水处理厂内所采用的污泥消化池的 *HRT* 也还长达 20～30d；②虽然 *HRT* 相当长，但处理效率仍十分低，且处理效果还很不好；③具有浓臭的气味，因为在厌氧消化过程中，原污泥中含有的有机氮或硫酸盐等会在厌氧条件下分别转化为氨氮或硫化氢，而它们都具有十分特别的臭味。以上这些特点使得人们对于进一步开发和利用厌氧生物过程的兴趣大大降低，而且此时利用活性污泥法或生物膜法处理城市污水已经十分成功。随着世界范围能源危机的加剧，人们对利用厌氧消化过程处理有机废水的研究得以强化，相继出现了一批被称为现代高速厌氧消化反应器的处理工艺，从此厌氧消化工艺开始大规模地应用于废水处理，真正成为一种可以与好氧生物处理工艺相提并论的废水生物处理工艺。这些被称为现代高速厌氧消化反应器的厌氧生物处理工艺又被统一称为“第二代厌氧生物反应器”，它们的主要特点：①*HRT* 大大缩短，有机负荷大大提高，处理效率大大提高；②主要包括厌氧接触法、厌氧滤池（AF）、上流式厌氧污泥床（UASB）反应器、厌氧流化床（AFB）、附着膜膨胀床工艺（AAFEB）、厌氧生物转盘（ARBC）和挡板式厌氧反应器等；③水力停留时间（*HRT*）与生物固体停留时间（*SRT*）分离，*SRT* 相对很长，*HRT* 则可以较短，反应器内生物量很高。以上这些特点彻底改变了原来人们对厌氧生物过程的认识，因此其实际应用也越来越广泛。进入 20 世纪 90 年代以后，随着以颗粒污泥为主要特点的 UASB 反应器的广泛应用，在其基础上又发展出同样以颗粒污泥为根本的颗粒污泥膨胀床（EGSB）反应器和厌氧内循环（IC）反应器。其中EGSB反应器利用外加的出水循环可以使反应器内部形成很高的上升流速，提高反应器内的基质与微生物之间的接触和反应，可以在较低温度下处理较低浓度的有机废水，如城市废水等；而IC反应器则主要应用于处理高浓度有机废水，依靠厌氧生物过程本身所产生的大量沼气形成内部混合液的充分循环与混合，可以达到更高的有机负荷。

二、厌氧生物处理的主要特征与应用

1. 优点

与好氧生物处理工艺相比，厌氧生物处理工艺主要具有以下优点。

（1）能耗大大降低，而且还可以回收生物能（沼气）。因为厌氧生物处理工艺无需为微生物提供氧气，所以不需要鼓风曝气，减少了能耗，而且厌氧生物处理工艺在大量降低污水中有机物的同时，还会产生大量的沼气，其中主要的有效成分是甲烷，是一种可以燃烧的气体，具有很高的利用价值。

（2）污泥产量很低。这是由于在厌氧生物处理过程中污水中的大部分有机污染物都被用来产生沼气——甲烷和二氧化碳了，用于细胞合成的有机物相对来说要少得多；同时，厌氧微生物的增殖速率比好氧微生物低得多。

（3）厌氧微生物有可能对好氧微生物不能降解的一些有机物进行降解或部分降解。因此，对于某些含有难降解有机物的废水，利用厌氧工艺进行处理可以获得更好的处理效果，或者利用厌氧工艺作为预处理工艺，可以提高废水的可生化性，提高后续好氧处理工艺的处理效果。

2. 缺点

与好氧生物处理工艺相比，厌氧生物处理工艺也存在着以下明显缺点。

（1）厌氧生物处理过程中所涉及的生化反应过程较为复杂，因为厌氧消化过程是由多种不同性质、不同功能的厌氧微生物协同工作的一个连续的生化过程，不同种属间细菌的相互配合或平衡较难控制，因此在运行厌氧反应器的过程中具有很高的技术要求。

（2）厌氧微生物特别是其中的产甲烷细菌对温度、pH值等环境因素非常敏感，也使得厌氧反应器的运行和应用受到很多限制和困难。

（3）虽然厌氧生物处理工艺在处理高浓度的工业废水时常常可以达到很高的处理效率，但其出水水质仍较差，一般需要利用好氧工艺作进一步的处理。

（4）厌氧生物处理的气味较大。

（5）对氨、氮的去除效果不好，一般认为在厌氧条件下氨、氮不会降低，而且还可能由于原污水中含有的有机氮在厌氧条件下的转化导致氨、氮浓度的上升。

三、厌氧反应器构造

（一）厌氧接触法（悬浮型）生物反应器

厌氧接触法的工艺流程如图3-79所示，其消化池是一个完全混合厌氧污泥反应器。废水进入反应器，在搅拌作用下与厌氧污泥充分混合并进行消化反应，处理后的水与厌氧污泥混合液从上部流出进入沉淀池进行泥水分离，上清液排除后，沉淀污泥回流至消化池，以补充消化池中的生物量，通过回流比控制消化池中生物量的浓度。脱气器的作用是分离残留于污泥中的微小气泡，以提高沉淀效果。

厌氧接触法适用于处理以溶解性有机物为主的高浓度有机废水，COD浓度范围为2000～10000mg/L，甚至100000mg/L，COD去除率可达90%～95%。由于具有污泥回流及搅拌混合使消化池内混合均匀，可降解部分难生物降解的有机化合物，处理效果好，便于人工控制。该工艺不适合于处理含悬浮有机物为主的废水，悬浮有机物在反应器中积累，减少了厌氧微生物量，同时影响沉淀池分离厌氧污泥的效果。

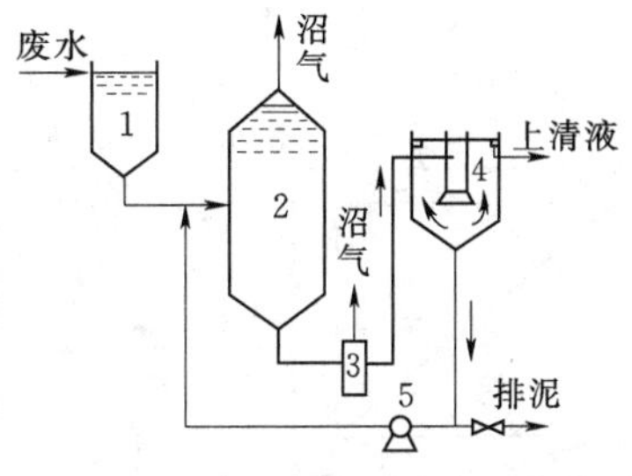

图3-79　厌氧接触工艺流程
1—储水池；2—消化池；3—脱气器；4—沉淀池；5—泵

（二）厌氧生物滤池

厌氧滤池（AF）内部充填固体填料，如炉渣、瓷环、塑料等，厌氧微生物部分附着生长在填料上，形成厌氧生物膜，另一部分在填料空隙间处于悬浮状态。有机污水在流动过程中与生长有厌氧细菌的填料接触，可以获得在较短水力停留时间条件下较长的污泥龄，平均泥龄可以长达100d以上。厌氧生物滤池的优点：生物固体浓度高，可以承担较高的有机负荷；生物固体停留时间长，抗冲击负荷能力较强；启动时间短，停止运行后再启动比较容易；不需污泥回流；运行管理方便。厌氧生物滤池的缺点是在污水悬浮物较多时容易发生堵塞和短路。

厌氧生物滤池可采用中温（30～35℃）、高温（50～55℃）或常温（8～30℃）运行，适用于溶解性有机物较高的废水，适用COD浓度范围为1000～20000mg/L。为了避免堵塞，可回流部分处理水以对进水进行稀释和加大水力表面负荷。

厌氧生物滤池主要包括布水系统、填料（反应区）、沼气收集系统、出水管。此外，有的还具有回流系统。填料是厌氧生物滤池的主体，主要作用是提供微生物附着生长的表面及悬浮生长的空间。理想的填料应具备下列特性。

（1）比表面积大，以利于增加厌氧生物滤池中生物固体的总量。

（2）空隙率高，以截留并保持大量悬浮生长的微生物，并防止厌氧生物滤池被堵塞。

（3）表面粗糙，利于生物膜附着生长。

（4）具有足够的机械强度，不易破损或流失。

（5）化学和生物学稳定性好，不易受废水中化学物质和微生物的侵蚀，也无有害物质溶出，使用寿命较长。

（6）质轻，使厌氧生物滤池的结构荷载较小。

（7）价廉易得，以降低厌氧生物滤池的基建投资。

在生产实践中，最常用的填料有实心块状填料、空心块状填料、管流型填料、交叉流型填料及纤维填料。

厌氧生物滤池按水流方向可分为升流式厌氧生物滤池和降流式厌氧生物滤池（图3-80）。废水向上流动通过反应器的为升流式厌氧生物滤池；反之为降流式厌氧生物滤池。

如果将升流式厌氧生物滤池的填料床改成两层，下半部不用填料，使其成为悬浮污泥层，上半部仍用填料床［见图3-80（a）的虚线］，成为复合式厌氧生物滤池，则可有效避免堵塞并提高处理效率。

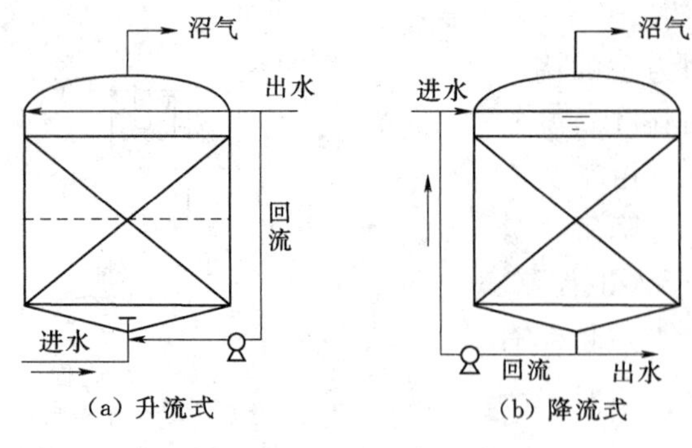

(a) 升流式　(b) 降流式

图 3-80 厌氧生物滤池

降流式厌氧生物滤池由于水流下向流动、沼气上升以及填料空隙间悬浮污泥的存在，混合情况良好，属于完全混合工艺；而升流式则属于推流式工艺。

（三）厌氧膨胀床与厌氧流化床

1. 概述

厌氧膨胀床和厌氧流化床是应用固体流态化技术的污水厌氧生物反应器。固体流态化技术是一种改善固体颗粒与流体之间接触，并使整个系统具有流体性质的技术。由于流态化技术强化了厌氧反应器中的传质，同时有条件可采用小颗粒生物填料（表面积大），而又避免了固定床生物膜反应器会堵塞的缺点，因此厌氧膨胀床和厌氧流化床的处理效率高，有机容积负荷大，占地省。

膨胀床和流化床的区别在于采用的水流上升流速不同，因而生物填料在床中的膨胀率不同。在膨胀床系统中，一般采用较小的上升流速，使床层膨胀率为10%～20%，在该条件下，填料在水中处于部分流化状态，而流化床填料颗粒膨胀率达到20%～70%，甚至高达100%。

在含有固体颗粒的升流膨胀床/流化床系统中，颗粒与流体之间可以存在三种不同的相对运动，即固定床阶段、流化床阶段和输送床阶段。

2. 厌氧膨胀床与厌氧流化床的构造特点

厌氧膨胀床与厌氧流化床的构造如图 3-81 所示。厌氧膨胀床与厌氧流化床都是由底部布水系统、床体、三相分离器和回流系统组成。

典型的厌氧膨胀床一般为圆柱形结构，进水在反应器底部，水流沿反应器横截面分布。填料体积占反应器容积的10%，填料采用砂、细小的砾石、无烟煤、塑料等，为了节省能量，填料密度要小，粒径一般为0.2～1.0mm，比厌氧流化床填料颗粒稍大。为了使床层膨胀，须采用出水回流。在较大上升流速下，颗粒被水流提升，产生膨胀，实际运行中通过调节回流量来控制床层膨胀率。

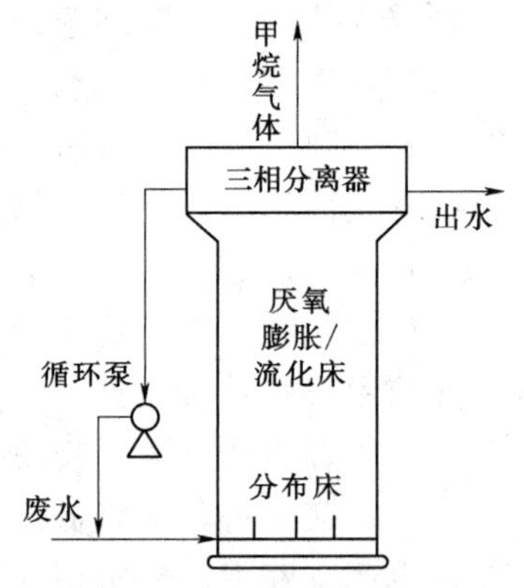

图 3-81 厌氧膨胀床与厌氧流化床示意图

厌氧流化床反应器工艺的反应器形式和运行方式与厌氧膨胀床基本相同，填料种类也相同，但厌氧流化床的填料颗粒粒径比较小。采用小粒径填料可以获得较大生物膜表面积和易于流化，每立方米流化床颗粒表面积可以达到300m^2，生物量可以达到40gVSS/L。流化床反应器的主要特点是流态化，能最大限度地使厌氧污泥与被处理废水接触。由于颗粒与流体相对运动速度大，形成的生物膜较薄，传质作用强，因此生化反应进行较快，废水在反应器内的水力停留时间较短，反应器容积负荷较高，占地面积小。

(四) 升流式厌氧污泥床

升流式厌氧污泥床（UASB）工艺是在升流式厌氧生物滤池的基础上发展起来的。升流式厌氧生物滤池的填料（特别是下半部填料）容易造成堵塞。在取消了填料层以后，发现在反应器的相应部位，形成一层截留、吸附与降解有机物的厌氧污泥层。后来在反应器的上部增加气-液-固三相分离器，使经厌氧消化处理后的废水、产生的沼气以及厌氧污泥有效分离，完成废水外排、沼气收集并输出，沉淀下来的厌氧污泥直接回落至反应区，构成了完整的 UASB 反应器。UASB 工艺随废水性质的不同，其处理流程也有较大的差异。

1. UASB 工艺流程

应用 UASB 法的工艺流程与废水水质有关。大致有四种工艺流程，如图 3-82 所示。

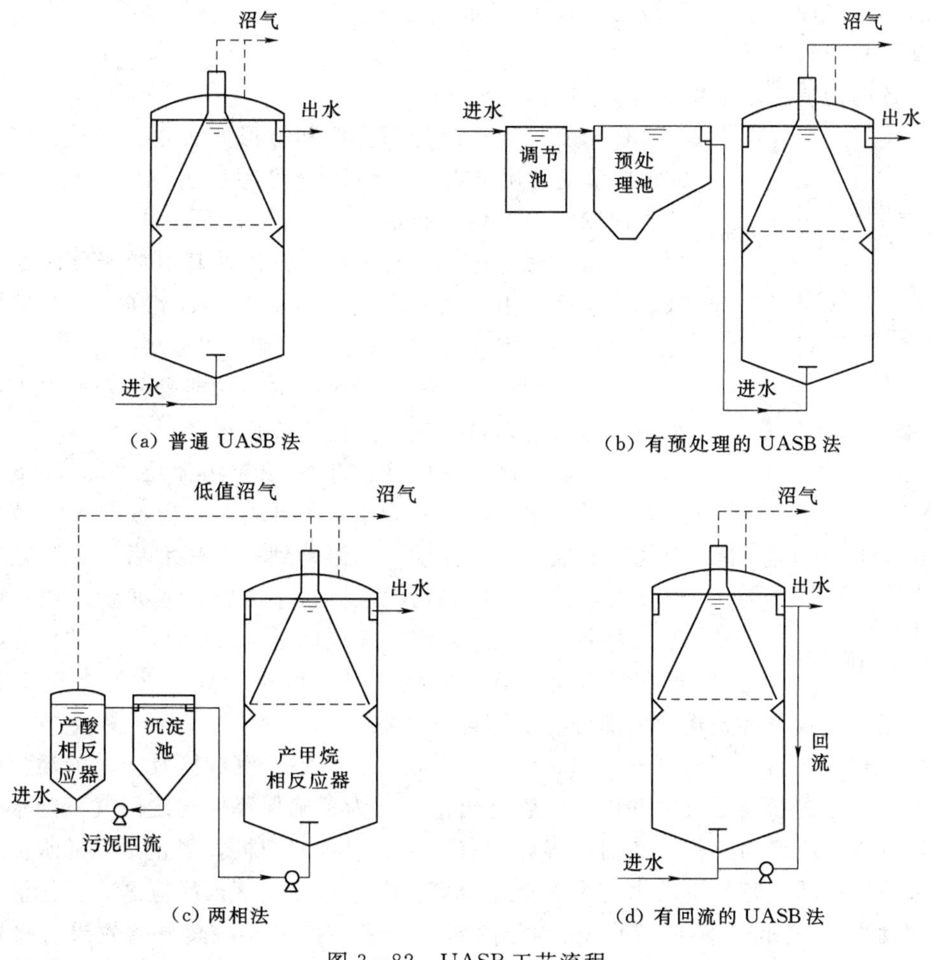

图 3-82　UASB 工艺流程

(1) 普通 UASB 法。工艺流程如图 3-82 (a) 所示。废水直接进入 UASB 进行处理，本流程适用于成分较单一的可溶性有机废水。

(2) 有预处理的 UASB 法。工艺流程如图 3-82 (b) 所示。废水经调节池、预处理构筑物，再进入 UASB 反应器。本流程适用于成分较复杂的废水，或悬浮 COD 占总 COD30%～60%的部分可溶性有机废水。

(3) 两相法。工艺流程如图 3-82 (c) 所示。根据厌氧降解机理，使产酸阶段与产甲烷阶段分别在两个反应器中进行。

1) 产酸相反应器，主要控制条件有：低级脂肪酸浓度约为 5000mg/L，pH 值为 5～6，水力停留时间为 6～24h。产酸相反应器后沉淀池的作用是回流产酸菌，以维持产酸相反应器中产酸菌的浓度，并避免产酸菌进入产甲烷相反应器。产酸相反应器的构造与传统消化池相同，有搅拌与加温设备。

2) 产甲烷相反应器，产酸相反应器的出水经沉淀后，上清液进入产甲烷相反应器。

(4) 有回流的 UASB 法。工艺流程如图 3-82 (d) 所示。主要适用于 COD 浓度高于 15000mg/L 的情况。处理水回流的目的是促进污泥与废水之间的充分接触以及在 UASB 反应器启动时，使进水 COD 浓度稀释至 5000mg/L 左右。

2. UASB 的构造

UASB 的构造与基本功能分区如图 3-83 所示。

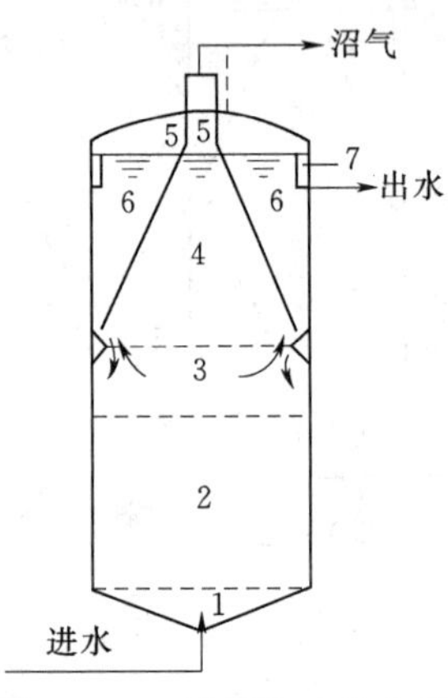

图 3-83 UASB 功能分区
1—进配水区；2、3—反应区；4—三相分离器；5—气室；6—沉淀区；7—溢流槽与出水管

UASB 的池型分为圆柱形和方形两种，直径或边长为 5～30m。单池常用前者；多池组合可用后者，以节约占地面积，节省池壁材料，便于布水。

废水从底部进入，自下而上升流。基本功能分区为进配水区、反应区（由生物颗粒污泥及絮状污泥组成）、三相分离器（由沉淀区、气室、沉淀污泥斗组成）和出水区。

(1) 进配水区。进配水区的主要功能是使废水进入并在过水断面布水均匀，避免产生涌流或死水区。

(2) 反应区。反应区由生物颗粒污泥层（图 3-83 中 2）及絮状污泥层（图 3-83 中 3）组成。生物颗粒污泥随颗粒表面气泡的成长向上浮动，当浮动到一定高度后，由于减压使气泡释放，颗粒再回到污泥层。很小的颗粒或絮状污泥一般在污泥层之上，形成悬浮层。反应区是 UASB 反应器的核心，是培养和富集厌氧微生物的区域，废水与厌氧污泥在这里充分接触，通过截留、吸附等方式使大部分有机物得以降解。

(3) 三相分离器。三相（气、固、液）分离器，由气室、沉淀区及上清液溢流槽与出水管组成。气室的功能是收集并用沼气管排出沼气。为了确保释放出的沼气不随水流进入沉淀区，故在反应区与三相分离器交界处设有“△”形状的挡板，阻止沼气随水流进入沉淀区。沉淀区的功能是使澄清水与污泥有效分离，沉淀污泥回落至反应区。上清液由溢流槽与出水管排出（图 3-83 中 7）。三相分离器的构造多种多样，其分离效果直接影响反应器的处理效果。

四、厌氧消化池

随着活性污泥法、生物滤池等好氧生物处理工艺的开发和推广应用，厌氧生物处理被认为是效率低、*HRT* 长、受温度等环境条件的影响大，因此处于一种被遗弃的状态。但随着好氧生物处理工艺的广泛应用，产生的剩余污泥也越来越多，其稳定化处理的主要手段是厌氧消化，随着在消化池中加上了加热装置，使产气速率显著提高；随后，又增加了

机械搅拌器，反应速率进一步提高；20 世纪 50 年代初又开发了利用沼气循环的搅拌装置；带加热和搅拌装置的消化池被称为高速消化池，至今仍是城市污水处理厂中污泥处理的主要技术。

1. 消化池的类型

厌氧消化池除主要应用于处理城市污水处理厂的污泥外，也可应用于处理固体含量很高的有机废水；它的主要作用是：将污泥中的一部分有机物转化为沼气；将污泥中的一部分有机物转化成为稳定性良好的腐殖质；提高污泥的脱水性能；使得污泥的体积减小 1/2 以上；使污泥中的致病微生物得到一定程度的灭活，有利于污泥的进一步处理和利用。

2. 消化池的分类

消化池可以按其形状分为圆柱形、椭圆形（卵形）和龟甲形等几种形式；也可以按其池顶结构形式的不同将其分为固定盖式和浮动盖式的消化池；还可以按其运行方式的不同分为传统消化池和高速消化池。

（1）传统消化池。传统消化池又称为低速消化池，在池内没有设置加热和搅拌装置，所以有分层现象，一般分为浮渣层、上清液层、活性层、熟污泥层等，其中只有在活性层中才有有效的厌氧反应过程在进行，因此在传统消化池中只有部分容积有效；传统消化池的最大特点就是消化反应速率很低，*HRT* 很长，一般为 30～90d。

（2）高速消化池。与传统消化池不同的是，在高速消化池中设有加热或搅拌装置，因此缩短了有机物稳定所需的时间，也提高了沼气产量，在中温（30～35℃）条件下，其 *HRT* 可以为 15d 左右，运行效果稳定。但搅拌使高速消化池内的污泥得不到浓缩，上清液与熟污泥不易分离。

（3）两级串联消化池。第一级采用高速消化池，第二级则采用不设搅拌和加热的传统消化池，主要起沉淀浓缩和储存熟污泥的作用，并分离和排出上清液；二者 *HRT* 的比值可采用 1∶1～1∶4，一般为 1∶2。

五、沼气净化技术

在我国农村生活污水处理的实践中，最通用、节俭、能够体现环境效益与社会效益的生活污水处理方式是厌氧沼气池。它将污水处理与其合理利用有机结合，实现了污水的资源化。污水中的大部分有机物经厌氧发酵后产生沼气，发酵后的污水被去除了大部分有机物，达到净化目的；产生的沼气可作为浴室和家庭用能源；厌氧发酵处理后的污水可用作浇灌用水。在农村有大量可以成为沼气利用的原材料，如农作物秸秆和人畜粪便等。研究表明，农作物秸秆通过沼气发酵可以使其能量利用效率比直接燃烧提高 4～5 倍；沼液、沼渣作饲料可以使其营养物质和能量的利用率增加 20%；通过厌氧发酵过的粪便（沼液、沼渣），碳、磷、钾的营养成分没有损失，且转化为可直接利用的活性态养分——农田施用沼肥。沼气池工艺简单，成本低（一户约需费用 1000 元），运行费用基本为零，适合于农民家庭采用。而且，结合农村改厨、改厕和改圈，可将猪舍污水和生活污水在沼气池中进行厌氧发酵后作为农田肥料。

（一）“三位一体”模式

“三位一体”模式是“养殖-沼气-种植（养殖）”（简称“猪-沼-果”）三位一体生态模式的简称，它是典型的农村沼气模式。“猪-沼-果”生态模式是典型的沼气能源生态模式之一，其主要内容是：以农户为基本单元，利用房前屋后的山地、水面、庭院等场地，建设畜禽舍、沼气池和果园，沼气池与畜禽舍、厕所三联通，同时将畜禽养殖和果树种植通过沼气这一纽带有机地结合起来，形成良性循环，实现农业生产低耗高效，增加农民收入，改善居住环境，提高生活质量。“猪-沼-果”模式也是南方地区以沼气为纽带的生态模式典型代表。

（二）沼气池建造技术

1. 沼气基本知识

（1）沼气及其产生过程。沼气是有机物质在厌氧环境中，在一定的温度、湿度、酸碱度的条件下，通过微生物发酵作用，产生的一种可燃性气体。由于这种气体最初是在沼泽、湖泊、池塘中发现的，所以人们叫它沼气。沼气含有多种气体，主要成分是甲烷（CH_4）。沼气细菌分解有机物产生沼气的过程，称为沼气发酵。根据沼气发酵过程中各类细菌的作用，沼气细菌可以分为两大类。第一类细菌称为分解菌，它的作用是将复杂的有机物分解成简单的有机物和 CO_2 等。它们当中有专门分解纤维素的纤维分解菌；有专门分解蛋白质的蛋白分解菌；有专门分解脂肪的脂肪分解菌。第二类细菌称为含甲烷细菌，通常称为甲烷菌，它的作用是把简单的有机物及二氧化碳氧化或还原成甲烷。

沼气是一种混合气体，它的主要成分是甲烷，其次有二氧化碳、硫化氢（H_2S）、氮及其他一些成分。沼气的组成中，可燃成分包括甲烷、硫化氢、一氧化碳和重烃等气体；不可燃成分包括二氧化碳、氮和氨等气体。在沼气成分中，甲烷含量为55％～70％，二氧化碳含量为28％～44％，硫化氢平均含量为0.034％。

（2）沼气的理化性质。沼气主要成分为甲烷，是一种无色、有味、有毒、有臭的气体。一般情况下，甲烷的化学性质很不活泼。甲烷分子式是 CH_4，是一个碳原子与四个氢原子所结合的简单碳氢化合物。甲烷对空气的重量比是0.54，比空气约轻一半。甲烷溶解度很小，在20℃、0.1kPa时，100单位体积的水，只能溶解3个单位体积的甲烷。甲烷是简单的有机化合物，是优质的气体燃料。燃烧时呈蓝色火焰，最高温度可达1400℃左右。纯甲烷发热量为36.8kJ/m^3。70％的沼气的发热量约25.1kJ/m^3，约相当于0.7kg柴油或1kg煤炭充分燃烧后放出的热量。从热效率分析，每立方米沼气所能利用的热量，相当于燃烧3.03kg煤所能利用的热量。

2. 农村家用沼气池的类型

随着国内沼气科学技术的发展和农村家用沼气的推广，根据不同地区气温、地质等条件和农对沼气的使用要求，家用沼气池出现了很多形式，如固定拱盖的水压式池、大揭盖水压式池、吊管式水压式池、曲流布料水压式池、顶返水水压式池、半塑式池、全塑式池和罐式池等。归总起来，这些池型大体由水压式沼气池、浮罩式沼气池、半塑式沼气池和罐式沼气池四种基本类型变化形成的。水压式沼气池在我国已有相当长的历史，是目前我国农村推广的主要池型，具有受力合理、构造简单、取材容易、施工方便、成本较低、适应性强等优点，适合我国农村当前技术、经济水平和资源状况，并为广大群众所接受，也受到国际上的重视。

第四章　污水深度处理与生态处理方法

污水深度处理是指进一步去除二级处理出水中特定污染物的净化过程，包括以排放水体作为补充地面水源为目的的三级处理和以回用为目的的深度处理。主要处理工艺有混凝沉淀法、粒状材料过滤法、活性炭吸附法、膜处理法、离子交换法和消毒等。

由于水资源的日益缺乏，污水已作为一种水资源进行再生处理和回用。再生水水质指标高于排放标准但又低于饮用水卫生标准。污水的深度处理是对城市污水二级处理厂的出水进一步进行处理，以去除其中的悬浮物和溶解性无机物与有机物等，使之达到相应的水质标准。污水深度处理后利用途径不同，处理的水质目标也不同，在上述单元技术中选择一种或几种工艺按照实用、经济、高效、运行稳定、操作管理方便的原则，通过技术经济比较后组合成相应的深度处理工艺。

根据污水二级处理技术（如活性污泥法）净化功能对城市污水所能达到的处理程度，一般情况下，污水中还含有相当数量的有机污染物、无机污染物、植物性营养盐，还可能含有细菌和重金属等有毒有害物质。对二级处理后污水回用作进一步深度处理的对象与目标如下。

（1）去除水中残存的悬浮物（包括活性污泥颗粒）；脱色、除臭，使水进一步得到澄清。

（2）进一步降低水中的 BOD_5、COD、TOC 等含量，使水进一步稳定。

（3）进行脱氮、除磷，消除能够导致水体富营养化的因素。

（4）进行消毒杀菌，去除水中的有毒有害物质。

经过深度处理后的污水应能发挥以下作用。

（1）排放至包括具有较高经济价值的水体及缓流水体在内的任何水体，补充地面水源。

（2）回用于农田灌溉、市政杂用，如浇灌城市绿地、冲洗街道、车辆清洗、景观用水等。

（3）居民小区中水回用于冲洗厕所。

（4）作为冷却水和工艺用水的补充用水，回用于工业企业。

（5）用于防止地面下沉或海水入浸，回灌地下。

表 4-1 是对二级处理水进行深度处理的目的、去除对象和可采用的处理技术。

表 4-1　　深度处理的目的、去除对象和可采用的处理技术

处理目的	去除对象		有关指标	采用的主要处理技术
排放水体再用	有机物	悬浮状态	SS、VSS	快滤池、微滤机、混凝沉淀
		溶解状态	BOD_5、COD TOC、TOD	混凝沉淀、活性炭吸附、臭氧氧化
防止富营养化	植物性营养盐类	氮	T—N、K—N	吹脱、折点氯化脱氮、生物脱氮
			NH_3—N NO_2—N NO_3—N	生物脱氮
		磷	PO_4^{3-}—P T—P	金属盐混凝沉淀、石灰混凝沉淀 晶析法、生物除磷
再用	微量成分	溶解性无机物、无机盐类	电导度 Na^+、Ca^{2+}、Cl^-离子	膜处理、离子交换
		微生物	细菌、病毒	臭氧氧化、消毒、 （氯气、次氯酸钠、紫外线）

第一节　污水脱氮除磷

目前，污水造成的水体富营养化日趋严重，而经过二级处理后排入水体中的氮和磷一般仍是超标的。近年来城市二级污水处理厂生物脱氮除磷技术取得了显著成果，但出水仍不能满足工业和城市的回用要求，新的脱氮除磷技术正被不断研究开发，因此无论是新建污水处理厂还是已有污水处理厂都面临着污水脱氮除磷的要求。

一、脱氮

污水中的氮主要以氨氮和有机氮的形式存在，通常没有或只有少量的亚硝酸盐和硝酸盐形式的氮。以传统活性污泥法为代表的好氧生物处理法，其传统功能主要是去除污水中呈溶解性的有机物。至于氮、磷，只能去除细菌细胞由于生理上的需求而摄取的数量。因此，只有不到20%～40%的氮在传统的二级处理中被去除。污水生物处理脱氮主要是靠一些专性细菌实现氮形式的转化，经过氨化、硝化、反硝化过程，含氮有机化合物最终转化为无害的氮气，从污水中去除。

在城市污水生物脱氮系统中氮的转化过程如图 4-1 所示。颗粒性不可生物降解有机氮经生物絮凝作用成为活性污泥组分，通过剩余活性污泥将其从系统中去除；颗粒性可生物降解有机氮经水解转化为溶解性有机氮。溶解性不可生物降解有机氮随出水排出；溶解性可生物降解有机氮在有氧条件下经异养细菌氨化为氨氮，继之由硝化菌将氨氮氧化为硝

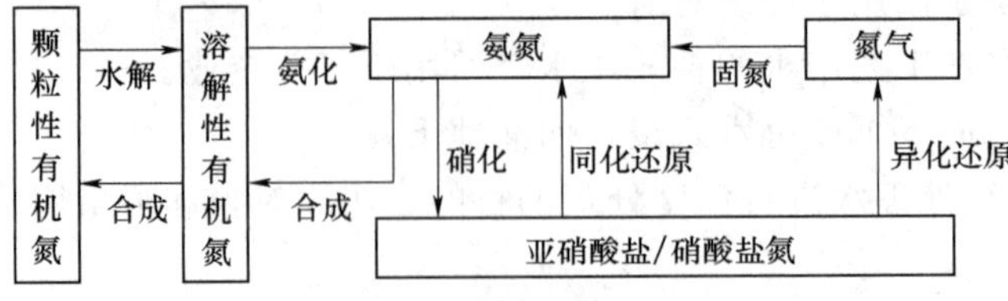

图 4-1　污水生物脱氮系统中氮的转化过程

态氮，再在缺氧条件下由反硝化菌将硝态氮还原成气态氮从污水中逸出。

（一）工艺原理及过程

1. 氨化

城市污水中氮的主要来源为：生活污水，工业污水，特别是化肥、焦化、制革、印染、食品与肉类加工、石油精炼行业排放的污水等。在未经处理的新鲜污水中，含氮化合物存在的主要形式有：①有机氮，如蛋白质、氨基酸、尿素、胺类化合物、硝基化合物等；②氨态氮（NH_3，NH_4^+），一般以 NH_3 为主。含氮化合物在微生物的作用下，首先会产生氨化反应。有机氮化合物，在氨化菌的作用下分解、转化为氨态氮，这一过程称为"氨化反应"，以氨基酸为例，其反应式为

$$RCHNH_2COOH + O_2 \xrightarrow{\text{氨化菌}} RCOOH + CO_2 + NH_3 \tag{4-1}$$

2. 硝化

在亚硝化菌的作用下，氨态氮进一步分解氧化，首先使氨（NH_4^+）转化为亚硝酸氮（NO_2^-），反应式为

$$NH_4^+ + 3/2O_2 \xrightarrow{\text{亚硝化菌}} NO_2^- + H_2O + 2H^+ - \Delta F \tag{4-2}$$

$$(\Delta F = 278.42\text{kJ})$$

继之，亚硝酸氮在硝酸菌的作用下，进一步转化为硝酸氮，其反应式为

$$NO_2^- + 1/2O_2 \xrightarrow{\text{硝化菌}} NO_3^- - \Delta F \tag{4-3}$$

$$(\Delta F = 72.27\text{kJ})$$

硝化反应的总反应式为

$$NH_4^+ + 2O_2 \rightarrow NO_3^- + H_2O + 2H^+ - \Delta F \tag{4-4}$$

$$(\Delta F = 351\text{kJ})$$

硝化菌把氨氮转化为硝酸盐的过程称为硝化过程，硝化是一个两步过程，分别利用了两类微生物，即亚硝酸盐菌和硝酸盐菌。这两类细菌统称为硝化菌，这些细菌所利用的碳源是 CO_3^{2-}、HCO_3^- 和 CO_2 等无机碳。第一步由亚硝酸盐菌把氨氮转化为亚硝酸盐；第二步由硝酸盐菌把亚硝酸盐转化为硝酸盐，这两个反应过程都释放能量，硝化菌就是利用这些能量合成新细胞体和维持正常的生命活动，氨氮转化为硝态氮并不是去除氮而是减少了它的需氧量。

亚硝酸菌和硝酸菌统称为硝化菌，硝化菌是化能自养菌，属革兰氏染色阴性和不生芽孢的短杆状细菌，广泛存活在土壤中，在自然界氮的循环中起着重要的作用。这类细菌的生理活动不需要有机性营养物质，而从 CO_2 获取碳源，从无机物的氧化中获取能量。硝化菌是专性好氧菌，只有在有溶解氧的条件下才能增殖，厌氧和缺氧条件都不能增殖，但在厌氧、缺氧、好氧状态下均会发生衰减死亡。

3. 反硝化

硝化反应是氨氮中负三价的氮硝化为正三价和正五价的氮，在这一过程中氮都是失去电子被氧化的，氧是这一过程中的电子受体。而反硝化反应是硝酸氮（NO_3^-—N）和亚硝酸氮（NO_2^-—N）在反硝化菌的作用下，被还原成气态氮（N_2）的过程。这一过程可能同时有两种转化途径：一是同化反硝化（合成），最终形成有机氮化合物，成为菌体的组成部分；二是异化反硝化（分解），最终产物是气态氮，如图 4-2 所示。污水处理脱氮关注的是异化过程，在这一过程中，氮从正五（或三）价转化成零价（气态氮），氮都是获得电子被还原的，电子供体是有机物（有机碳）。

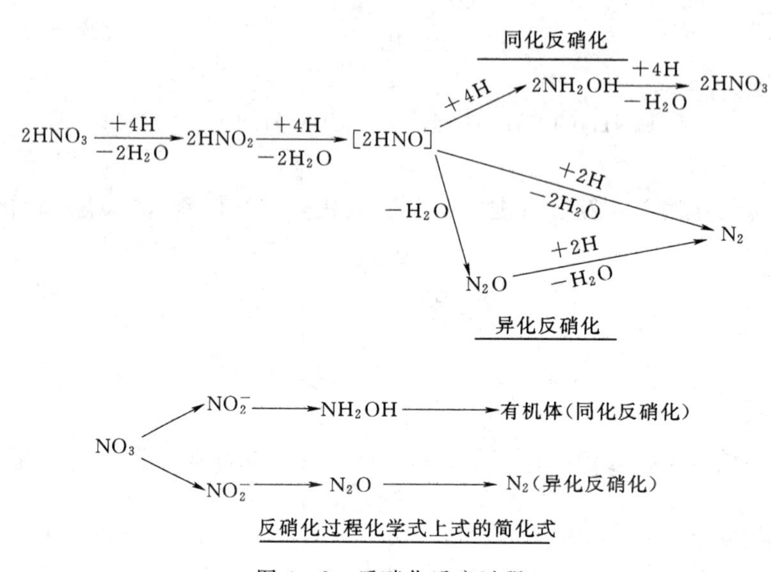

图 4-2　反硝化反应过程

反硝化菌是异养型兼性厌氧菌。在厌氧条件下进行厌氧呼吸，以有机物（有机碳）为电子供体，以硝态氮（NO_2^-—N、NO_3^-—N）为电子受体。反硝化菌利用含碳有机物和部分硝酸盐转化为氨氮用于细胞合成，该碳源既可以是污水中的有机碳或细胞体内碳源，也可以外部投加。

（二）影响脱氮的因素

1. 温度

温度对总氮去除率影响很大，根据实验表明，温度为 25℃、20℃、15℃、10℃时，去除率分别为 78%、72.1%、65.6%、55.3%。要保证氮的去除率就必须使硝化反应、反硝化反应能够顺利进行，一般硝化反应的适宜范围为 10～35℃，反硝化反应的适宜范围为 10～27℃。

2. 溶解氧

硝化反应必须在好氧条件下进行，一般混合液的溶解氧浓度为 2～3mg/L。

溶解氧对反硝化反应有很大影响，主要由于氧和硝酸盐竞争电子供体，且会抑制硝酸盐还原酶的合成及其活性。

3. pH 值

硝化反应的最佳 pH 值范围为 8.0～8.4，反硝化反应的最佳 pH 值范围为 6.5～7.5。因此，要严格控制 pH 值。

4. 污泥龄

为使硝化菌能在连续流的反应系统中存活并维持一定数量，污泥龄应大于硝化菌的最小世代期，一般应取系统的污泥龄为硝化菌最小世代期的两倍以上，不得小于 3～5d，通常污泥龄应大于 10d。

5. 碳源

反硝化过程需要提供充足的碳源，反硝化速率除与环境因素有关外，还受碳源种类的影响。

一般是利用污水中的有机物作反硝化的碳源，也可投加甲醇或其他易降解的有机物作碳源。

6. 回流比

回流的作用是为缺氧池提供足够的硝态氮，回流比过高，增加动力费用，同时对低浓度污水来讲，缺氧池 COD 浓度降低，氧化还原电位增高，因而降低了反硝化速率；回流比过小，则缺氧池中缺乏足够的硝态氮。

（三）活性污泥法脱氮

活性污泥法脱氮的原理是通过创造好氧和缺氧条件，经过硝化和反硝化两个步骤，利用硝化菌和反硝化菌等一些专性菌实现氮形式的转化。基本方法有具有多级污泥回流系统的传统生物脱氮方法和只有一个污泥回流系统单级生物脱氮方法。单级生物脱氮法可认为是对传统生物脱氮法的改进，有 A/O 法、Bardenpho 工艺等多种形式，氧化沟、SBR 法等具有脱氮功能的工艺也属于单级生物脱氮系统。

1. 传统活性污泥法脱氮工艺

传统的生物脱氮流程是三级活性污泥系统，其工艺流程如图 4-3 所示，在此流程中，含碳有机物的氧化和含氮有机物的氨化、氨氮的硝化及硝酸盐的反硝化分别在三个构筑物内进行，并维持各自独立的污泥回流系统。曝气池和硝化池均要进行曝气维持好氧状态，反硝化池则要维持缺氧状态，不进行曝气，只采用缓速搅拌使污泥处于悬浮状态，并与污水保持良好的混合，反硝化所需碳源采用外加甲醇的方法。

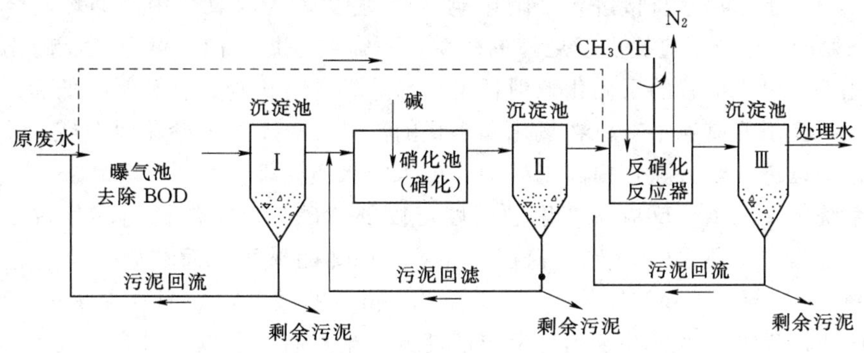

图 4-3 传统生物脱氮工艺流程

这种流程的优点是好氧菌、硝化菌和反硝化菌分别生长在不同构筑物内，并可维持各自最适宜的生长环境，所以反应速度快。可以得到相当好的 BOD_5 去除效果和脱氮效果。另外，不同性质的污泥分别在不同的沉淀池中得到沉淀分离，而且拥有各自独立的污泥回流系统，所以运行的灵活性和适应性较好。其缺点是流程长、构筑物多，外加甲醇为碳源使运行费用较高，出水中往往会残留一定量的甲醇。

2. 缺氧-好氧活性污泥法脱氮系统（$A_N O$ 工艺）

(1) 工艺特性。

传统活性污泥法脱氮传统工艺是遵循有机物氧化、氨化、硝化、反硝化顺序设置的，传统生物脱氮系统都需要在硝化阶段投加碱度，在反硝化阶段投加碳源，运行成本较高。

20 世纪 80 年代后期开发了缺氧-好氧活性污泥法脱氮系统，其主要特点是将反硝化反应池放置在系统之首，故又称为前置反硝化生物脱氮系统，或称 $A_N O$ 工艺，这是目前采用比较广泛的一种脱氮工艺，如图 4-4 所示。

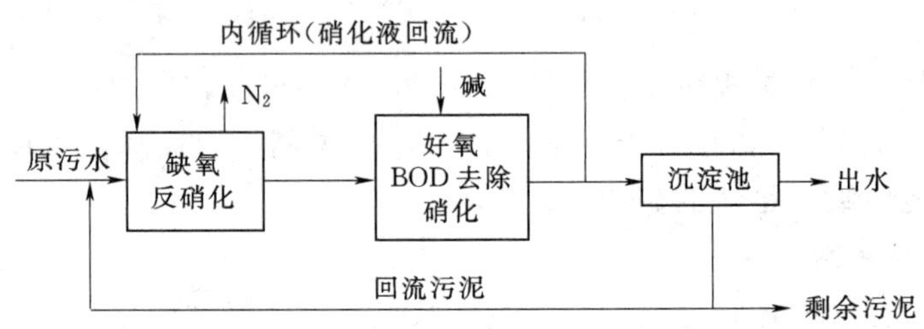

图 4-4　分建式缺氧-好氧活性污泥脱氮系统

在缺氧-好氧活性污泥脱氮系统中，反硝化、硝化与 BOD 去除分别在两座不同的反应池内进行。原污水、回流污泥同时进入系统之首的反硝化池（缺氧池），同时硝化反应池内已经充分反应的一部分硝化液回流至反硝化反应池（称混合液回流或内循环），反硝化反应池内的反硝化菌以原污水中的有机物作为碳源，将硝态氮还原为气态氮（N_2），可不外加碳源。之后，混合液进入好氧池，完成有机物的氧化、氨化和硝化反应。缺氧-好氧活性污泥法脱氮系统又名 A/O 工艺，为区别除磷 A/O 工艺，一般将本工艺称为 A_N/O 工艺，将后者称为 A_p/O 工艺。

缺氧-好氧活性污泥法脱氮系统中设内循环系统，向前置的反硝化池回流混合液是本工艺的特征。由于原污水直接进入反硝化池（缺氧池），为缺氧池中内循环混合液（硝化液）的硝态氮的反硝化反应提供了足够的碳源，不需要外加碳源，可保证反硝化过程 C/N 的要求。此外，由于前置的反硝化池消耗了一部分碳源有机物，有利于降低后续好氧池的污泥负荷，减少了好氧池中有机物氧化和硝化的需氧量。本系统硝化池在后，使反硝化残留的有机物得以进一步去除，提高了处理后出水的水质。

在该系统中，反硝化反应所产生的碱度可以补偿硝化反应消耗的部分碱度。如前所述，反硝化过程中，还原 1mg 硝态氮能产生 3.75mg 的碱度，而在硝化反应过程中，将 1mg 的 NH_4^+—N 氧化为 NO_3^-—N，要消耗 7.14mg 的碱度，因而在缺氧-好氧系统中，反硝化反应所产生的碱度可补偿硝化反应消耗的一半左右。所以，对含氮浓度不高的废水（如生活污水、城市污水）可不必另行投碱以调节 pH 值。

该系统工艺流程简单，省去了中间沉淀池，构筑物少，无需外加碳源，降低了工程投资成本和运行费用。

缺氧-好氧活性污泥脱氮系统可以建成合建式系统，即反硝化、硝化及BOD去除都在一座反应池内完成，中间隔以隔板，好氧池/缺氧池的容积比一般为2～4。

该系统的主要不足是，处理后的出水来自硝化池，所以在出水中含有一定浓度的硝酸盐，如果沉淀池运行不当，在沉淀池内也会发生反硝化反应，使污泥上浮，处理后出水水质恶化。此外，如需提高脱氮率，必须加大混合液回流比，这样势必使运行费用增加。同时，混合液回流来自曝气的硝化池，污水中含有一定量的溶解氧，使反硝化池难以保持理想的缺氧状态，影响反硝化反应，因此脱氮率很难达到90%。

（2）影响因素。

1）水力停留时间。硝化反应与反硝化反应进行的时间对脱氮效果有一定的影响。为了取得70%～80%的脱氮率，硝化反应所需时间长，而反硝化反应所需时间较短，总水力停留时间一般为8～16h，其中缺氧池（区）为0.5～3.0h。

2）混合液回流（内循环）比（R_i）。混合液回流的作用是向反硝化池（区）提供硝态氮作为反硝化反应的电子受体，从而达到脱氮的目的。混合液回流比不仅影响脱氮效果，而且影响本工艺系统的动力消耗，是一项非常重要的参数。

混合液回流比与要求达到的处理效果和反应池类型有关，适宜的混合液回流比应通过试验或对运行数据进行分析后确定。回流比在50%以下时，脱氮率很低；回流比为50%～200%时，脱氮率随回流比增高而显著上升；回流比高于200%后，脱氮率提高较慢，因此，回流比不宜高于400%。

3）*MLSS*值。反应池内的*MLSS*值一般应为2500～4500mg/L，通常不应低于3000mg/L。

4）污泥龄（θ_c）。为保证在硝化池（区）内有足够数量的硝化菌，应采用较长的污泥龄，一般取值为11～23d。

5）*TN/MLSS*负荷。*TN/MLSS*负荷应低于0.05kgTN/(kgMLSS·d)，高于此值时，脱氮效果将急剧下降。

二、除磷

城市污水中磷酸盐按物理特性可以划分为溶解态磷和颗粒态磷，按化学特性可以划分为正磷酸盐、聚合磷酸盐和有机磷酸盐。城市污水中磷酸盐的主要来源为人类活动的排泄物、废弃物和工业废水。污水除磷方法包括两个必要的过程：首先将污水中溶解性含磷物质转化成不溶性颗粒形态；然后通过将颗粒固体去除，从而达到污水除磷的目的。

（一）生物除磷基本原理

生物除磷的基本原理如图4-5所示。生物除磷主要是利用聚磷菌（属于不动杆菌属、气单胞菌属和假单胞菌属等）在厌氧条件下释放磷和在好氧条件下蓄积磷的作用。当某些细菌首先能在厌氧条件下吸收低分子的有机物，同时将细胞原生质中聚合磷酸盐异粒的磷释放出来，提供必需的能量，随后在好氧条件下，所吸收的有机物将被氧化并提供能量，同时从污水中吸收超过其生长所需的磷，并以聚磷酸盐的形式储存起来。由于系统必须经常排放剩余污泥，被细菌过量摄取的磷也将随之排出系统，因而磷得以大量去除。

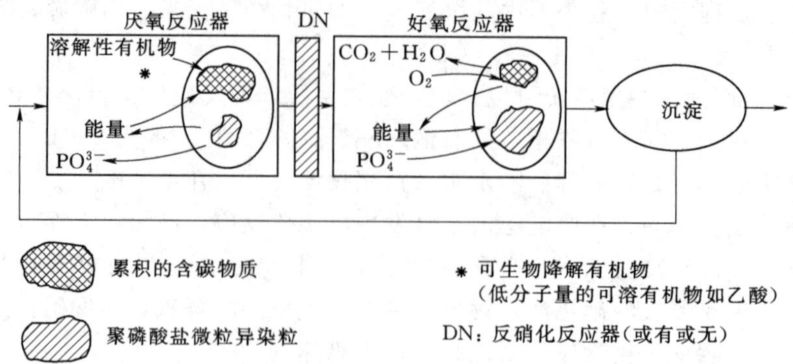

图 4-5　生物除磷的基本原理

（二）影响因素

1. 溶解氧

在厌氧区必须严格控制厌氧条件，没有分子态氧和化合态氧的存在，以保证细菌吸收有机物并释放磷。

在好氧区必须供给充足的氧，以维持细菌的好氧呼吸，有效地吸收污水的磷。

2. 氧化态氮

NO_3^-—N 的浓度应小于 2mg/L；否则，会影响生物除磷。

3. pH 值

pH 值在 6～8 的范围内，磷的厌氧释放比较稳定。

4. 污泥龄

生物除磷系统主要是通过排除剩余污泥除磷的，剩余污泥量的多少将决定系统的除磷效果。一般污泥龄较短的系统可取得较高的除磷效果。

5. 有机物负荷和有机物的性质

一般认为，较高的有机物负荷可取得较好的除磷效果。一般低分子易降解的有机物诱导磷释放能力较强，高分子难降解的有机物诱导磷释放的能力较弱。

6. 温度

在 5～30℃的范围内，除磷效果很好。

（三）厌氧好氧生物除磷（A_pO）工艺

厌氧好氧生物除磷（A_pO）工艺如图 4-6 所示。

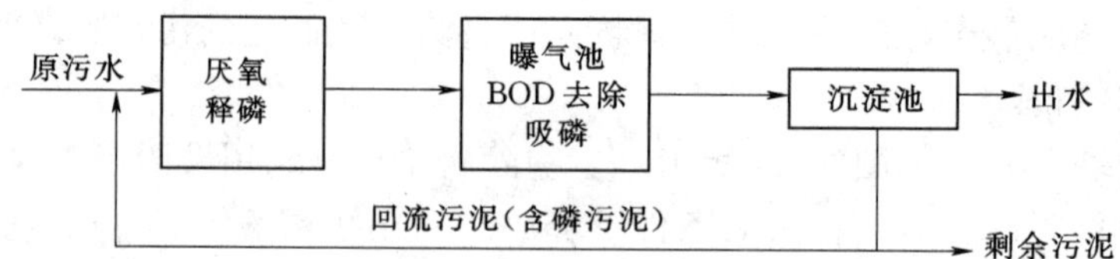

图 4-6　厌氧好氧生物除磷（A_pO 法）工艺流程

1. 工艺特征

从图 4-6 可知，该工艺流程简单，既不投药，也无需考虑混合液回流。因此，建设

费及运行费都较低，而且由于无混合液回流的影响，厌氧反应器能够保持良好的厌氧（或缺氧）状态。

（1）根据该工艺实际应用情况，它具有以下特点。

1）污水在反应池内的停留时间较短，一般为3～6h。

2）曝气生物反应池内污泥浓度一般为2700～3000mg/L。

3）BOD的去除率大致与一般传统活性污泥法系统相同，磷的去除率较好，处理水中磷含量一般都低于1.0mg/L，去除率大致在76%左右。

4）沉淀污泥含磷约4%，污泥的肥效较好。

5）混合液的*SVI*值≤100，污泥易沉淀，不膨胀。

（2）根据试验与运行实践也发现本工艺具有以下问题。

1）除磷率难以进一步提高，因为微生物对磷的过量吸收是有一定限度的，特别是当进水BOD值不高或废水中含磷量过高时，即BOD/P值低时，由于污泥产量低，更是如此。

2）在沉淀池内容易产生磷的释放现象，特别是当污泥在沉淀池内停留时间较长时更是如此。

2. 影响因素

（1）好氧反应池中的溶解氧应维持在2mg/L以上。聚磷菌对磷的吸收和释放是可逆的，其控制因素是溶解氧浓度。溶解氧浓度高易于吸收，低则易于释放。

（2）pH值应控制为7～8。有研究表明，当pH值为6以下时，混合液中的磷在1h内急剧增加；当pH值为7～8时，含磷量减少，且比较稳定。

（3）原水中的BOD_5浓度应在50mg/L以上。据研究，向废水中投加有机物可提高磷的吸收率。因此，废水中的有机物必须保证有一定的浓度。

（4）好氧池曝气时间不宜过长，污泥在沉淀池中的停留时间宜尽可能短，因为聚磷菌吸收磷是可逆的。

三、同步脱氮除磷

1. AAO法同步脱氮除磷

AAO(A^2/O) 工艺，是英文Anaerobic－Anoxic－Oxic第一个字母的简称，也称厌氧-缺氧-好氧工艺，如图4－7所示。

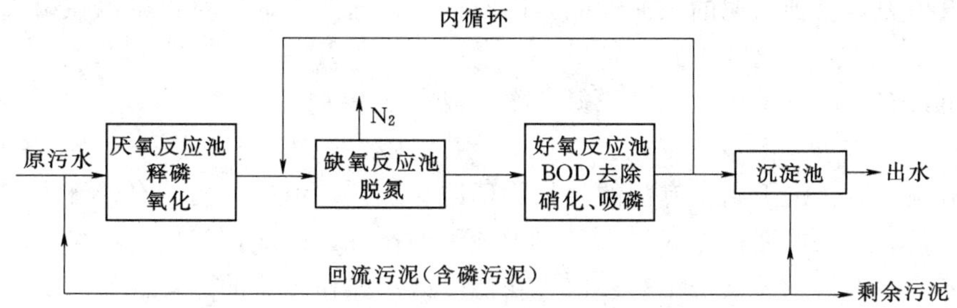

图4－7 AAO法同步脱氮除磷工艺流程

AAO法是在20世纪70年代由美国的一些专家在厌氧好氧（A_NO）法脱氮工艺的基

础上开发的，旨在能够同步脱氮除磷。

图 4-7 中各单元的功能分别是：原污水进入厌氧反应池，同时进入的还有从沉淀池排出的含磷回流污泥，该反应池的主要功能是污泥释放磷，同时将部分有机物进行氨化。

污水经过厌氧反应池后进入缺氧反应池，缺氧反应池的首要功能是脱氮，硝态氮由好氧反应池内回流混合液送入，混合液回流量较大，回流比不小于 200%。然后污水从缺氧反应池进入好氧反应池（曝气池），这一反应池是多功能的，即去除 BOD、硝化和吸收磷等多项功能都在该反应池内完成。沉淀池的功能是泥水分离，上清液作为出水排放，污泥的一部分回流至厌氧反应池，另一部分作为剩余污泥排放。

本工艺的特点：在系统上可以称为是最简单的同步脱氮除磷工艺，总的水力停留时间少于其他同类工艺；在厌氧、缺氧、好氧交替运行条件下，丝状菌不能大量增殖，无污泥膨胀之虞，*SVI* 值一般小于 100；污泥中含磷浓度高，具有很高的肥效。运行中不需投药，厌氧、缺氧两反应池只需轻缓搅拌，以达到泥水混合为度，运行费用低。

本工艺也存在以下待解决的问题：污泥增长有一定的限度，除磷效果不易再行提高，特别是当 BOD/P 值较低时更是如此；脱氮效果也难以进一步提高，混合液回流量较大，能耗高；进入沉淀池处理的出水要保持一定的溶解氧浓度，以防止产生厌氧状态和污泥释磷现象，但溶解氧浓度又不能过高，以防回流混合液中的溶解氧干扰缺氧反应池的反应。

2. 巴颠甫（Bardenpho）工艺

本工艺由两个缺氧/好氧（A/O）工艺串联而成，共有四个反应池，其工艺流程如图 4-8 所示。

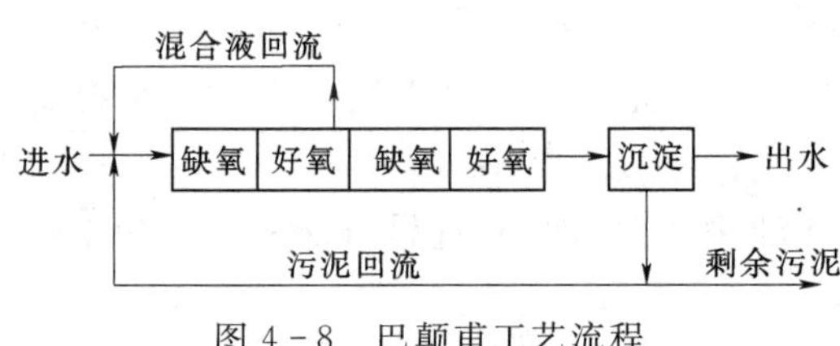

图 4-8　巴颠甫工艺流程

在第一级 A/O 工艺中，回流混合液中的硝酸盐氮在反硝化菌的作用下利用原污水中的含碳有机物作为碳源在第一缺氧池中进行反硝化反应，反硝化后的出水进入第一好氧池后，含碳有机物被氧化，含碳有机物实现氨化和氨氮的硝化作用，同时在第一缺氧池反硝化产生的 N_2 在第一好氧池经曝气吹脱释放出去。

在第二级 A/O 工艺中，由第一好氧池而来的混合液进入第二缺氧池后，反硝化菌利用混合液中的内源代谢物质进一步进行反硝化反应，反硝化产生的 N_2 在第二好氧池经曝气吹脱释放出去，改善污泥的沉淀性能，同时内源代谢产生的氨氮也可以在第二好氧池得到硝化。

巴颠甫具有两次反硝化过程，脱氮效率可以高达 90%～95%。

3. 氧化沟同步脱氮除磷工艺

严格地说，氧化沟不属于专门的生物除磷脱氮工艺。但氧化沟特有的廊道式布置形式为厌氧、缺氧、好氧的运行方式提供了得天独厚的条件，因此，将氧化沟设计或改造成脱氮除磷工艺是不难的。关键是工艺参数、功能分区和操作方式的选择。

奥贝尔（Orbal）氧化沟是在氧化沟内设置厌氧区、缺氧区和好氧区，使之具有脱氮除磷功能。如生物除磷要求较高，也可在氧化沟前设单独的厌氧池。

奥贝尔氧化沟的脱氮除磷机理分析如下。

如图4-9所示，奥贝尔氧化沟由第一沟道（外沟道）进水，第三沟道（内沟道）出水。三个沟道的DO从外到内控制在0mg/L、1mg/L、2mg/L。大多数BOD在外沟道去除，并同时进行硝化与反硝化反应，反硝化反应几乎全部在此进行。奥贝尔氧化沟三条沟道的功能特别是外沟的功能由供氧决定，当系统只要求脱氮不要求除磷时，相当于A/O脱氮工艺；当系统要求同时脱氮除磷时，相当于AAO工艺。

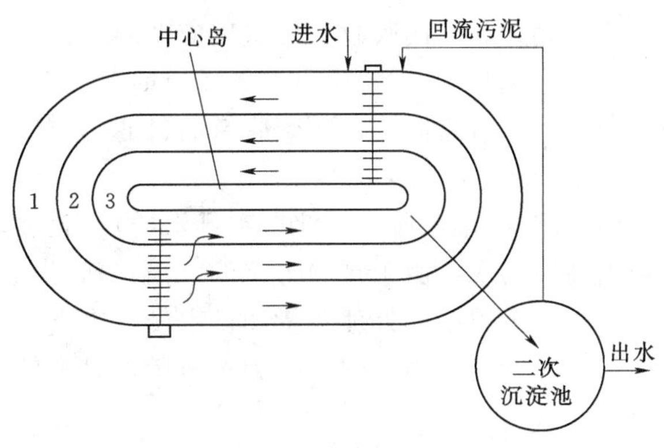

图4-9　奥贝尔氧化沟
1、2、3—沟道

氧化沟作为A/O工艺运行时，外沟供氧用于去除BOD、活性污泥内源呼吸和氨氮的硝化，50%的供氧量加上反硝化“回收”的氧量，一般可满足80%以上BOD的降解、外沟微生物的内源呼吸和60%左右TKN的硝化需氧量，余下40%的TKN进入中沟和内沟硝化，然后进入二沉池，其中部分随出水出流，部分随回流污泥返回外沟，若污泥回流比为100%，则有20%的TKN随出水出流，20%又回到外沟被反硝化，加上外沟硝化的60%的TKN被同步反硝化，系统的反硝化率可达80%。如果希望进一步提高脱氮率，一个办法是可提高外沟的硝化比，这就要求增加外沟供氧量比，如由50%增至60%甚至70%，但这将有破坏外沟宏观缺氧状态的风险，使反硝化无法进行，因此一般不采用。另一个办法是增加从内沟向外沟的混合液回流。

氧化沟作为AAO工艺运行时，外沟的供氧从50%降为35%，供氧用于去除大部分BOD、活性污泥内源呼吸和约40%的TKN硝化，系统脱氮率降低，但这时外沟亏氧加剧，沟中除部分区域是缺氧和好氧外，还有相当一部分处于厌氧状态，既无溶解氧又无硝态氮氧，为聚磷菌的释磷提供了厌氧环境，再经中沟、内沟的超量吸磷达到除磷效果。显然，除磷是以牺牲脱氮率来实现的。Orbal氧化沟AAO工况时的脱氮率比A/O工况时要低，如果希望提高脱氮率，只有通过调节混合液回流实现。中沟起调节缓冲作用，当外沟处理效率不够理想时，中沟可以近似按外沟工况运行，调低DO，补充外沟的不足，当外沟处理效果很好，需要加强后续好氧工况时，中沟可按内沟状态运行，调高DO，使整个系统具有较大的调节缓冲能力。内沟中DO不小于2mg/L，有利于聚磷菌超量吸磷，并确保二沉池中不会出现缺氧反硝化和释磷。

4. 序批式反应器（SBR）同步脱氮除磷工艺

SBR实质上也不属于专门的生物脱氮除磷工艺。但是，SBR的曝气、沉淀、出水排放和污泥回流均在一个池中进行，操作的灵活性（如在进水阶段，采用限制曝气等）使其很容易引入厌氧/缺氧/好氧过程，成为人们进行生物脱氮除磷可选择的对象。

SBR工艺用于脱氮除磷时，其运行方式分为六期四阶段。

（1）进水厌氧段（进水期）。为使微生物与底物有充分的接触，可以只搅拌混合而不曝气，保证混合液处于厌氧状态。

（2）曝气-好氧段（好氧反应期）。进水结束后进行充氧曝气，该阶段在反应池内进行碳氧化、硝化和磷的吸收，好氧反应期的历时一般由要求处理的程度决定。

（3）停止曝气-缺氧段（缺氧反应期）。在此阶段停止曝气，保持搅拌混合。主要是在缺氧条件下进行反硝化，达到脱氮的目的，缺氧反应期不宜过长，以防止聚磷菌过量吸收的磷发生释放。

（4）沉淀-排水段（沉淀期和排水期）。此阶段反应池内混合液先进行固液分离，然后排放处理后出水。由于是静置沉淀，所以沉淀效率较高，沉淀历时一般为 1h，而排水期的长短由一个周期的处理水量和排水设备决定。

（5）闲置期。当处理系统为多池运行时，反应池会有一个闲置期，在此期可从反应池排出废弃富磷的活性污泥。

目前，工程上具有脱氮除磷功能的 SBR 工艺还有不少，如 ICEAS、CASS、UNI-TANK 工艺等。

第二节 膜 分 离 法

膜分离法是利用特殊结构的薄膜对污水中的某些成分进行选择性透过的一类方法的总称。水透过膜的过程称为渗透，水中溶质透过膜的过程称为渗析。在溶液中凡是一种或几种成分不能透过，而其他成分能透过的膜，叫做半透膜。膜分离法是将溶液用半透膜隔开，使溶液中某种溶质或者溶剂（水）渗透出来，从而达到分离溶质的目的。常用于污水深度处理的膜分离方法有电渗析、反渗透、微滤、超滤、纳滤等，这些分离方法的基本特征对比见表 4-2。

表 4-2　常见膜分离法的对比

项目	电渗析（ED）	微滤（MF）	超滤（UF）	纳滤（NF）	反渗透（RO）
孔径/μm		0.02～1.0	0.005～0.02	0.002～0.005	<0.002
膜类型	离子交换膜	均质	非对称	非对称或复合	非对称或复合
膜件形式	平板式	中空纤维型、管型、平板型和卷型			
分离目的	水脱盐、离子浓缩	去除 SS、高分子物质	脱除大分子	脱除部分离子	水脱盐、溶质浓缩
截留组分	水和非电解质分子	SS	大分子溶质	钙、镁等	除水、CO_2以外的所有成分
透过组分	小离子	溶液	小分子溶质	水、CO_2、Cl^-	水、CO_2等
分离机理	反离子经离子交换膜定向迁动	机械筛分	筛分和表面作用	筛分和表面作用	筛分和表面作用
推动力	电场力	0.1MPa	0.1～1MPa	1～3MPa	1～10MPa

膜分离过程具有无相变，能耗低，工艺简单，不污染环境，易于实现自动化等优点，可以在常温下进行。在污水处理领域，常被用作污水回用前的一种水质深度处理工艺，其中电渗析和反渗透有时也被用作高含盐废水或含金属离子废水进入生物法处理系统前的预处理。

膜分离法的关键是分离膜的性能能够适应水质、水量及其他操作环境的要求，反应膜

性能的主要指标是膜的允许使用最高温度和压力、使用的 pH 值范围及膜的耐氯、耐氧化和耐有机溶剂性等。制造膜的材料主要有有机聚合物、陶瓷及其他材料，如醋酸纤维素、聚砜、聚丙烯腈、聚酰胺等有机聚合物都是制作膜的材料。膜组件的形式有中空纤维型、管型、平板型和卷型，分别又称为中空纤维膜、管式膜、平板膜和卷膜。膜的清洗方法详见第五章。

一、微滤和超滤

微滤又称微孔过滤，所分离的组分直径为微米级，主要除去微粒、亚微粒和细粒物质。微滤是以静压力为推动力，利用孔径为 0.1～1.5μm 的滤膜对水进行过滤的一种精密过滤技术。微滤进水压力一般小于 0.2MPa，过滤精度介于常规过滤和超滤之间，可分离水中直径为 0.03～15μm 的组分，能去除水中的颗粒物、浊度、细菌、病毒、藻类等。

超滤又称为超过滤，是利用截留孔径为 0.002～0.1μm 的滤膜对水进行过滤的一种精密过滤技术，超滤膜允许小分子物质和溶解性固体等通过，但有效阻挡胶体、蛋白质、微生物和大分子有机物。

1. 工艺原理及过程

微滤和超滤的基本原理属于筛网状过滤，在静压差作用下，小于膜孔的粒子通过滤膜，大于膜孔的粒子则被截留到膜面上，使大小不同的组分得以分离，操作压力为 0.1～0.7MPa。此外，还有膜表面层的吸附截留和桥架截留以及膜内部的网络中截留，如图 4－10 所示。

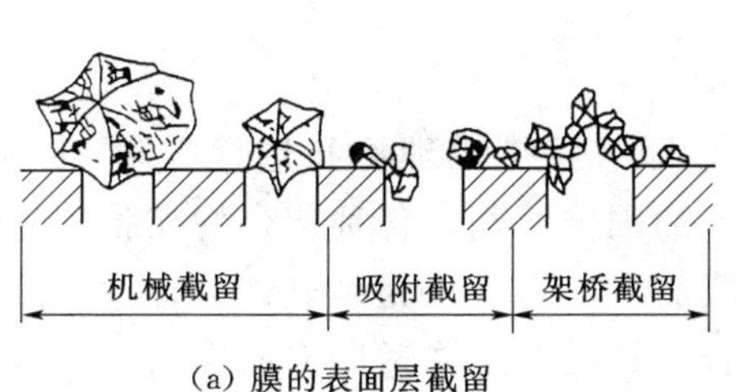

(a) 膜的表面层截留

(b) 膜内部的网络中截留

图 4－10　微滤膜和超滤膜截留作用示意图

2. 微滤操作过程分死端过滤和错流过滤两种模式

在压力推动下，料液流动方向与膜表面垂直的过滤方式称为死端过滤。死端过滤又称全量过滤、直流过滤。在死端过滤时，溶剂和小于膜孔的溶质粒子在压力的推动下透过膜，大于膜孔的溶质粒子被截留，通常堆积在膜面上。随着时间的增加，膜面上堆积的颗粒越来越多，膜的渗透性将下降，这时必须停下来清洗膜表面或更换膜。在压力推动下，料液流动方向与膜表面平行的过滤方式称为错流过滤。料液沿膜表面流动，对膜表面截留物产生剪切力，使其部分返回主体流中，从而减轻了膜的污染。膜透过速度也能在相对长的一段时间里保持在一个较高的水平。

二、反渗透、纳滤

（一）反渗透

反渗透是最精密的膜法液体分离技术，它能阻挡所有溶解性盐及分子量大于 100 的有机物，但允许水分子透过。醋酸纤维素反渗透膜脱盐率一般可大于95%，反渗透复合膜脱盐率一般大于98%。

反渗透在废水处理中的应用日益增多，主要有废水再生回用处理、某些贵重金属废水的处理（回收贵重金属）、某些有毒或复杂难降解有机废水（如垃圾渗滤液）的处理等。

1. 反渗透原理

如果将纯水和某种溶液用半透膜隔开，水分子就会自动地透过半透膜进到溶液一侧去，这种现象称为渗透。在渗透进行过程中，纯水一侧的液面不断下降，溶液一侧的液面则不断上升。当液面不再变化时，渗透便达到了平衡状态。此时，两侧液面差称为该种溶液的渗透压。任何溶液都具有相应的渗透压，其值依一定溶液中溶质的分子数目而定，与溶质的本性无关，溶液的渗透压与溶质的浓度及溶液的绝对温度成正比。

如果在溶液一侧施加大于渗透压的压力，则溶液中的水就会透过半透膜流向纯水一侧，溶质则被截留在溶液一侧，这种作用称为反渗透，如图4-11所示。

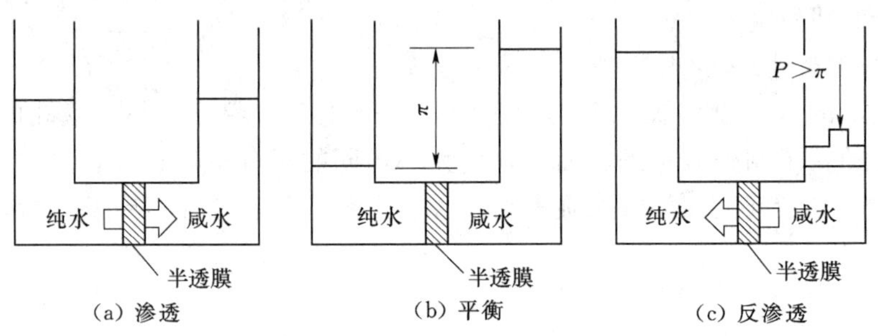

图4-11　渗透与反渗透现象

解释反渗透过程的机理主要有两种理论，即溶解扩散理论和选择吸附-毛细流理论。溶解扩散理论是把反渗透膜视为一种均质无孔的固体溶剂，各种化合物在膜中的溶解度各不相同。溶解性差异的来源，对醋酸纤维素膜而言，有人认为是氢键结合。溶液中的水分子能与醋酸纤维素膜上的碳基形成氢键而结合，然后在反渗透压力的推动下，水分子由一个氢键位置断裂转移到另一个位置，通过一连串氢键的形成和断裂而透过膜。选择性吸附-毛细流理论是把反渗透膜看作一种微细多孔结构物质，它有选择吸附水分子而排斥溶质分子的化学特性。当水溶液同膜接触时，膜表面优先吸附水分子，在界面上形成水的分子层。在反渗透压力作用下，界面水层在膜孔内产生毛细流动，连续地透过膜层而流出，溶质则被膜截留下来。

2. 反渗透膜

反渗透膜的种类很多，通常以制膜材料和膜的形式或其他方式命名。目前研究比较多和应用比较广的是醋酸纤维素膜和芳香族聚酰胺膜两种，其他类型的膜材料也在不断地研制中。

3. 反渗透装置

反渗透装置主要有板框式、管式、螺旋卷式和中空纤维式四种。

(1) 板框式反渗透装置。在多孔透水板的单侧或两侧贴上反渗透膜，即构成板式反渗透元件。再将元件紧黏在用不锈钢或环氧玻璃钢制作的承压板两侧。然后将几块或几十块

元件成层叠合，用长螺栓固定，装入密封耐压容器中，按压滤机形式制成板式反渗透器，如图 4 - 12 所示。这种装置的优点是结构牢固，能承受高压，占地面积不大；其缺点是液流状态差，易造成浓差极化，设备费用较大，清洗维修也不太方便。

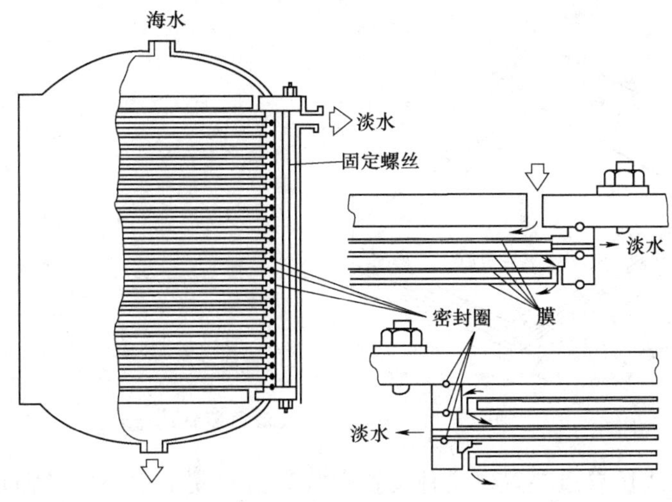

图 4 - 12　板框式反渗透器

(2) 管式反渗透装置。这种装置是把膜装在（或者将铸膜液直接涂在）耐压微孔承压管内侧或外侧，制成管状膜元件，然后再装配成管式反渗透器（图 4 - 13）。这种装置的优点是水力条件好，适当调节水流状态就能防止膜的沾污和堵塞，能够处理含悬浮物的溶液，安装、清洗、维修都比较方便；缺点是单位体积的膜面积小、装置体积大、制造费用较高。

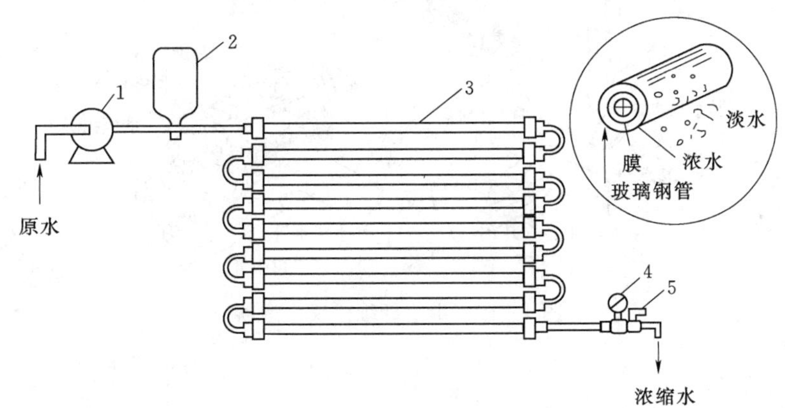

图 4 - 13　管式反渗透器

1—高压水泵；2—缓冲器；3—管式组件；4—压力表；5—阀门

(3) 螺旋卷式反渗透装置。这种装置是在两层反渗透膜中间夹一层多孔支撑材料（柔性格网），并将它们的三端密封起来，再在下面铺上一层供废水通过的多孔透水格网，然后将它们的一端粘贴在多孔集水管上，绕管卷成螺旋卷，便形成一个螺旋卷式反渗透膜装置（图 4－14）。最后把几个组件串联起来，装入圆筒形耐压容器中，便组成螺旋卷式反渗透器。这种反渗透器的优点是单位体积内膜的装载面积大、结构紧凑、占地面积小；缺点是容易堵塞、清洗困难。因此，对原液的预处理要求严格。

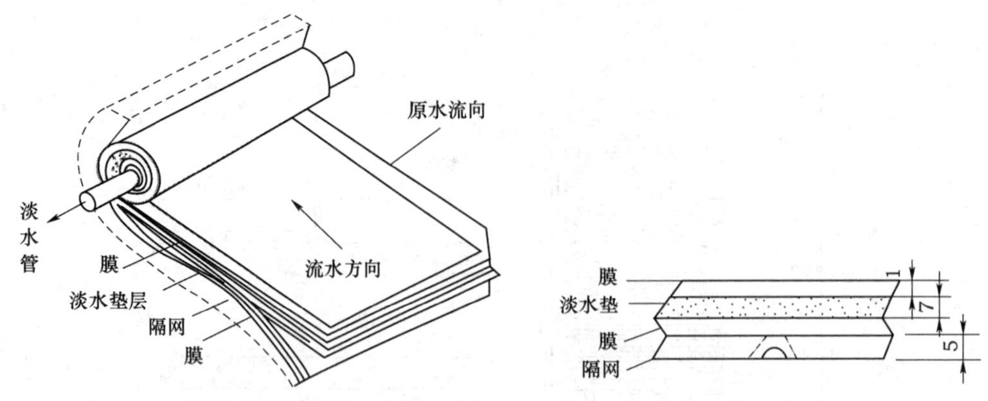

图 4－14　螺旋卷式反渗透装置

（4）中空纤维式反渗透装置。这种装置中装有由制膜液空心纺丝而成的中空纤维管，管的外径为 50～100am（1am＝10^{-8}m），壁厚 12～25μm，管的外径与内径之比约为 2∶1。将几十万根中空纤维膜弯成 U 形装在耐压容器中，即可组成中空纤维式反渗透器，如图 4－15 所示。这种装置的优点是单位体积的膜表面积大、装备紧凑；缺点是原液预处理要求严格，难以发现损坏了的膜。

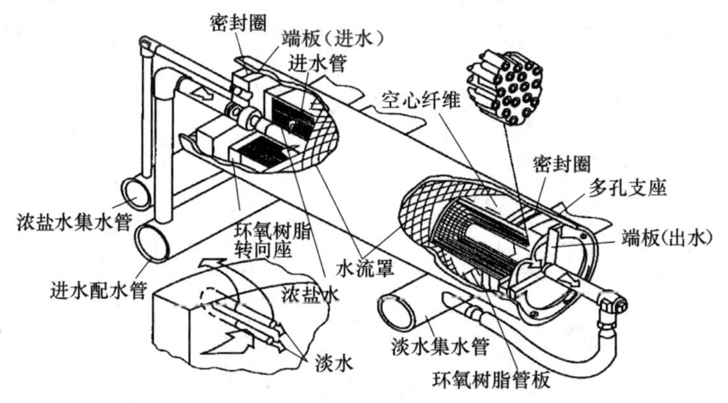

图 4－15　中空纤维式反渗透器

4. 反渗透过程

一般反渗透流程如图 4－16 所示。

（1）系统结构。能实现进水与产水分开的反渗透或纳滤过程的最小单元称为膜单元，膜单元安装在受压的压力容器外壳内构成膜组件。由膜组件、仪表、管道、阀门、高压泵、保安过滤器、就地控制盘柜和机架组成的可独立

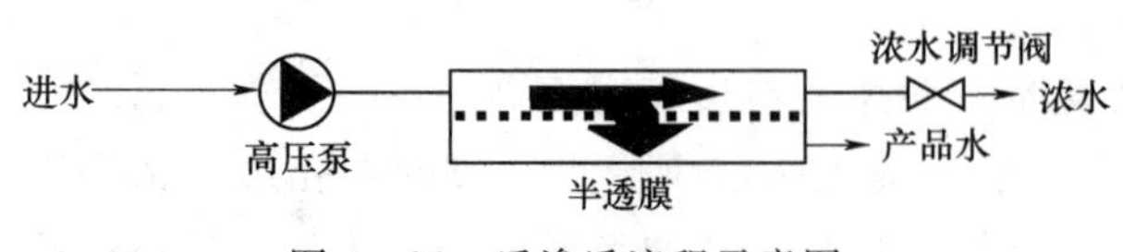

图 4－16　反渗透流程示意图

运行的成套单元膜设备称为膜装置；由预处理、加药装置、增压泵、水箱、膜装置和电气仪表联锁控制的完整膜法水处理工艺过程称为膜系统。

(2) 产品水和浓水。待处理的进水经过高压泵被连续升压送入膜装置内，在膜元件内进水被分离成浓度极高和极低的两股水，分别称为浓水和产品水。

(3) 回收率。产品水量和进水量的比例称为装置回收率。

(4) 脱盐率。指通过反渗透膜从系统进水中除去的总溶解性固体的百分率，或通过纳滤膜去除特定组分（如二价离子或有机物）的百分数。

(5) 通量。单位膜面积所透过液体的流量，通常用每小时每平方升数 [L/(m² · h)] 或每天每平方英尺加仑数（gfd）表示。

（二）纳滤

纳滤因能截留物质的大小约为 1nm 而得名，纳滤介于超滤和反渗透之间，它截留有机物的分子量约为 200～400，截留溶解性盐的能力为 20%～95%。

纳滤与反渗透没有明显的界线。纳滤膜对溶解性盐或溶质不能完全去除，这些溶质对纳滤膜的透过率取决于盐分或溶质及纳滤膜的种类，透过率越低，纳滤膜两侧的渗透压就越高，也就越接近反渗透过程；相反，如果透过率越高，纳滤膜两侧的渗透压就越低，渗透压对纳滤过程的影响就越小。

三、电渗析

电渗析是在直流电场的作用下，利用阴、阳离子交换膜对溶液中阴、阳离子的选择透过性（即阳膜只允许阳离子通过、阴膜只允许阴离子通过），而使溶液中的溶质与水分离的一种物理化学过程。电渗析过程在常温常压下进行，与反渗透相比，电渗析的工作压力只有 0.2MPa，因而不需要使用高压泵和压力容器。

电渗析原理如图 4-17 所示，图 4-17 所示装置为最基本的电渗析器，它是由电解槽与一对阴、阳膜所组成，槽内装有氯化钠溶液。阴、阳膜将槽分成三个室，将阳极置于阴膜侧的一室，阴极置于阳膜侧的一室。当电极通过电流后，在阴、阳膜之间溶液中的 Na^+ 透过阳膜向阴极迁移，Cl^- 透过阴膜向阳极迁移，阳极室溶液中的 Na^+ 由于阴膜的阻碍而不能透过，阴极室溶液中的 Cl^- 由于阳膜的阻碍也不能透过阳膜，因此中间隔室中的离子逐渐被迁移出而成为淡化水，阴、阳极室的溶液则不断浓缩。同时由于水的电离，H^+ 向阴极移动，得电子变成 H_2；OH^- 向阳极移动，失去电子变成 O_2；Cl^- 向阳极移动，失去电子变成 Cl_2。由上述反应可知，在电渗析过程中，阴极不断排出氢气，阳极不断排出氧气和氯气，此时阴极室呈碱性，阳极室呈酸性。

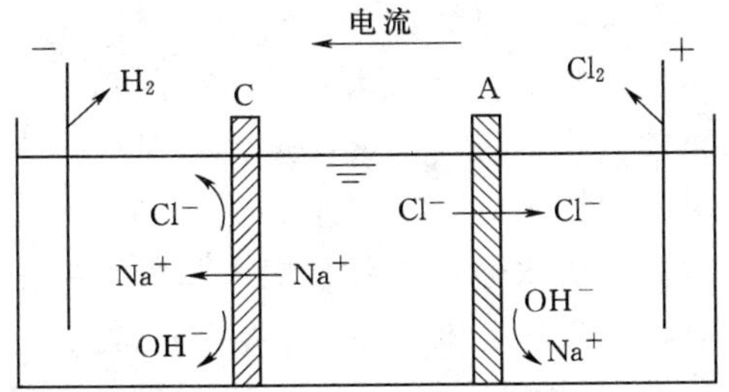

图 4-17 电渗析原理

A—阴膜；C—阳膜

在工业生产中，就是根据上述原理组成多膜电渗析器，如图 4-18 所示。根据各隔室中溶液杂质变化情况，多膜电渗析分为淡水室、浓水室、极水室。原水不断通过这些水室，就可在淡水室制取含盐量很低的淡水。浓水室的出水排放掉两极水室的水引出后相互

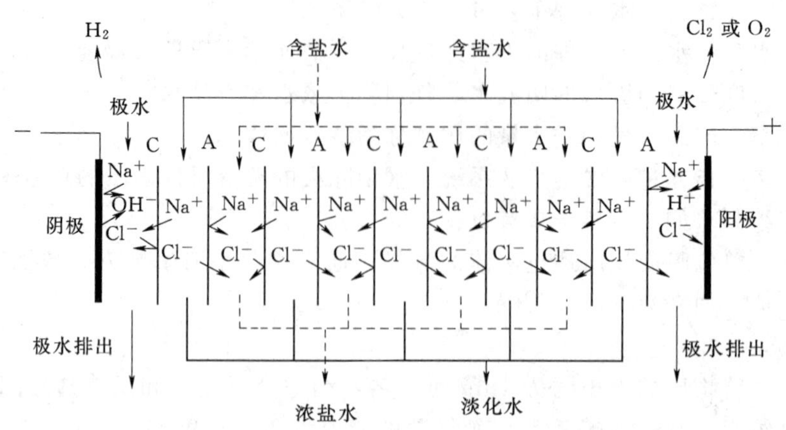

图 4-18　多膜电渗析脱盐原理示意图

A—阴膜；C—阳膜

混合，使其酸碱中和。

电渗析所用的离子交换膜种类繁多，按膜体结构分类可以分为异相膜、半均相膜及均相膜等；按活性基团分类可分为阳离子交换膜（简称阳膜）、阴离子交换膜（简称阴膜）及两极膜、两性膜、表面涂层膜等具有特种性能的离子交换膜。此外，还有其他分类方法。离子交换膜是电渗析器的关键部件，一个好的电渗析膜应该具有较好的离子选择透过性、较高的交换容量、较小的电阻、较好的化学稳定性及良好的机械强度。

利用电渗析原理进行脱盐或处理废水的装置，称为电渗析器。电渗析器的构造由膜堆、极区和压紧装置三大部分构成。

（1）膜堆。其结构单元包括阳膜、隔板、阴膜，一个结构单元也叫一个膜对。一台电渗析器由许多膜对组成，这些膜对总称为膜堆。隔板常用 1～2mm 的硬聚氯乙烯板制成，板上开有配水孔、布水槽、流水道、集水槽和集水孔。隔板的作用是使两层膜间形成水室，构成流水通道，并起配水和集水的作用。

（2）极区。极区的主要作用是给电渗析器供给直流电，将原水导入膜堆的配水孔，将淡水和浓水排出电渗析器，并通入和排出极水。极区由托板、电极、极框和弹性垫板组成。电极托板的作用是加固极板和安装进出水接管，常用厚的硬聚氯乙烯板制成。电极的作用是接通内、外电路，在电渗析器内造成均匀的直流电场。阳极常用石墨、铅、铁丝图钉等材料；阴极可用不锈钢等材料制成。极框用来在极板和膜堆之间保持一定的距离，构成极室，也是极水的通道。极框常用厚 5～7mm 的粗网多水道式塑料板制成。垫板起防止漏水和调整厚度不均的作用，常用橡胶或软聚氯乙烯板制成。

（3）压紧装置。其作用是把极区和膜堆组成不漏水的电渗析器整体。可采用压板和螺栓拉紧，也可采用液压压紧。

第三节　稳　定　塘

稳定塘又称氧化塘或生物塘，是一种利用天然净化能力对污水进行处理的构筑物，其净化机理主要依靠塘中形成的藻菌共生生物体，藻类在阳光照射下进行光合作用，固定CO_2，摄取氮、磷等营养物和有机质，同时释放氧，供水中微生物氧化降解有机质，二者相辅相成。根据塘水中氧的存在情况分为好氧塘、兼性塘和厌氧塘（图 4－19）。稳定塘处理负荷较小，故占地面积较大，在土地辽阔、气候适宜的地区被广泛应用。

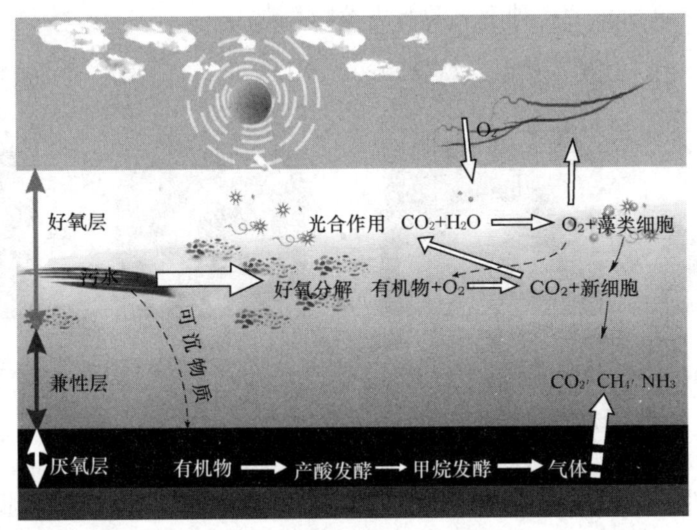

图 4－19　稳定塘净化原理示意图

一、稳定塘的特点、类型

（一）特点

1. 优点

便于因地制宜，基建投资少；运行维护方便，能耗较低；能够实现污水资源化，对污水进行综合利用，变废为宝。

2. 缺点

占地面积过多；气候对稳定塘的处理效果影响较大；若设计或运行管理不当，则会造成二次污染。

（二）类型

按照塘内微生物的类型和供氧方式来划分，稳定塘可以分为以下四类。

(1) 好氧塘。深度较浅，一般小于 0.5m。塘内存在着细菌、原生动物和藻类，由藻类的光合作用和风力搅动提供溶解氧，好氧微生物对有机物进行降解。

(2) 兼性塘。深度较大，一般大于 1m。上层为好氧区；中层为兼性区；塘底为厌氧区，沉淀污泥在此进行厌氧发酵。

(3) 厌氧塘。塘水深度一般在 2m 以上。

（4）曝气塘。塘深大于2m，采取人工曝气方式供氧，塘内全部处于好氧状态。

此外，还有其他一些类型的稳定塘，如深度处理塘，其作用是进一步提高二级处理水的出水水质；水生植物塘，在塘内种植一些纤维管束水生植物，包括挺水植物、浮水植物（水葫芦、浮萍、水浮莲、水花生）、沉水植物，能够有效去除水中的污染物，对氮、磷有较好的去除效果；生态系统塘，在塘内养殖鱼、蚌、螺、鸭、鹅等，这些水产水禽与原生动物、浮游动物、底栖动物、细菌、藻类之间通过食物链构成复杂的生态系统，既能进一步净化水质，又可以使出水中藻类的含量降低。

水生植物塘和生态系统塘常见的沉水植物有海莱花、黑藻、苦草、百叶草、狐尾藻、眼子菜等。图4-20所示为各种常见的水生植物。

金鱼藻

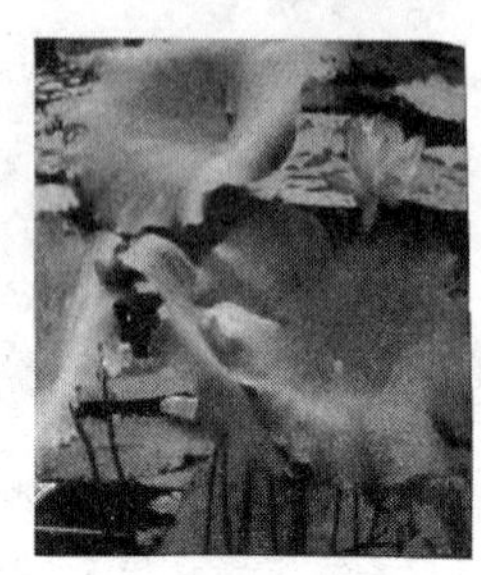
莲

香蒲

芦苇

图4-20　各种常见的水生植物

稳定塘中的沉水植物具有以下作用，如净化水质、影响水体流速和流动、为水生动物提供生存环境、生态景观等作用。许多的研究表明，沉水植物的根能吸收水底泥中的氮、磷，茎和叶能吸收水体中的氮、磷，比其他水生植物具有更强的富集氮、磷的功能；沉水植物也会影响水中悬浮固体的浓度和沉降，抑制藻类生长。

二、稳定塘介绍

第一个有记录的塘系统是美国于1901年在得克萨斯州修建的。目前，全世界已经有多个国家在使用稳定塘系统，其中，法国有稳定塘1500余座，西德2000余座，美国已有稳定塘20000余座。在发展中国家，稳定塘的应用也比较广泛。例如，马来西亚工业废水总量的40%都是利用稳定塘进行处理的。

由于稳定塘具有经济、节能并能实现污水资源化等特点，所以受到我国政府的高度重视，我国利用稳定塘处理污水的研究始于20世纪50年代。我国政府对稳定塘一直采取鼓励扶植的措施。稳定塘除了用于处理中小城镇的生活污水外，还被广泛用来处理各种工业废水。此外，由于稳定塘可以构成复合生态系统，而且塘底的污泥可以用作高效肥料，所以稳定塘在农业、畜牧业、养殖业等行业的污水处理中也得到越来越多的应用。特别是在我国西部地区，人少地多，氧化塘技术的应用前景非常广泛。

（一）厌氧塘

1. 厌氧塘的工作原理

厌氧塘的工作原理与其他厌氧生物处理过程一样，依靠厌氧菌的代谢功能，使有机底物得到降解。反应分为两个阶段：首先由产酸菌将复杂的大分子有机物进行水解，转化成

简单的有机物（如有机酸、醇、醛等）；然后由甲烷菌将这些有机物作为营养物质，进行厌氧发酵反应，产生甲烷和二氧化碳等，如图 4-21 所示。虽然厌氧降解有机物是有顺序的，但是在整个系统中，这些过程则是同时进行的。厌氧塘除对污水进行厌氧处理外，还能起到污水初次沉淀、污泥消化和污泥浓缩的作用。

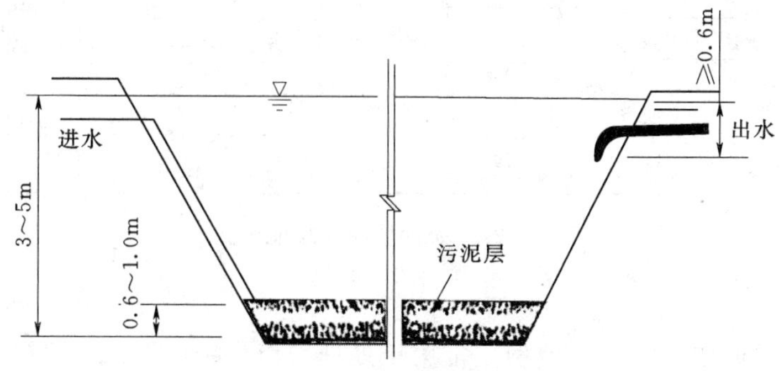

图 4-21 厌氧塘的工作原理

2. 厌氧塘特点及适用条件

（1）优点。有机负荷高，耐冲击负荷较强；由于池深较大，所以占地省；所需动力少，运转维护费用低；储存污泥的容积较大；一般置于塘系统的首端，作为预处理设施，在其后再设兼性塘、好氧塘甚至深度处理塘，做进一步处理，这样可以大大减少后续兼性塘和好氧塘的容积。

（2）缺点。温度无法控制，工作条件难以保证；臭味大；净化速率低，污水停留时间长。城市污水的水力停留时间为 30～50d。

（3）厌氧塘的适用条件。对于高温、高浓度的有机废水有很好的去除效果，如食品、生物制药、石油化工、屠宰场、畜牧场、养殖场、制浆造纸、酿酒、农药等工业废水。对于醇、醛、酚、酮等化学物质和重金属也有一定的去除作用。

（二）兼性塘

1. 兼性塘的工作原理

兼性塘是最常见的一种稳定塘。兼性塘的有效水深一般为 1.0～2.0m，从上到下分为三层，即上层为好氧区、中层为兼性区（也叫过渡区）、塘底为厌氧区。兼性塘的上层由于藻类的光合作用和大气臭氧作用而含有较多溶解氧，为好氧区；中层的溶解氧则逐渐减少，为过渡区或兼性区；塘水的下层为厌氧层，塘的最底层则为厌氧污泥层。兼性塘净化功能模式如图 4-22 所示。

2. 兼性塘的特点及适用条件

（1）优点。投资少，管理方便；耐冲击负荷强；处理程度高，出水水质好。

（2）缺点。池容大，占地多；可能有臭味，夏季运转时经常出现漂浮污泥层；出水水质有波动。

3. 适用条件

既可用来处理城市污水，也能用于处理石油化工、印染、造纸等工业废水。

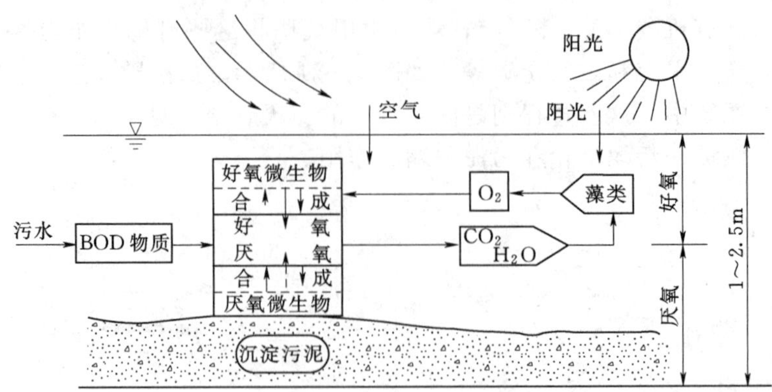

图 4-22 兼性塘净化功能模式

4. 应用

兼性塘是氧化塘中最常用的塘型，常用于处理城市一级沉淀或二级处理出水。在工业废水处理中，常用在曝气塘或厌氧塘之后作为二级处理塘使用，有的也作为难生化降解有机废水的储存塘和间歇排放塘（污水库）使用。由于它在夏季的有机负荷要比冬季所允许的负荷高得多，因而特别适用于处理在夏季进行生产的季节性食品工业废水。

（三）好氧塘

1. 好氧塘的工作原理与类型

塘内存在着菌、藻和原生动物的共生系统。有阳光照射时，塘内的藻类进行光合作用，释放出氧，同时，由于风力的搅动，塘表面还存在自然复氧，两者使塘水呈好氧状态。塘内的好氧型异氧细菌利用水中的氧，通过好氧代谢氧化分解有机污染物并合成本身的细胞质（细胞增殖），其代谢产物 CO_2 则是藻类光合作用的碳源。塘内菌藻生化反应可用式（4-5）和式（4-6）表示。

菌类的降解反应式为

$$\text{有机物}+O_2+H^+\longrightarrow CO_2+H_2O+NH_4^++C_5H_7O_2N(\text{细菌}) \quad (4-5)$$

藻类的光合作用为

$$106CO_2+16NO_3^-+HPO_4^{-2}+122H_2O+18H^+\longrightarrow C_{106}H_{263}O_{110}N_{16}P+138O_2 \quad (4-6)$$

上述生化反应表明，好氧塘内有机污染物的降解过程是溶解性有机污染物转换为无机物和固态有机物（细菌和藻类细胞）的过程。好氧塘净化功能模式如图 4-23 所示。

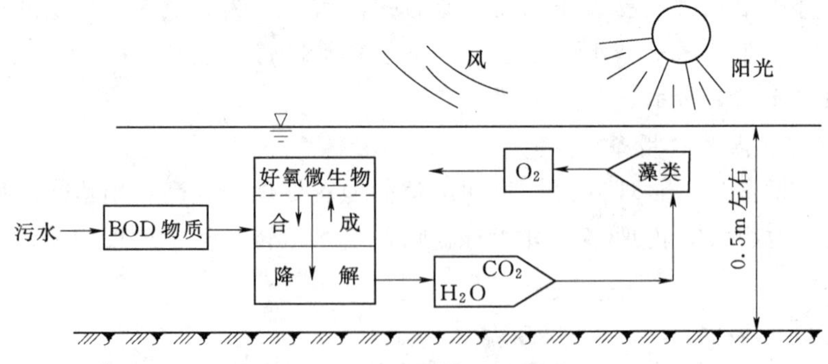

图 4-23 好氧塘净化功能模式

2. 好氧塘内的生物种群

好氧塘内的生物种群主要有藻类、菌类、原生底物、后生动物、水蚤等微型动物。

3. 好氧塘的分类

(1) 高负荷好氧塘。有机负荷较高，水力停留时间较短，塘水的深度较浅，出水中藻类含量高。

(2) 普通好氧塘。有机负荷比前者低，水力停留时间较长。以处理污水为主要目的，起二级处理作用。

(3) 深度处理好氧塘。有机负荷较低，水力停留时间也短。

4. 好氧塘的特点及适用条件

(1) 优点。投资省，管理方便，水力停留时间较短，降解有机物的速率很快，处理程度高。

(2) 缺点。池容大，占地面积多；处理水中含有大量的藻类，需要对出水进行除藻处理；对细菌的去除效果较差。

(3) 适用条件。适用于去除营养物，处理溶解性有机物；由于处理效果较好，多用于串联在其他稳定塘后做进一步处理，处理二级处理后的出水。

(四) 曝气塘

1. 曝气塘工作原理与类型

曝气塘不是依靠自然净化过程为主，而是采用人工补给方式供氧，通常是在塘面上安装曝气机，它实际上是介于活性污泥法中的延时曝气法与稳定塘之间的一种工艺。曝气塘可以分为两种类型：完全混合曝气塘（或称好氧曝气塘）和部分混合曝气塘（或称兼性曝气塘）。

2. 曝气塘的特点及适用条件

(1) 优点。体积小，占地少；水力停留时间短；臭味少；处理程度高；耐冲击负荷较强。

(2) 缺点。运行维护费用高；由于采用人工曝气，所以容易起泡沫，出水中含固体物质高。

(3) 适用条件。适用于处理城市污水与工业废水。

第四节 人工湿地处理系统

湿地这一概念在狭义上一般被认为是陆地与水域之间的过渡地带，广义上则被定义为地球上除海洋（水深 6m 以上）外的所有大面积水体。《国际湿地公约》对湿地的定义是广义定义。按照广义定义湿地覆盖地球表面仅有 6%，却为地球上 20%的已知物种提供了生存环境，具有不可替代的生态功能，因此享有“地球之肾”的美誉。中国湿地面积占世界湿地的 10%，位居亚洲第一位，世界第四位。在中国境内，从寒温带到热带、从沿海到内陆、从平原到高原山区都有湿地分布，一个地区内常常有多种湿地类型，一种湿地类型又常常分布于多个地区。

一、人工湿地概述

人工湿地（constructed wetland）污水处理技术是一种用人工方式将污水有控制地投配到种有水生植物的土地上，按不同方式控制有效停留时间并使其沿着一定的方向流动，利用自然生态系统中的物理、化学和生物的三重协同作用，通过过滤、吸附、沉淀、离子交换、植物吸收和微生物分解等来实现水质净化的生物处理技术。

它在稳定运行一段时间后，填料表面和植物根系中生长了大量的微生物形成生物膜，废水流经时固型物被填料及根系阻拦截留，有机质通过生物膜的吸附、同化及异化作用而得以去除。因植物根系对氧的传递释放，湿地床层及其周围的微环境中依次呈现出好氧、缺氧和厌氧状态，保证了废水中的氮、磷不仅被植物及微生物作为营养成分直接吸收，还可以通过硝化、反硝化作用及微生物过量积累作用从废水中去除，最后通过湿地基质的定期更换或植物收割使污染物质最终从系统中去除。一般地，污水中不溶性有机物通过湿地的沉淀、过滤作用，可以很快地被截留而被微生物利用；污水中可溶性有机物则可通过植物根系生物膜的吸附、吸收及微生物代谢过程而被分解去除。

人工湿地处理污水具有高效率、低投资、低运转费、低维持技术、占地少、低能耗等优点。但由于其占地面积要比前述工艺大得多，仅适用于绿地较多的建筑群和小区作中水处理用。

二、人工湿地的分类

根据湿地中主要植物形式，人工湿地可分为浮游植物系统、挺水植物系统、沉水植物系统。其中，沉水植物系统还处于实验研究阶段，其主要应用领域在于初级处理和二级处理后的深度处理。浮游植物主要用于有机物、氮、磷的去除。目前所说的人工湿地系统都是指挺水植物系统。

根据废水流经的方式，挺水植物人工湿地系统可分为表面流湿地（地表漫流湿地）、潜流湿地（地下潜流湿地）、立式流湿地（垂直流人工湿地）。表面流湿地和立式流湿地因环境条件差（易孳生蚊虫）、处理效果受气温影响较大以及对基建要求较高，现已不再采用，人工湿地大部分采用潜流式湿地系统。

1. 表面流人工湿地

表面流人工湿地又称地表漫流人工湿地（图 4－24），和自然湿地相类似，水面位于湿地基质层以上，其水深一般为 0.3～0.5m，采用最多的水流形式为地表径流，这种类型的人工湿地中，污水从进口以一定深度缓慢流过湿地表面，部分污水蒸发或渗入湿地，出水经溢流堰流出。这种类型的人工湿地具有投资少、操作简单、运行费用低等优点。

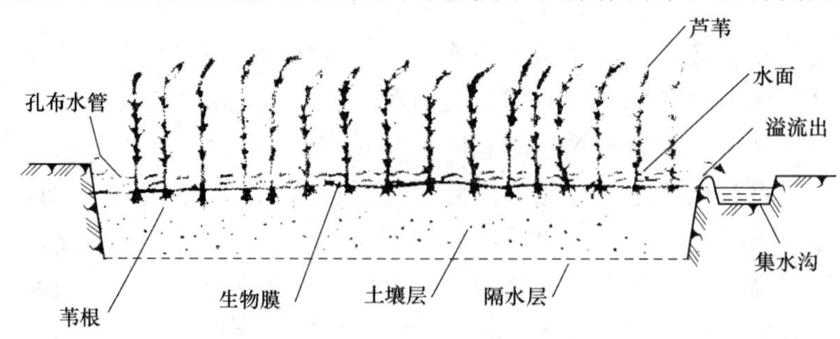

图 4－24　地表漫流人工湿地构造示意图

2. 潜流人工湿地系统

污水在湿地床的表面下流动，利用填料表面生长的生物膜、植物根系及表层土和填料的截留作用净化污水，其主要形式为采用各种填料的湿地植物床系统（图 4-25）。湿地植物床由上、下两层组成，上层为土壤，下层是由易使水流通过的介质组成的根系层，如粒径较大的砾石、炉渣或砂层等，在上层土壤层中种植耐水植物（如芦苇等）。潜流式湿地能充分利用湿地的空间，发挥植物、微生物和基质之间的协同作用，因此在相同面积情况下其处理能力得到大幅提高。污水基本上在地面下流动，保温效果好，卫生条件也较好。根据污水在湿地中流动的方向不同，可将潜流人工湿地系统分为水平潜流人工湿地、垂直潜流人工湿地和复合流潜流式人工湿地三种类型，不同类型的湿地对污染物的去除效果不尽相同，各有优势。

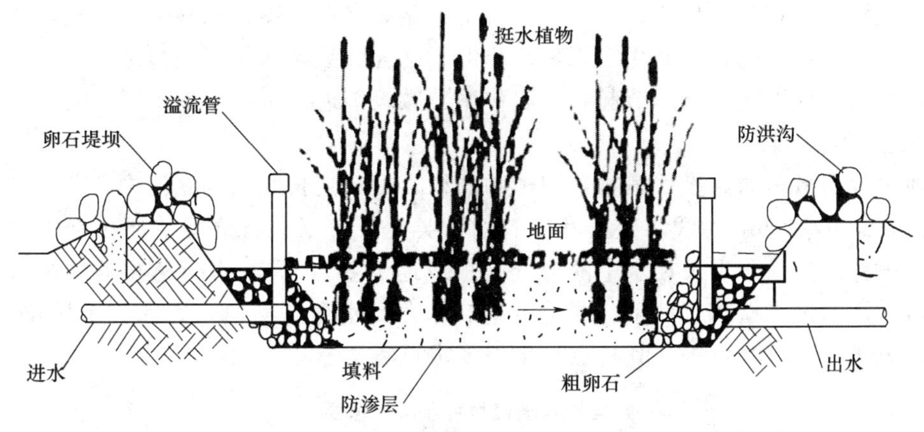

图 4-25 潜流人工湿地构造示意图

（1）水平潜流人工湿地。其水流从进口起在根系层中沿水平方向缓慢流动，出口处设水位调节装置，以使污水尽量和根系接触。

（2）垂直潜流人工湿地。其水流方向和根系层呈垂直状态，其出水装置一般设在湿地底部。与水平潜流式湿地相比，这种床体形式的主要作用在于提高氧向污水及基质中的转移效率。其表层为渗透性良好的砂层，间歇式进水，提高氧转移效率，以此来提高 BOD 去除和氨氮硝化的效果。

（3）复合流潜流式人工湿地。其中的水流既有水平流也有垂直流。在芦苇床基质层中污水同时以水平流和垂直流的流态流出底部的渗水管中。也可以用两级复合流潜流式湿地进行串联的复合流潜流湿地系统，第一级湿地中污水以水平流和下向垂直流的组合流态进入第二级湿地，第二级湿地中污水以水平流和上向垂直流的组合流态流出湿地。

三、人工湿地的基本构造

人工湿地系统是在一定长宽比及底面有坡度的洼地中，由土壤和填料（如砾石等）混合组成填料床，废水可以在床体的填料缝隙中流动或在床体的表面流动，并在床的表面种植具有处理性能好、成活率高、抗水性能强、成长周期长、美观及具有经济价值的水生植物（如芦苇等），形成一个独特的生态环境，对污水进行处理。

人工湿地一般都由五种结构单元构成：底部的防渗层；由填料、土壤和植物根系组成

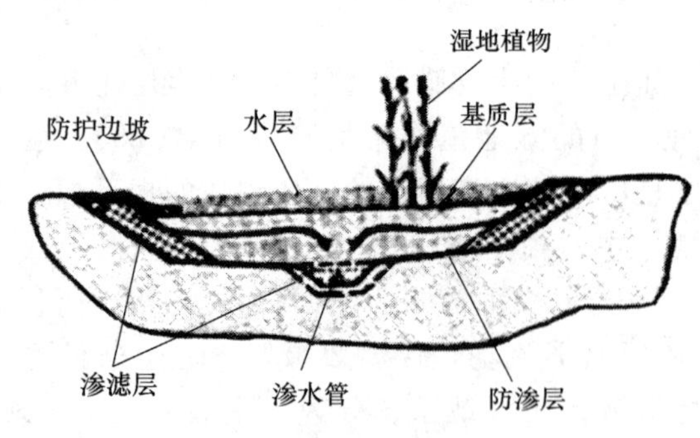

图 4-26　人工湿地的基本构造示意图

的基质层；湿地植物的落叶及微生物尸体等组成的腐质层；水层和湿地植物（主要是根生挺水植物），如图 4-26 所示。

（一）水生植物

1. 水生植物的作用

首先，人工湿地中的植物可以有效地消除短流现象；其次，植物的根系可以维持潜流式湿地中良好的水力输导性，使湿地的运行寿命延长；第三，通过其中微生物的分解和合成代谢作用，能有效地去除污水中有机污染物和营养物质；第四，水生植物能够将氧气输送到根系，使植物根系附近有氧气存在，通过硝化、反硝化、积累、降解、络合、吸附等作用而显著增加去除率；第五，致密的植物可以在寒冷季节起到保温作用，减缓湿地处理效率的下降。

2. 典型的水生植物

湿地中使用最多的为挺水植物，即植物的根、根茎生长在水的底泥中，茎、叶挺出水面。常分布于 0～1.5m 的浅水处，其中有的种类生长于岸边。这类植物在空气中的部分具有陆生植物的特征；生长在水中的部分（根或地下茎），具有水生植物的特征。在人工湿地中常采用的挺水植物有芦苇、蒲草、莲、水芹、水葱、茭白、香蒲、千屈菜、菖蒲、水麦冬、风车草、灯心草等。其特点与生态要求见表 4-3。

表 4-3　　典型的挺水植物特点与生态要求

植物名称	温度/℃		最大耐盐极限（1/1000）	适宜 pH 值	适宜水深/cm
	适宜	萌发			
芦苇	12～33	10～30	45	2～8	10～35
香蒲	10～30	12～24	30	4～10	50～80
灯心草	16～26		20	5～7.5	
水葱	16～27		20	4～9	20～50
蓑衣草	14～32			5～7.5	
水芹	15～20	≤25		5～8.5	5～20
茭白	10～20	≥5		6.5～7.5	80～100

湿地系统的植物能有效去除污泥中的 SS、BOD_5、N、P、重金属、微量有机物和病原体等。表 4-4 引用了美国加利福尼亚州桑梯（Santee）的培植有不同水生植物的渗滤床对废水的净化效果。

表 4-4　　不同植物渗滤床的净化效果

水生植物	根系穿透深度/cm	净化水水质/(mg/L)			氮去除率/%
		BOD_5	SS	NH_4—N	
灯心草	76	5.3	3.7	1.5	94

续表

水生植物	根系穿透深度/cm	净化水水质/(mg/L)			氮去除率/%
		BOD_5	SS	NH_4—N	
芦苇	>60	22.3	7.9	5.4	78
香蒲	30	30.4	5.5	17.7	28
无水生植物	0	36.4	5.6	22.1	11

注　湿地进水 $q=3.04m^3/s$；$HRT=6d$；床尺寸=18.5m×3.5m×0.76m。

3. 水生植物的选择

湿地系统中水生植物的选用十分重要，应按以下原则进行选用。

(1) 选用优势种。根据进入系统的废水性质选择优势种，如芦苇易得，其去除碳素有机物和氮化合物较香蒲、灯心草为佳，且耐盐性强，吸收重金属能力大。

(2) 配置合理。如香蒲除菌效率高，而小麦冬对氮、磷的去除效果则是芦苇的5倍。因此湿地应配置一些处理效果好的季节性植物，如芦苇、香蒲等可配置选用，以提高对废水的综合净化能力。

(3) 应综合考虑植物的利用价值。如观赏、富有经济效益与使用价值以及其他用途。

(二) 基质层

基质层是人工湿地的核心。基质颗粒的粒径、矿质成分等直接影响着污水处理的效果。目前人工湿地系统可用的基质主要有土壤、碎石、砾石、煤块、细砂、粗砂、煤渣、多孔介质（LECA）、硅灰石和工业废弃物中的一种或几种组合的混合物。基质一方面为植物和微生物生长提供介质，另一方面通过沉积、过滤和吸附等作用直接去除污染物。不同类型的基质以及基质粒径对污染物的去除效果有很大的影响。据实验表明，运行初期基质对氨氮的理论最大吸附容量排序为：煤灰渣>沸石>钢渣>高炉渣>瓜子片>陶粒>砾石>砂子，选择含铝丰富的基质可有效提高垂直潜流人工湿地对 NH_3—N 的吸附效果。而基质粒径是影响不可滤物质积累的最主要因素，中等粒径基质对污染物的去除效果最好。

人工湿地介质的选择是人工湿地的关键。可以将沸石和石灰石混合使用，替换以砂石为介质的做法。沸石和石灰石会发生协同作用，对总氮、总磷的去除效果均好于其单独使用。沸石和石灰石混合使用，不会降低沸石吸附氨氮的能力，仍然可进行生物再生。沸石可促使难溶性磷的释放，使石灰石吸附的 PO_4—P 被植物和微生物利用。

由上可知，将沸石和石灰石用作人工湿地的填料，不仅解决了去除氨氮的难题，增强了除磷能力，而且只要设计得当，不超过系统的最大去除能力，并有一定的间歇期，使填料上吸附的氮和磷被植物和微生物利用，其去除氮和磷的能力就不会因时间的推移而降低，从而使人工湿地系统更加有效地运用于污水处理。

也有选取粗砂、粉煤灰、细煤渣、活性炭和空心砖粉块作为介质，再按适当的比例配成填料处理柱，进行处理低浓度生活污水的研究。经过两阶段的试验研究表明，粉煤灰和细煤渣配合使用去除COD的效果最好，达到了70%。粉煤灰和空心砖粉块配合使用去除氨氮和总磷的综合效果最好，分别达到89%和81%。同时，发现活性炭在处理效果上无明显优势，并不经济实用。

（三）防渗层

防渗层是为了防止未经处理的污水通过渗透作用污染地下含水层而铺设的一层透水性差的物质。如果现场的土壤和黏土能够提供充足的防渗能力，如渗透率小于 10^{-7} cm/s，那么压实这些土壤作湿地的衬里已经足够。一般来说，防渗采用天然的形式是不够的，普遍采用的形式为人工防渗和天然防渗相结合的形式。人工防渗材料多为化学合成材料，如人工合成土工膜等。

（四）腐质层

腐质层中的主要物质就是湿地植物的落叶、枯枝、微生物及其他小动物的尸体。成熟的人工湿地可以形成致密的腐质层。

（五）水体层

水体在表面流动的过程就是污染物进行生物降解的过程，水体层的存在提供了鱼、虾、蟹等水生动物和水禽等的栖息场所。

四、人工湿地的基本特点

人工湿地是一种由人工建造和监督控制的、与沼泽地类似的地面，它利用自然生态系统中的物理、化学和生物的三重协同作用来实现对污水的净化。人工湿地在污水处理上具有高效率、低投资、低运转费、低维持技术、处理量灵活、能耗低、处理效果好等优点。

1. 高效率

人工湿地的显著特点之一是其对有机物有较强的降解能力。有关人工湿地对二级污水处理厂出水试验的研究表明，以二级污水处理厂出水作为原水的条件下，人工湿地对 BOD_5 的去除率可达 85%～95%，COD 的去除率可达 80%以上，处理出水中 BOD_5 的浓度在 5mg/L 左右，SS 小于 8mg/L。

我国大多数二级污水处理厂出水中 N、P 的含量较高，湿地对 N、P 有很高去除率，可分别达到 80%、90%以上。而传统的污水回用工艺对 N、P 的去除率仅能达到 20%、40%。污水中的氮、磷可直接被湿地中的植物吸收，通过对植物的收割而从污水和湿地中去除。另外，氮还可通过湿地中微生物的硝化和反硝化作用去除，磷则通过微生物的积累和填料床的理化作用协同完成去除。此外，人工湿地对微量元素和病原体也有相当高的去除率。

2. 低成本

据国外统计，一般湿地系统在污水处理方面的投资和运行费用仅为传统二级污水处理厂的 1/10～1/2。在污水处理方面，由于人工湿地工艺无需曝气、投加药剂和回流污泥，也没有剩余污泥产生，因而可大大节省运行费用，通常只消耗少量电能，用于提高进水水位（如果水位无需提升则无此项费用），处理费用一般仅为传统工艺的 1/6～1/5。由于人工湿地基本上不需要机电设备，故维护上只是清理渠道及管理作物，一般农民完全可以承担，只需个别专业人员定期检查。高昂的运行费用常常是我国开展污水回用的限制条件，而人工湿地则避免了这些缺点。

3. 低能耗、处理效果好

人工湿地需要的构筑物、处理设备少，无需曝气、投加药剂和回流污泥，因而可大大

节省投资和运行费用。无需复杂的维护技术，只需个别专业人员定期检查和清理渠道及管理作物，一般人员完全可以承担。

人工湿地对有机物、氮、磷的去除效果好，无需专门消毒去除病源微生物，处理后的水一般可直接排入湖泊、水库或河流中，也可以根据实际情况用作冲厕、洗车、灌溉、绿化及工业回用等。

4. 处理方式灵活

人工湿地污水处理系统由预处理单元和人工湿地单元组成，其处理工艺流程如图 4-27 所示。人工湿地可根据污水处理厂的规模，可大可小、就地利用；建设施工方便，通过合理的设计布局，可将 BOD、SS、氮磷营养物、原生动物、金属离子和其他物质处理达到有关的排放标准。一般来说，与人工湿地组合的预处理构筑物类型有格栅、初沉池、化粪池、沼气净化池、稳定塘等。构建湿地单元中的流态通常采用推流式、阶梯进水式、回流式、综合式以及近年来出现的上行流-下行流复合水流方式。因此，可以根据实际情况和处理水质的要求灵活地对人工湿地进行组合。

污水 → 格栅 → 沉淀池 → 其他预处理 → 一级湿地 → 二级湿地 → 出水

图 4-27　人工湿地处理工艺流程

五、人工湿地的运行管理

污水湿地处理的运行管理主要包括设备管理、设施管理、田间管理和水质监控四个方面。其中设备运转、设施维护与其他处理厂的运行管理基本相同。田间管理则主要是湿地植物的管理。湿地处理田植物多为芦苇，以下着重说明芦苇的管理。

（一）芦苇管理

1. 种植和生长管理

选择适合当地生长的优良品种，保留两个完整根节为一段，间隔 2m 栽植。种植季节通常选择在清明前后（气温在 10℃以上）。种植后浇水保持湿度，待发芽长高后不断提高水深，以不淹没芽顶为限。为促使根系发育和主根扎深，应周期性停水晒田。

在污水湿地中，污水中含有丰富的营养素。芦苇有生长期的特点，芦苇的全生育期可达 190～230d，要经历出芽、生长、孕穗、开花、种子成熟和茎成熟等阶段。

2. 收割

芦苇每年收割一次，收割可将成熟的芦苇连同吸收的营养物和其他成分从湿地田中移出，促使芦苇生根和维持下年度生长和吸收、净化污水中污染物的作用。收割前应停止进水，使地面干燥，还要及时清理落下的残枝败叶，并平整土地，铲除凸起部分，填平沟道。

收割时应保持留下的芦苇茬在 20～30cm，便于冬季运行时支持冰面，也有利于春季发芽生产。

3. 病虫害防治

天然湿地是近年来全球生态环境保护的热点，他们对于缓冲暴雨径流水量、调节气候和提供生物栖息地、降解多种污染物具有重要作用。但人工湿地规模小，生态平衡能力弱，易发生植物病虫害问题，特别是在湿地运行初期应注意采取相应防止措施。

（二）四季运行管理

北方地区春季干旱少雨，蒸发量大，芦苇处于发芽和幼苗期，应及时调控进水，防止水量过大而淹没苇芽或水量过小形成盐分浓缩而伤害苗期发育。

夏季气温高，湿地田间积累的污泥因分解快和供氧不足产生恶臭。如进水有机物浓度较高，可采取出水回流提高流速，冲刷前部积泥，增大前部水深，减轻恶臭问题。

夏、秋季发生暴雨时，注意调节进水量和保持湿地中水流流速在最大设计流速范围内，防止因过度冲刷而破坏处理田土层。

北方冬季气温低，会影响处理效果。宜在初冻时加大水深，当表面结冰后，芦苇茬支撑冰面，污水在冰下流动。多数情况下，由于污水温度较高，湿地并不结冰或只有湿地后部结冰，应根据监测结果对运行加以调控。

六、人工湿地的问题

人工湿地污水处理系统是一个综合的生态系统，有费用和维护技术低以及绿化、野生动物栖息、观赏等功能，所产芦苇可作造纸原料。但也有不足之处：①占地面积大；②易受病虫害影响；③设计运行参数不精确。因此常由于设计不当使出水达不到设计要求或不能达标排放，有的人工湿地反而成了污染源。另外，据已有数据，当上下表面植物密度增大时，人工湿地系统处理效率提高，在达到其最优效率时，需 2～3 个生长周期，所以需建成几年后才达到完全稳定地运行。因此，目前人工湿地技术最大问题在于缺乏长期运行系统的详细资料。

第五节　污水土地处理系统

污水土地处理系统是一种将自然生态净化与人工湿地工艺相结合的小规模污水处理生态工程技术，其原理是通过农田、林地、苇地等土壤-植物系统的生物、化学、物理等固定与降解作用，对污水中的污染物实现净化并对污水及氮、磷等资源加以利用。该技术基于生态学原理，不仅对各种污染物有较高的去除效率，并可以实现污水处理与利用相结合的目的，具有较高的中水回收率。

一、土地处理系统分类

根据处理对象的不同，土地处理系统可分为地表漫流（OF）、快速渗滤（RI）、慢速渗滤（SR）、地下渗滤等类型。土地污水处理中的地表漫流、快速渗滤、慢速渗滤需要一定的场地，处理场地土壤物理性质和水力学性质等都将影响到工程处理效果。

（一）地表漫流

地表漫流是以喷洒方式将污水投配在有植被的倾斜土地上，使其呈薄层沿地表流动，径流水由汇流槽收集，其过程如图 4-28 所示。

适宜于地表漫流的土壤是透水性差的黏土和亚黏土，处理场的土地应有 2%～6%的中等坡度、地面无明显凹凸的平面。通常应在地面上种草本植物，以便为生物群落提供栖息场所和防止水土流失。在污水顺坡流动的过程中，一部分渗入土壤，并有少量蒸发，水中悬浮物被过滤截留，有机物则生存于草根和表土中的微生物氧化分解。在不允许地表排放时，径流水可用于农田灌溉，或再经快速渗透回注于地下水中。

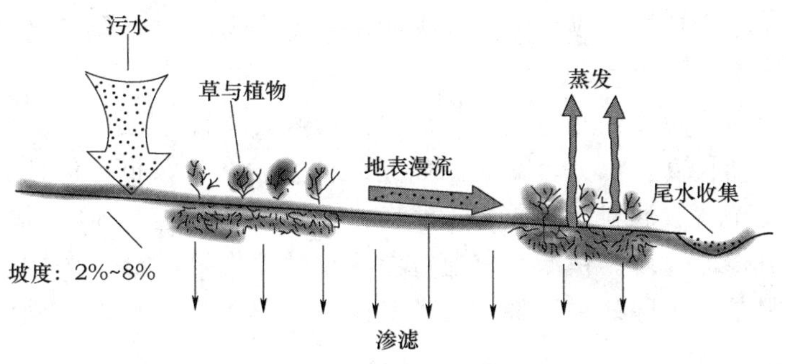

图 4－28　地表漫流示意图

污水在投配前需经必要的预处理，设施有格栅、初次沉淀池或停留时间为 1d 的曝气塘等。其次，地表漫流系统只能在植被生长期正常运行，这就需要筛选那些净化和抗污能力强、生长期长的植被，同时设有供停运期使用的污水储存塘。地表漫流的水力负荷率根据前处理程度的不同而异，一般在 2～10cm/d，流距在 30m 以上。

（二）快速渗滤

1. 快速渗滤系统的基本原理

快速渗滤是为了适应城市污水的处理出水回注地下水的需要而发展起来的。处理场土壤应为渗透性强的粗粒结构的沙壤或沙土。污水以间歇方式投配于地面，在沿坡面流动的过程中，大部分通过土壤渗入地下，并在渗滤过程中得到净化，其过程如图 4－29 所示。

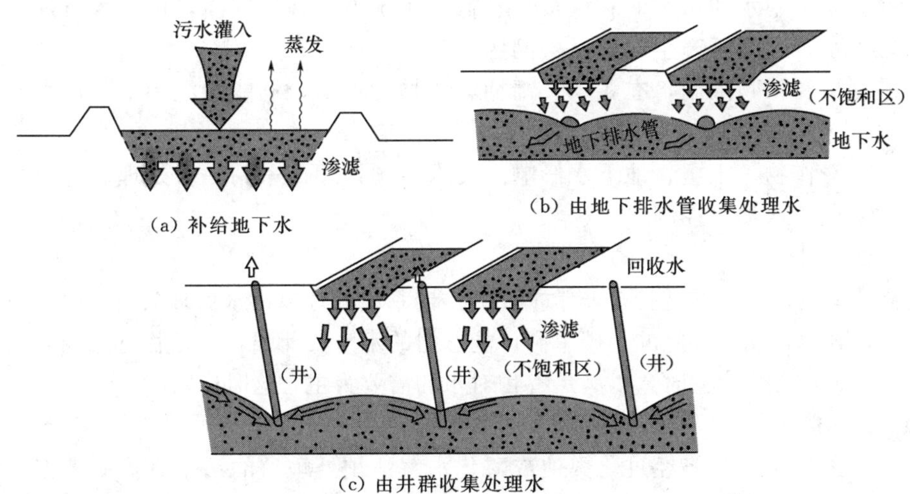

图 4－29　快速渗滤过程示意图

2. 快速渗滤系统的作用

在地下水位较低或是由于咸水入侵而使地下水质变坏的地方采用快速渗滤，能使水位提高或使水力梯度逆向，从而使地下水免受咸水入侵的危害。在需要利用或现有地下水质与回收水质不相容时，则可采用埋设地下集水管或用竖井将净化水提升回地面。快速渗滤的水力负荷可达 30m/d 以上，加之大多数快速渗滤系统并不回收处理水，因而其占地面积和处理费用要比地表漫流和慢速渗滤小。快速渗滤一般需经预处理来减少污水中 SS 浓度，以防止过滤土壤被堵塞。操作方式为灌水与休灌反复循环，以保持较高渗滤的速率，并防止污染物厌氧分解产生臭味。

快速渗滤系统具有较高的水力负荷，对生活污水具有较好的净化效果。渗滤池的土质要求通透性能强、活性高，水力负荷大。如无此类土质条件，也可以按照上述要求用砂、草炭及耕作土人工配置成滤料，制成人工滤床。一般在系统运行4～5周后就需要对渗滤床耕作，以恢复其渗滤速度。快滤系统通过渗滤和过滤作用，能有效去除污水中的各种污染物，要想获得最佳的去除效果，最重要的是采用科学的运行机制，确定最佳投配周期、落干周期、渗滤速率等。

（三）慢速渗滤

在慢速渗滤系统中，处理场上通常种植作物，污水经布水后缓慢向下渗滤，借土壤微生物分解和作物吸收进行净化。

慢速渗滤适用于渗水性较好的砂质土和蒸发量小、气候湿润的地区。由于慢速渗滤的水力负荷率比快速渗滤小得多，污水中养料可被作物充分吸收利用，污染地下水的可能性也很小，因而被认为是土地处理中最适宜的方法。

1. 慢速渗滤系统的特点

（1）典型的慢速渗滤系统，所投配的污水一般不产生径流。污水与降水共同满足植物需要，并与蒸腾量大体平衡。渗滤水经土层进入地下水的过程是间歇性的且非常缓慢。

（2）需要根据土壤、气候、污水的特点选择适宜的植物。

（3）处理系统中水和污水的有机负荷较低，系统地处理效率高，再生水质好，渗滤水缓慢补给地下水，一般不产生次生污染问题。

（4）受气候和植物限制，在冬季、雨期和作物播种期，不能投配污水，污水需要另外处置。

（5）根据对作物、土壤、地下水影响的要求，预处理可采用一级处理、二级处理，并应对其中的工业废水加以控制。

2. 作物的选择

慢速渗滤系统对作物的选择是非常重要的。当系统处理以污水处理为目标时，可以选用多年生牧草，其生长期长，氮的利用率高，能忍耐的水力负荷强，当作物选用树木时，污泥可以回田；以种植谷物为主时，以满足谷物对水的需要为主，这时应对污水加以监管。

（四）地下渗滤

地下渗滤处理系统是将经过化粪池或酸化水解池预处理后的污水有控制地将污水投配到距地面约0.5m深且有良好渗透性的地层中，藉毛细管浸润和土壤渗透作用，污水向四周扩散，通过过滤、沉淀、吸附和微生物的降解作用，使污水得到净化的土地处理工艺。地下渗滤处理系统具有不影响地面景观、氮磷去除能力强、处理出水水质好、可回用、基建及运行管理费用低、运行管理简单、维护容易、对进水负荷的变化适应性强、可与绿化结合等优点。地下渗滤系统适用于接入城市排水管网的小水量污水处理，如分散的居民点住宅、度假村、疗养院等。污水进入处理系统前需经化粪池或酸化水解池预处理。

1. 工艺优势

（1）资源化利用土地。建设面积比人工湿地系统小，且系统建成后可进行耕种，不占

用土地资源。

(2) 隐蔽处理，不破坏景观。整个处理装置放在地下，没有臭味，不与人体接触，保护居民健康。

(3) 因地制宜、设计灵活。可以根据地形和土地面积设计不同形式的系统，有利于工程的实际操作。

(4) 就近取材、施工方便。主要适用材料为当地的土壤或改良的土壤，建设容易。

(5) 管理方便，运行费低。

综上所述，地下渗滤系统的处理方式是生态的工程方法，符合节能减排的要求，符合农村生活污水的排水特点。因地制宜地设计规划各个村庄和各农户的处理设施，在节约成本、合理规划的基础上，能够达到处理生活污水、改善农村居民生活环境、有效防止地表水及地下水污染的目的。

2. 类型

(1) 渗滤坑式地下渗滤系统。地下渗滤坑也称为地下渗井，是指在地下建造渗滤坑并利用渗滤坑周围和底部的土壤对化粪池出水进行处理的装置。渗滤坑由预处理池和砾石堆组成，预处理池由水泥、石头、塑料等组成，池壁上开有所需大小的孔，预处理池内部和周围由砾石填充整个渗滤坑埋入具有合适渗透性的土壤中。污水经过化粪池处理之后首先入预处理池，而后由预处理池壁上的孔眼分配进入周围的砾石堆，在流经砾石堆之后渗入四周的土壤中，在此运动过程中得到净化。地下渗滤坑也是一种比较原始的地下渗滤系统，适于流量比较少的污水源，如图 4-30 所示。

(2) 渗滤沟式地下渗滤系统。其也称为土壤净化槽，是目前最常用的地下渗滤装置。这种系统由化粪池、布水管、砾石堆、处理场地等构成，通常将布水管放入一系列并行的渗滤沟中，并且在布水管周围填上砾石堆。污水经过化粪池预处理后，出水通过重力自流或者由泵输入布水管中，布水管下方开有渗滤孔，污水通过渗滤孔进入由砾石组成的渗滤料层中，而后再进入土壤中。砾石除了作为污水进入土壤的界面外，还具有储存污水的作用，多孔的布水管由工程塑料 PVC 等构成，砾石和布水管都裹有防止土壤进入的合成纤维布。渗滤沟式地下渗滤系统提高了系统的污水处理能力，并且具有较大的布水面积，处理出水的水质有所提高，如图 4-31 所示。

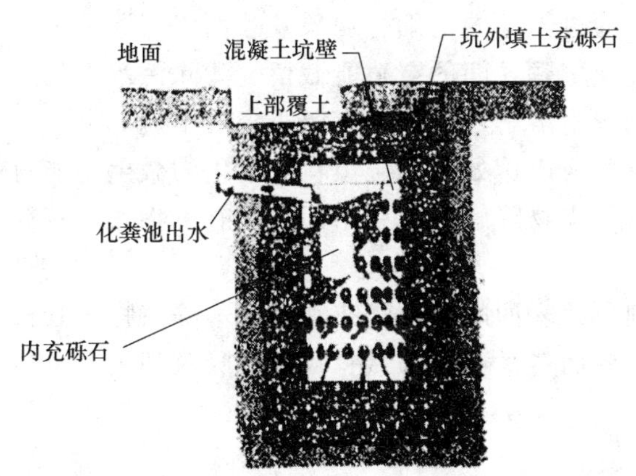

图 4-30　渗滤坑式地下渗滤系统示意图

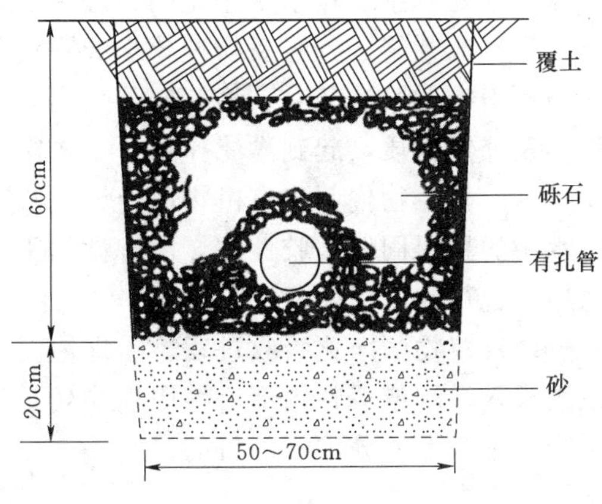

图 4-31　渗滤沟式地下渗滤系统示意图

（3）渗滤管式或渗滤腔式地下渗滤系统。近来在国外出现了无砾石系统地下渗滤装置，其特点是在土壤渗滤系统的渗滤沟中不再利用砾石堆，而是在处理场地中放置利用褶皱织物包裹的渗滤管或者做成具有一定空间的腔体结构。污水通过多孔渗滤管直接进入周围的土壤中。一般需要在布水管上方设有检查井，以便于检查和清除管子中可能堆积的污泥。渗滤腔式地下渗滤系统是近来国外比较热门的地下渗滤装置。渗滤腔也可以理解为底部开孔的大管子，腔体通常由硬质塑料、玻璃钢、砖、石头等构成。渗滤腔四周和底部开有小孔，使得污水能够从这些小孔中渗入到四周的土壤中，在渗滤腔内不需要埋管子，腔壁也不需要合成纤维织物，污水流入腔内后逐渐从底部和四周渗入土壤中。无砾石地下渗滤系统具有以下优点：处理能力强，安装费用低，容易安装，便于维护，能防止砾石在渗滤过程中风化所带来的不良效果，可以重新反复利用的部件化装置，能够很方便地根据处理需要扩大或者缩小处理规模等。其系统示意图如图 4-32 所示。

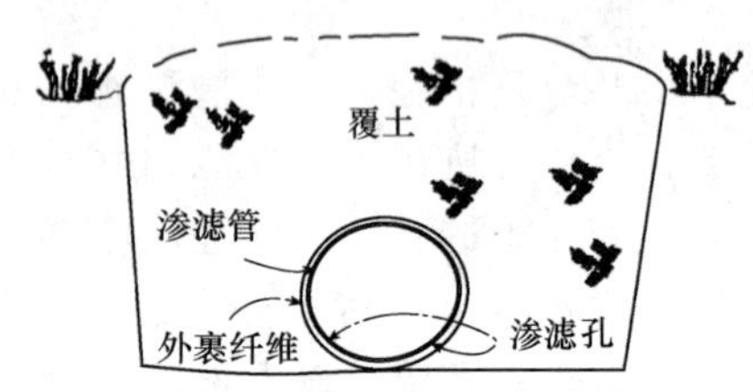

图 4-32　渗滤腔式地下渗滤系统示意图

（4）尼米槽式地下渗滤系统。尼米槽式地下渗滤系统是日本人于 20 世纪 80 年代初期开发成功的，国内也有人称为土壤毛细管渗滤系统。尼米槽式系统与传统地下渗滤系统的区别：在布水管下方设有一个不透水的厌氧槽（即尼米槽），里面装有砂子或者其他填料，布水管的周围则是用合成纤维织物包裹的砾石，砾石上方为表层覆土。当污水从布水管中出来时，首先进入厌氧槽中，积累到一定程度后，在砂子及土壤毛细力作用下扩散到厌氧槽上方和四周的土壤，而污水中的悬浮物则大多数被砂子截留，停留在厌氧槽中并在槽中逐渐液化、酸化，这样就可以减少土壤被堵塞的可能性，提高出水水质，且厌氧槽的存在也可以起到抗冲击的作用。

（5）其他改进式地下渗滤系统。改进式地下渗滤系统是指地下渗滤系统与其他工艺的联用，比较常见的有与人工湿地套用的地下渗滤工艺；与生物滤池套用的地下渗滤工艺，在干旱地区使用的地下蒸发蒸腾渗滤床。各种改进式地下渗滤系统也仅处于小试阶段。

二、土地处理系统水质净化的原理

土地处理系统对水质净化的原理主要有以下几个方面。

（1）毛细管、虹吸及物理化学吸附过程。通过土壤的毛细管现象及表面张力原理，将水与污染物的胶体部分、溶解部分分离开来，土壤颗粒间的空隙能截留、滤除污水中的悬浮物及胶体物质，起到渗滤作用；土壤颗粒则吸附溶解性污染物存留于土壤中。

（2）微生物代谢和有机物的分解过程。土壤或土壤处理系统填料中附生的微生物能对污水中的悬浮固体、胶性体、溶解性污染物进行生物降解，并利用污水中有机物作为营养物质，进行新陈代谢。

（3）植物的净化吸收过程。土地渗滤处理单元表面的草坪、花卉或树丛等植物，其根系生长入系统或填料内部后，因植物生长的需要而对污水中的氮、磷进行吸收利用，可达到降低污水中养分浓度的目的。

第五章　常见处理工艺及运行管理

第一节　中水处理设施及工艺流程

为了去除污水中有危害的污染物质，使其水质符合使用要求，必须对污水进行处理。由于原水种类不同，其含有的污染物种类和浓度也不同；中水用途不同，其水质要求也不同。应根据原水种类和中水用途确定处理方法。

一、以优质杂排水为原水的中水工艺流程

优质杂排水是中水系统原水的首选水源，根据这一原则，国内早期及近期的大部分中水工程，均以洗浴、盥洗、冷却水等优质杂排水为中水水源。由于这类排水来源分散，以其为水源的中水工程往往规模较小，中水的回用一般为就近在本建筑物内或本单位内用于冲厕、洗车、绿化等。以优质杂排水为原水的中水工程基本上采用生物-物化组合流程和物化流程两类工艺流程。所采用的生物处理工艺早期主要为生物接触氧化及生物转盘工艺，近年来，曝气生物滤池、生物活性炭、膜式生物反应器等新工艺受到重视。物化处理工艺主要为混凝沉淀、混凝气浮、活性炭吸附、臭氧氧化、过滤分离等工艺，近年来膜分离工艺开始得到应用。各类工艺流程最后均包括消毒处理单元。作为预处理的手段，在主要处理单元前一般均设置粗细格栅及毛发集聚器。其代表性主要工艺流程如图 5 - 1～图 5 - 8所示。

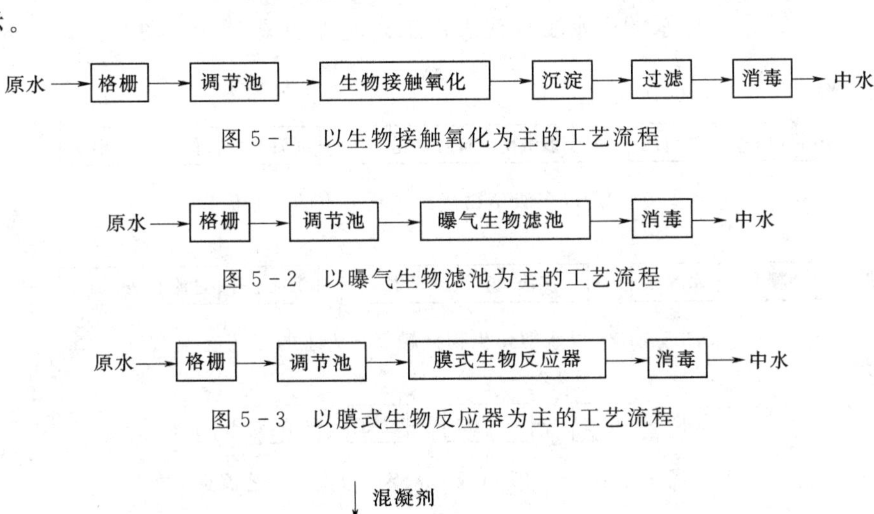

图 5 - 1　以生物接触氧化为主的工艺流程

图 5 - 2　以曝气生物滤池为主的工艺流程

图 5 - 3　以膜式生物反应器为主的工艺流程

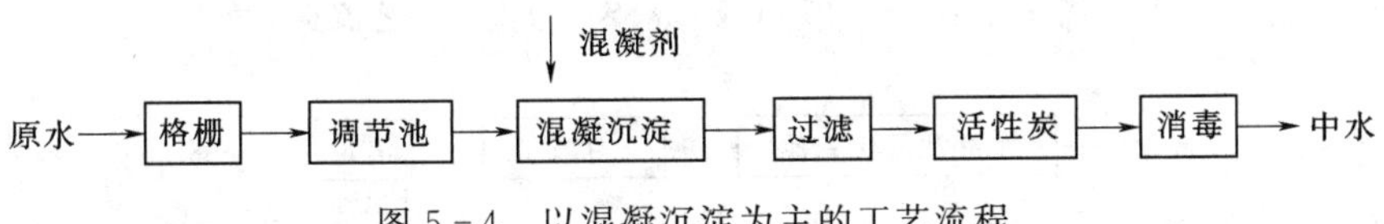

图 5 - 4　以混凝沉淀为主的工艺流程

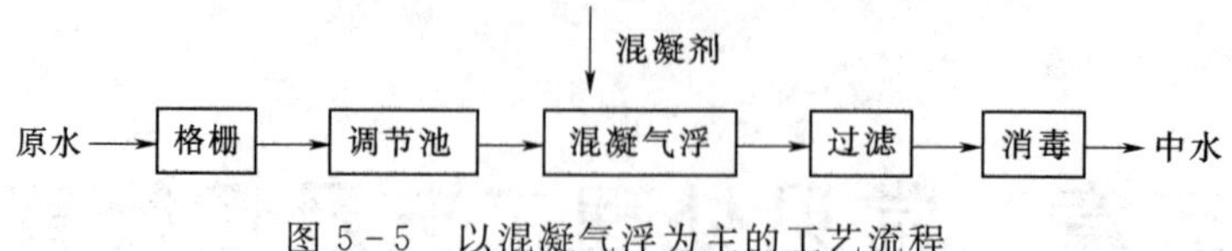

图 5-5　以混凝气浮为主的工艺流程

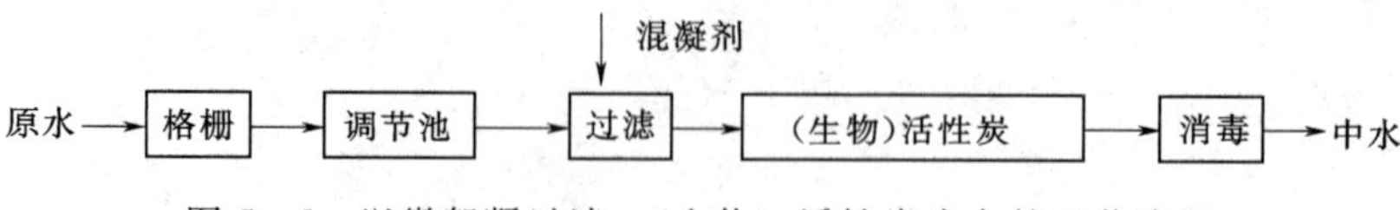

图 5-6　以微絮凝过滤—（生物）活性炭为主的工艺流程

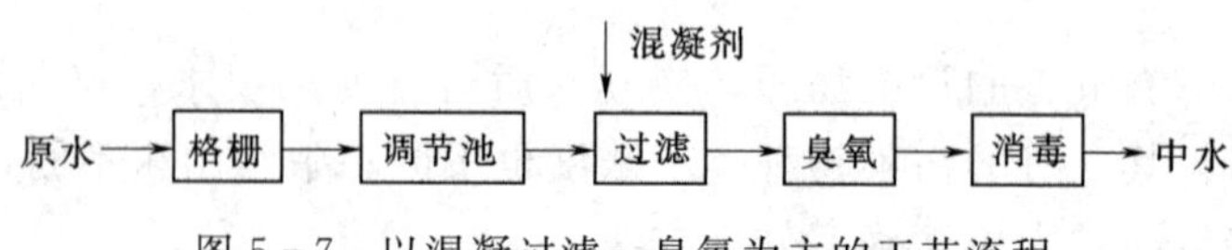

图 5-7　以混凝过滤—臭氧为主的工艺流程

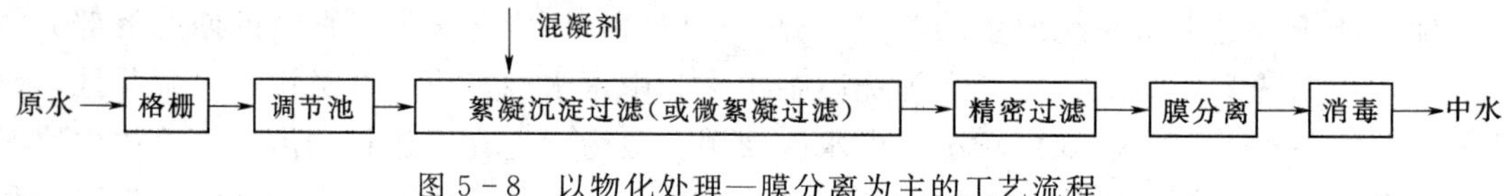

图 5-8　以物化处理—膜分离为主的工艺流程

二、以生活污水为原水的中水工艺流程

随着水资源紧缺矛盾的加剧，开辟新的可利用水源的呼声越来越高，就近采用生活污水作为中水水源的中水工程应运而生。以生活污水为原水的中水工程一般均采用生物处理为主或生物处理与物化处理结合的工艺流程，由于其进水有机物浓度较高，部分中水工程以厌氧处理作为前置工艺单元强化生物处理的工艺流程。

以综合生活污水为原水的中水工程代表性工艺流程如图 5-9～图 5-12 所示。

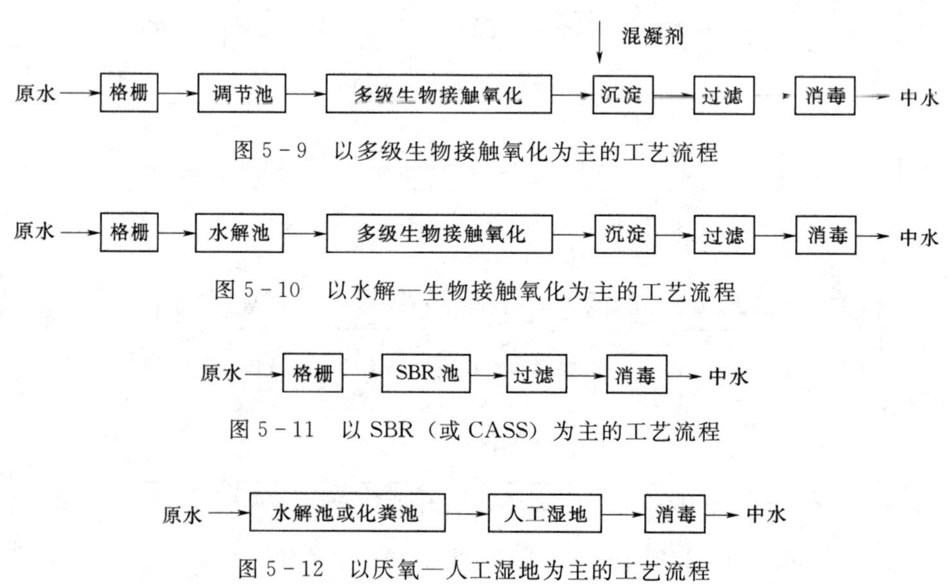

图 5-9　以多级生物接触氧化为主的工艺流程

图 5-10　以水解—生物接触氧化为主的工艺流程

图 5-11　以 SBR（或 CASS）为主的工艺流程

图 5-12　以厌氧—人工湿地为主的工艺流程

三、以城市污水处理厂出水为原水的中水工艺流程

城市污水处理厂出水是重要的可利用水资源，鉴于水资源短缺已成为制约社会经济发展的主要因素，20 世纪 90 年代国内开始兴建以城市污水处理厂出水为原水的大型再生水厂。

城市再生水厂采用的基本处理工艺为：一级处理→二级处理→混凝沉淀（澄清）→过滤→消毒。对以污水处理厂二级处理出水为原水的中水工程而言，中水工艺流程只包括上述工艺的深度处理部分。近年来，由于膜技术的快速发展，膜分离技术在中小型城市再生水厂中也得到应用。

以城市污水处理厂出水为原水的中水工程代表性工艺流程如图 5－13 和图 5－14 所示。

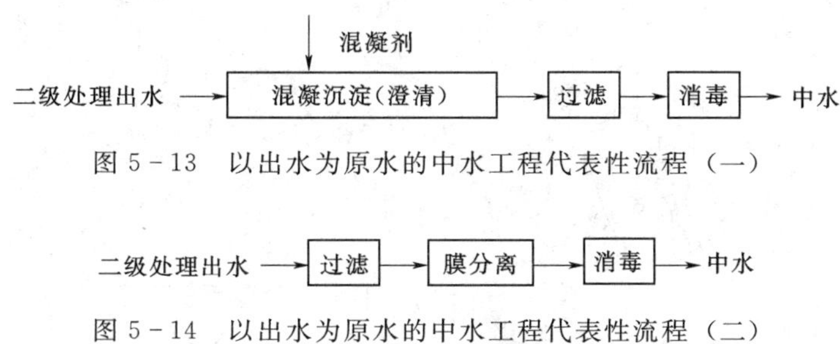

图 5－13　以出水为原水的中水工程代表性流程（一）

图 5－14　以出水为原水的中水工程代表性流程（二）

第二节　预处理及水量调节设施的运行管理

一、格栅

（一）功能及分类

污水中通常含有各种悬浮杂质，格栅的主要作用是拦截污水中较大的悬浮杂质以避免水泵、管道及后续处理装置的堵塞，同时由于这些杂物的去除，也削减了一定的污染负荷。

格栅由栅条按一定间距排列而成。栅条断面有圆形、矩形、方形及其他形状，矩形栅条因刚度好、便于加工而常被采用。按栅条的间隙可分为粗格栅（50～100mm）、中格栅（10～40mm）、细格栅（3～10mm）三种。按清渣方式，可分为人工清渣格栅和机械格栅。

1. 人工清渣格栅

人工清渣格栅构造简单，加工方便，栅条的间隙可以根据需要设置，在中水设施中应用普遍。人工清渣格栅的栅渣靠人工清除，劳动强度较大。人工清渣格栅如图 5－15 所示。

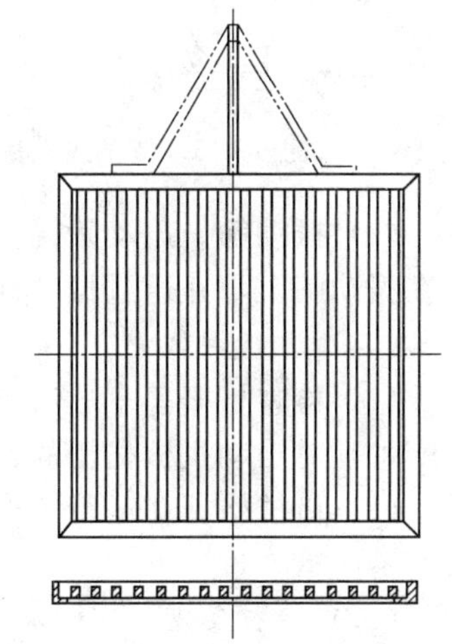

图 5－15　人工清渣格栅

2. 机械格栅

机械格栅可减轻劳动强度，减少格栅堵塞机会，由于国

内机械制造设备水平的提高，逐渐普及。按高峰过水流量选用。机械格栅应及时清洗，中水处理设施中只用一道机械格栅即可。链条式机械格栅如图 5-16 所示。

3. 筛网

筛网的滤层由穿孔金属板或金属网组成，按其孔眼大小可分为粗滤机和微滤机，其形式有固定筛网（水力筛）、振动筛、吊篮式筛网、转鼓式筛网、转盘式筛网、微滤机等。这里仅介绍固定筛网和振动筛。

（1）固定筛网。固定筛网又称水力筛。固定筛网由曲面栅条及框架组成，筛面自下而上形成一个倾角逐渐减小的曲面，栅条水平放置或略有弧度，其截面为楔形，小型水力筛间距为 0.25～1.5mm。污水由后部进口进入栅条上部，然后沿栅条宽度向栅条前面溢流，水通过栅条间隙流入栅条下部，从出口流出，污物被栅条截留，并在水力冲刷及自身重力作用下沿筛面落入渣槽。固定筛网（水力筛）如图 5-17 所示。

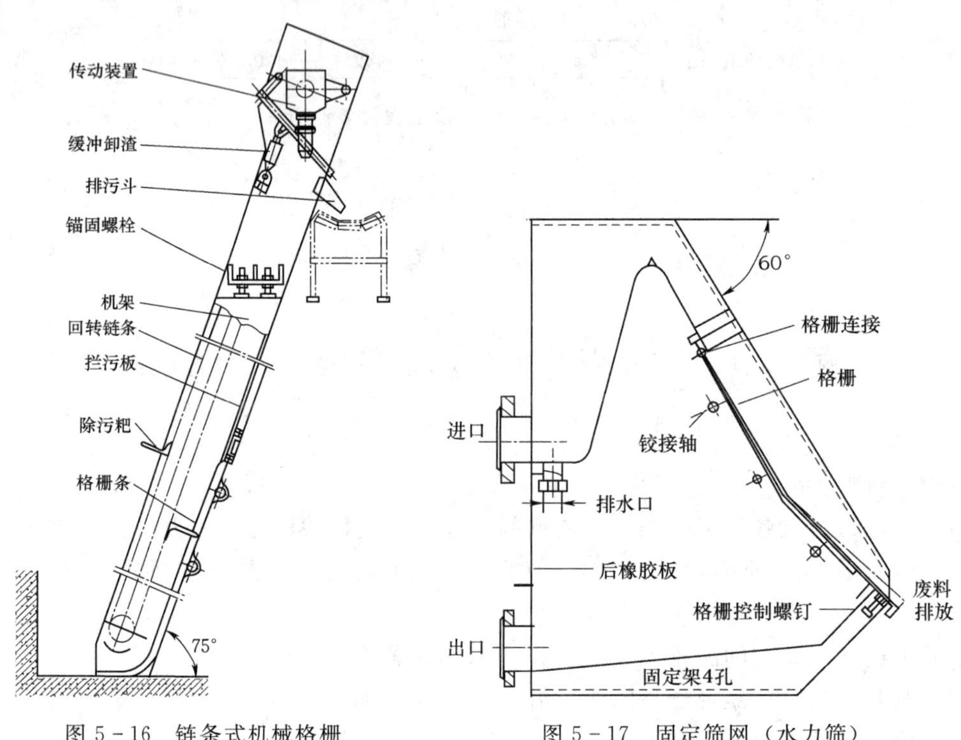

图 5-16　链条式机械格栅

图 5-17　固定筛网（水力筛）

（2）振动筛。振动筛网由振动筛和固定筛组成。污水通过振动筛时，悬浮物等杂质被留在振动筛上，并通过振动卸到固定筛上，以进一步脱去水分。

（二）运行调试

（1）检查格栅前事故溢流管路，人工操作条件，出渣设施等，进行必要的调整。

（2）对自动机械格栅的运行时间进行合理设定。

（3）机械格栅在运行 3 个月后，应在减速器内注入高压黄油，压紧链轮轴套处应加润滑油。

（三）运行管理

（1）栅渣应定期清除，污水通过格栅前后的水位差宜小于 0.3m。汛期可能有雨水进

入时，应加强巡视，增加清污次数。

（2）机械格栅运行时，应监视机电设备的运转情况，发现故障应立即停车检修。

（3）清捞出的栅渣，应妥善处理和处置。

（四）维护保养

（1）发现链条式除污机链瓣有断裂现象等，应立即更换。

（2）发现格栅上的齿耙不平行，或链条与链轮结合不好，即跳齿现象，应立即关闭电源，排除故障后再投入运行。

（3）格栅周围应保持清洁。

（4）设备长期停用后开机时，应把堵塞在栅条上及其他构件上的杂物清理后，再开机使用。运行一年后，应进行彻底清洗，同时在锈蚀处涂黄油处理。

二、毛发聚集器

1. 功能

在原水以洗浴水为主的中水设施中，原水中的毛发对设施管理影响较大，为了不影响泵和其他设备的正常运行，常设置毛发聚集器。毛发聚集器一般设在提升泵的进水管或出水管上。

2. 装置结构

毛发过滤器是一种圆筒形钢制设备，内部装有多层不锈钢丝网等填料，用以拦截毛发类杂质。市场上已有各种型号产品。

毛发聚集器一般为无压、下向流式。有的做成快开式以便清洗；也有的做成低压上向流式，无需打开清洗，仅靠出水管 2～3m 的水压力，通过排渣恢复过滤能力。毛发聚集器示意图如图 5-18 所示。

3. 操作管理

（1）使用一段时间后，由于截留的头发等杂物增加了阻力，毛发过滤器应定期清洗。

（2）毛发过滤器清洗周期一般为 1～2 次/每周。

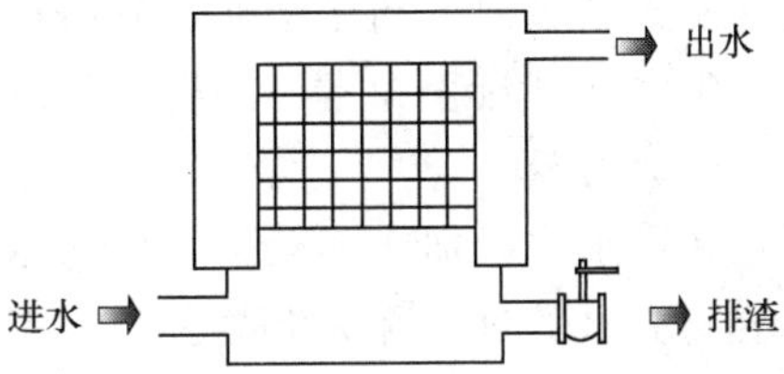

出水
进水
排渣

图 5-18　低压向上毛发聚集器

三、调节池

1. 功能

调节池是储存原水和对原水水质、水量进行调节的构筑物。污水的排放往往具有间断性和不规律性，其水质、水量随时间变化较明显，由于调节池有一定的储存空间，经过调节池后水质变得较为均匀，用泵定量抽升后可向处理系统均衡地供应原水。

调节池有多种形式。目前在中水处理中常用预曝气调节池，曝气设备可用鼓风机或水下曝气机等。

2. 运行调试

（1）设置合理的停泵水位和启动水位。

（2）当来水量不足时，应尽量降低泵的下限位，以适当扩大池体的有效容量。

（3）检查溢流管口和排水管路是否通畅。当溢流口过低时，应改进和升高溢流口。

3. 运行管理

（1）在原水量不足时，要防止调节池发生溢流。在原水高峰到来之前，及时启动设备和水泵，并利用设备和管路的可利用余量，适度加大水泵出水量，从而在高峰来到之前，使调节池内水位降至最低。

（2）在用水量和原水量基本平衡，但调节池容量不足而中水池容量有余时，同样应利用设备和管路的可利用余量，加大处理和输送能力，将原水尽快处理后送到中水池，以充分利用中水池的调节能力。

4. 运行维护

（1）调节池应每年至少清洗一次。

（2）对有空气搅拌装置的应进行定期检修，有生物填料的，应定期对填料进行检查和更换补充。

第三节　物化处理工艺及运行管理

用物理、化学或物理化学的方法对污水进行处理的工艺称为物化处理工艺。

物理处理主要是去除水中漂浮、悬浮的物质，处理过程中没有发生质的变化，常用的方法为截留、重力分离等，使用的处理设备包括格栅、筛网、毛发聚集器、沉淀池、滤池等。

化学处理是通过发生化学反应使水中污染物得到去除的处理工艺。通常化学处理方法包括中和、化学氧化、化学沉淀、电解、消毒等。

物理化学处理是采用物理化学手段使水中污染物得到去除的处理工艺。通常物化处理包括混凝、吸附、离子交换、膜分离等。

中水处理流程中常见的物化处理工艺介绍如下。

一、混凝

在污水中投加化学药剂，使污水中细小悬浮物和胶体聚集成便于分离的絮凝体，再加以分离去除的过程称为混凝。

（一）混凝沉淀

混凝沉淀是投加药剂后采用沉淀的方法分离絮凝体的处理工艺。混合、反应、沉淀是混凝沉淀的三个主要环节，而根据水质选择适宜的药剂和较佳的工艺参数，是提高混凝沉淀效果的关键。

1. 混凝沉淀机理

污水中大颗粒悬浮物质可在重力作用下快速沉降，而胶体及微小悬浮物不可能在较短的停留时间内从沉淀池中去除，这些沉降十分缓慢的悬浮物称为稳定的悬浮物，混凝的作用就是加药破坏它们的稳定性，通过压缩双电层、电性中和、吸附架桥及网捕等作用，使小颗粒凝聚成大颗粒而下沉。

2. 混凝剂

水质处理中所用的混凝剂，要求其产品混凝效果好，对人体健康无害，使用方便，价廉易得。目前常用的混凝剂包括无机盐类、无机高分子类和有机高分子类等药剂。下面介

绍中水处理中常用的药剂。

(1) 无机盐类混凝剂。目前应用较广的是铝盐和铁盐。

1) 硫酸铝 [$Al_3(SO_4)_2 \cdot 18H_2O$]。产品有精制和粗制两种。精制为白色结晶体，相对密度约为1.62，Al_2O_3含量不小于15%，不溶杂质含量不大于0.3%，价格较贵；粗制品Al_2O_3含量不小于14%。不溶杂质含量不大于24%，价格较低。

硫酸铝混凝效果较好，使用方便，对处理后的水质无任何不良影响。但水温低时硫酸铝水解困难，形成的絮凝体比较松散。

2) 三氯化铁 ($FeCl_3 \cdot 6H_2O$)。三氯化铁是一种具有金属光泽的褐色结晶体，杂质少，易溶解，形成的絮凝体较紧密易沉淀，但三氯化铁腐蚀性较强，易吸水、潮解，不易保管。

(2) 高分子混凝剂。

1) 无机高分子混凝剂。目前应用较多的无机高分子混凝剂是聚合氯化铝或聚合硫酸铝，以铝灰或含铝矿物为原料加工而成，由于原料不同、生产工艺不同，产品规格也不一致。

聚合氯化铝或聚合硫酸铝一般对各种水质，以及水的pH值适应性较强，絮体形成较快，颗粒大而重，投加量低于硫酸铝，应用较为广泛。

2) 有机高分子混凝剂。有机高分子混凝剂有天然和人工合成之分，目前主要以人工合成为主，这类混凝剂均为巨大的线性分子，对水中胶体颗粒具有强烈的吸附作用。国内目前使用较多的是聚丙烯酰胺，俗称为三号絮凝剂。

3. 混合、反应、沉淀及设备

(1) 混合及设备。混合的目的是使药剂迅速扩散到水中，以利于混凝剂快速水解、聚合，使颗粒脱稳并形成小的絮体。由于混凝剂在水中的化学反应，颗粒脱稳及微小絮体形成速度相当快，因此混合要快速剧烈，在10～30s最多不超过2min即可完成。

混合可在专设混合池内进行，可用机械或水力搅拌方式，停留时间一般不大于2min，混合也可借助其他设备进行，如泵前加药，泵中混合或泵后管道中进行混合。

(2) 反应及设备。混凝反应是指经过机械或水力搅拌混合后形成的微小絮体互相碰撞，小颗粒聚集成大颗粒絮状物的过程。

反应设备的作用是使细小矾花逐渐凝成较大颗粒而便于沉淀，国内常用的反应设备有水力搅拌与机械搅拌两类，形式也有多种。

水力搅拌反应设备其搅拌强度可由水流速来控制，搅拌时间即水在反应设备中停留时间，一般为5～10min。

机械反应池靠机械作用对水进行搅拌，反应效果较好，适用性好、灵活。反应时间一般为15～30min，池内搅拌强度靠几个不同转速的搅拌机控制。

(3) 沉淀及设备。沉淀是使污水处于缓慢流动的状态，水中由混合、反应产生的大颗粒絮状物在重力作用下克服水的阻力与水分离的过程。沉淀池停留时间一般为2h。

根据池内水流方向分为平流沉淀池、竖流沉淀池、辐流沉淀池三种形式，中水处理中多用竖流沉淀池，竖流沉淀池示意图如图5-19所示。为了减少占地，又设计出斜板（管）沉淀池，在中水处理中也得到广泛的应用，斜板（管）沉淀池示意图如图5-20所示。

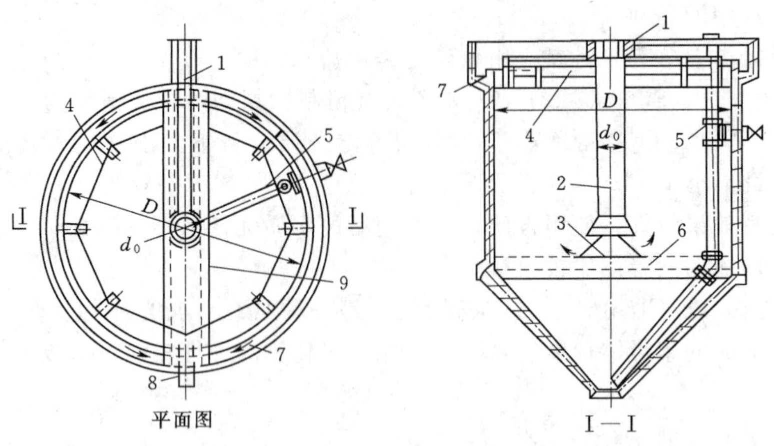

图 5-19　竖流沉淀池示意图

1—进水槽；2—中心管；3—反射板；4—挡板；5—排泥管；6—缓冲管；7—集水槽；8—出水管；9—过桥

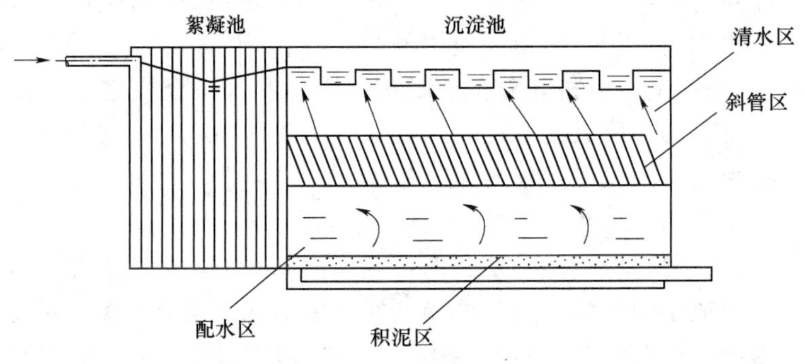

图 5-20　斜板（管）沉淀池示意图

4. 运行管理

(1) 注意观察矾花生成情况，发现异常情况及时分析原因并采取相应对策。

(2) 沉淀池及时排泥，避免因积泥影响正常运行。

(3) 定期巡检设备的运行情况，如有故障及时排除。

(4) 定期取样分析，掌握沉淀池处理效果。

(5) 加药计量设备定期标定，保证计量准确。

(6) 注意检查库存药剂，防止药剂变质失效。

5. 异常问题分析与排除

将混凝沉淀工艺运行中可能出现的问题及解决方法列于表 5-1 中。

（二）混凝气浮

1. 混凝气浮机理

气浮法是从污水中分离出相对密度接近和小于水的微小固体或液态颗粒的一种处理方法，将空气利用各种设备以微小气泡形式加入到污水中，气泡在上升过程中与这些细小固体颗粒黏附在一起被带至水面，从而达到污水净化的目的。

表 5-1　　混凝沉淀工艺运行中可能出现的问题及解决方法

编号	现　　象	产生原因	解决方法
1	絮凝反应池末端颗粒良好，水的浊度低，但沉淀池中矾花颗粒细小，出水携带矾花	絮凝池末端或沉淀池内有大量积泥，堵塞进水孔、降低池容造成流速过大，打碎矾花	停池清泥
2	絮凝反应池末端矾花良好，水的浊度低，但沉淀池出水携带矾花	（1）沉淀池超负荷运行 （2）沉淀池内存在短流	（1）降低沉淀池水力负荷 （2）沉淀池进水口采取整流措施
3	絮凝反应池末端矾花颗粒细小，水体浑浊，沉淀池出水浊度升高	（1）混凝剂投量不足 （2）混合强度不够 （3）絮凝池有大量积泥造成絮凝条件改变	（1）增加投药量 （2）改善混合条件 （3）清除积泥
4	絮凝反应池末端矾花大而松散，沉淀池出水异常清澈，但出水携带大量矾花	混凝剂投量过大，矾花异常长大，但不密实，不易沉淀	降低投药量
5	絮凝反应池末端絮体碎小，水体浑浊，沉淀池出水浊度偏高	混凝剂投加严重超量，胶体颗粒脱稳后重新处于稳定状态	大幅度降低投药量

由于气浮法具有固液分离快、浮渣含水率低，效果好，占地少的优点，近年来在国内外得到了广泛的应用，在中水处理中也得到了应用。

气浮法使用较多的是部分加压溶气气浮法，其工艺流程如图 5-21 所示。

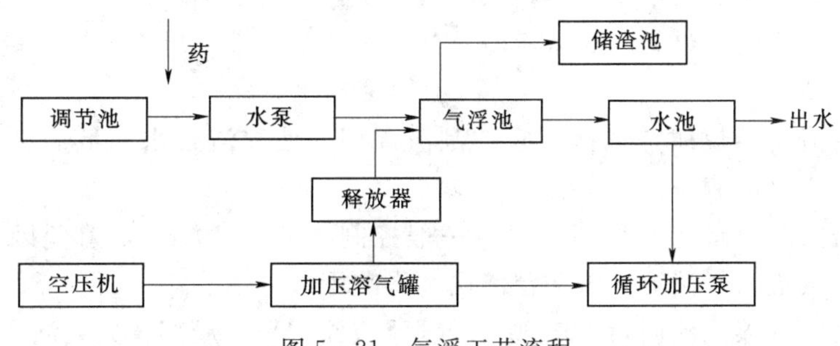

图 5-21　气浮工艺流程

污水进入调节池后，经泵抽吸送入气浮池，药剂在泵前或泵后投加，经混合反应后污水中胶体物质可形成较大颗粒。同时循环泵将处理后部分出水加压送入压力溶气罐内，与由空压机送入的空气完成加压溶气过程，溶气水通过释放器突然减压后释放出大量微小气泡，上升过程中与污水中絮体碰撞接触并黏附在絮体上，使含气絮体相对密度变小，最终上浮到水面形成浮渣，经浓缩到一定程度后，由刮渣机刮入到储渣池内，从而完成污水净化。

2. 气浮设备

气浮设备由四个系统组成，具体如下。

（1）加压溶气系统。作用是将空气溶解到水中，主要设备有循环加压泵（一般为多级高压泵）、空气压缩机、加压溶气罐。

（2）溶气释放系统。目的是将溶气水突然减压，使溶于水中的过量气体以微小气泡形式逸出，主要设备有压缩机、加压溶气罐。

(3) 加药系统。依据污水中所处理物质性质而定药剂种类和投加量，其目的是将亲水性物质变为疏水性物质或是将微小絮体凝聚成较大颗粒或是同时具有上述两种作用。主要设备为溶药池、投药池、药剂定量投加装置。

(4) 气浮分离装置——气浮池。作用是使污水中絮体与气泡接触，达到固液分离、浮渣排除的目的，主要设备为气浮池。

常用气浮池有矩形、圆形两种形状。按流态又可分为平流式和竖流式两类。图 5-22 所示为平流式气浮池构造示意。

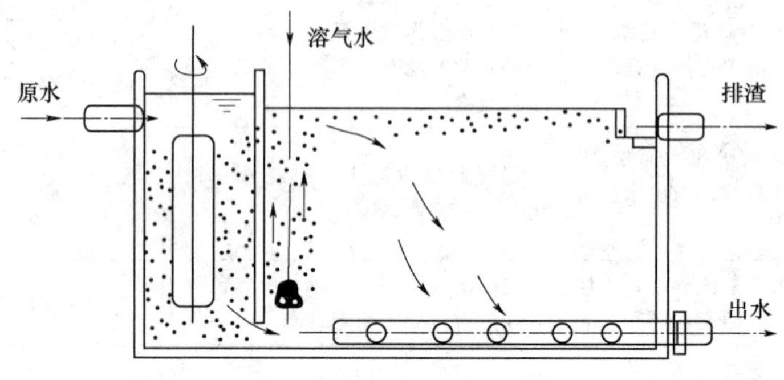

图 5-22　平流式气浮池

3. 运行管理

(1) 定期检查空压机与水泵的填料及润滑系统，经常加油。

(2) 根据反应池的絮凝、气浮区浮渣及出水水质，调节混凝剂的投加量，注意防止加药管堵塞。

(3) 掌握浮渣积累规律，选择适宜的刮渣周期，使浮渣含水率低而又不影响出水水质，一般每隔几小时刮渣一次。

(4) 经常观察溶气罐的水位指示管，一般控制在 60～100cm，避免因溶气罐水位脱空，导致大量空气进入气浮池而破坏浮渣层和影响固液分离。

(5) 注意观察气浮池池面，若出现接触区浮渣面不平、局部冒大气泡，往往表明释放器堵塞；若出现分离区浮渣面不平、池面上经常有大气泡破裂，则表明气泡与絮粒黏附不好，应采取投加表面活性剂等措施。

(6) 做好日常运行记录，包括处理水量、投药量、溶气水量、溶气罐压力、水温、耗电量、进出水水质、刮渣周期、泥渣含水率等。

二、过滤

(一) 功能

将污水均匀而缓慢地通过一层或几层滤料，截留污水中的悬浮杂质而使水获得澄清的工艺过程，称为过滤。在中水处理系统中，过滤工艺一般设在混凝沉淀工艺及生物处理工艺后面以进一步去除污染物。

(二) 滤池

1. 压力滤池

采用压力流的滤池称为压力滤池，压力滤池在中水系统中用得较为普遍。压力滤池构造如图 5－23 所示，是用钢制压力容器为外壳制成的快滤池，容器内装有滤料及进水和配水系统，容器外设各种管道和阀门等。

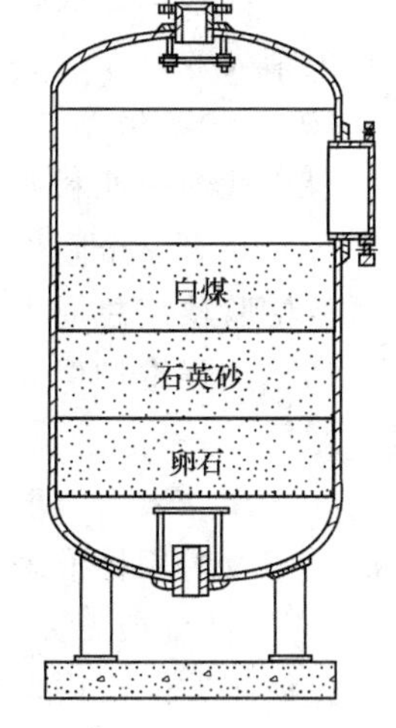

图 5－23 压力滤池

压力滤池在压力下进行过滤，进水用泵打入，滤后水常借压力进入下一处理单元或直接送到用水装置等。配水系统常用小阻力系统中的缝隙式滤头，或者在多叉管的支管上开缝或开孔等形式，支管外包以尼龙网。滤层厚度通常大于重力式快滤池，一般为 1.0～1.2m，每周期允许水头损失值一般可达 5～6m，可直接从滤层上、下压力表读数得知。为提高冲洗效果可考虑用压缩空气辅助冲洗。

2. 纤维球过滤器

纤维球过滤器是一钢制滤器，用以截除污水的微小悬浮物、胶体、微生物等，与普通过滤器的不同之处是容器内滤料为纤维球而不是石英砂等。

纤维球滤料是 1982 年日本尤尼奇卡公司首创，用聚酯纤维制成球或扁平椭圆体。纤维球具有截污量大、水头损失小、滤速高的优点。1983 年清华大学研制了中心结扎的纤维球，其球有弹性，密实度由中心向周边扩减，滤料层空隙率达 90％以上，过滤时滤料层可被压缩，高滤速下不易堵塞，截污能力强，工作时滤层孔隙上疏下密，既能吸收大量杂质，又能保证杂质不易穿透，球相对密度略大于水，易于反冲洗，有优良的耐磨与耐化学侵蚀性能。

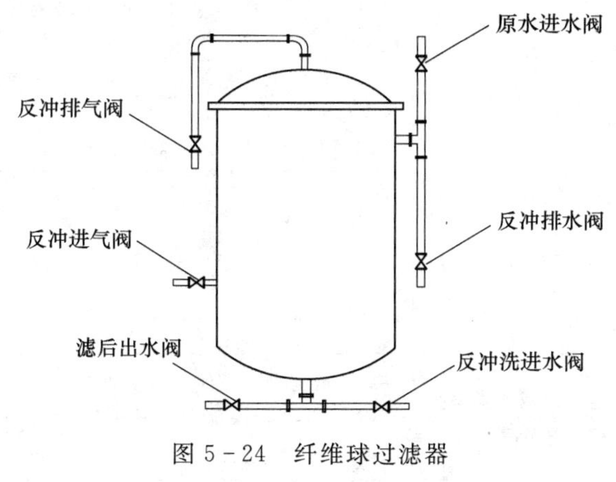

图 5－24 纤维球过滤器

过滤器由钢板焊接而成，内设多孔板、布水器等装置，外有透视镜、液面计、手孔、进出水反冲洗气管等管道，构造如图 5－24 所示。目前已有定型产品，其技术性能与规格尺寸可参看有关生产厂家产品说明书。

（三）运行调试

试运行中要勤于测定、观察和记录各种运行参数，如过滤周期、过滤水头损失、反冲洗强度和历时、滤前后水质、各种阀门的启闭次序和开启度等。通过一段试运行，制订出操作规程和管理办法，再正式交付使用。

（四）运行管理

（1）一般 8～24h 反冲洗一次，或过滤水头损失过大时，需进行反冲洗。滤前压力表降到与新装滤料滤池反冲时的表值相近，即标志滤池已反洗干净。对煤砂双层滤料，在每格滤池冲洗刚结束时，要缓闭排水阀，让煤砂恢复分层。在滤池冲洗完成时，要待 3min，滤层稳定后，再缓缓启动过滤；否则易造成悬浮固体穿透滤层，影响滤后水质。5min 内的初滤水要排放，或返回调节池。反洗后的初期滤池出水要排掉。

（2）如果遇到放长假，滤池和过滤器必须保证2～3d反冲一次，以防时间过长，造成滤料板结失效。

（五）维护保养

（1）滤池内滤料使用年限一般为5年左右，届时依据实际情况进行更换。

（2）装有安全附件的过滤器，应实行定期检验制度。安全附件的定期检验按照国家质量监督检验检疫总局于2004年6月23日颁布的《压力容器定期检验规则》的要求进行。

（3）加强维护保养过滤器的安全泄压装置，使之经常处于完好状态，保持准确可靠、灵敏好用。

（4）压力表、温度计等应保持洁净，表盘上的玻璃必须明亮清晰，对表上的数值有怀疑时，应及时用标准表进行校核，不准确时及时更换。

（六）异常问题分析与排除

过滤工艺运行中可能出现的问题及解决方法见表5－2。

表5－2　　滤池运行中异常问题分析与解决方法

编号	现　　象	产 生 原 因	解 决 方 法
1	气阻现象，即滤层中存有气体，反冲洗时有大量气泡自液面冒出	（1）工作周期过长，水头损失过大，产生负水头，空气从水中逸出 （2）滤池运行周期过长，滤层内发生厌氧分解，产生气体 （3）滤池发生滤干时，未经反冲排气而再过滤，空气进入滤层	（1）及时调整工作周期，提高滤层上部水位 （2）缩短运行周期，必要时采用加氯杀藻 （3）用清水倒滤，排除滤层空气后再进水过滤
2	滤料上结泥球	（1）反冲效果不好或反洗污水未排净 （2）冲洗系统配水不匀，滤料表层不平或存在裂缝 （3）原水浓度过高，滤池负担过重	（1）提高反冲强度和时间，必要时加压缩空气反冲 （2）检修配水系统有无堵塞，承托层有无移动 （3）加强前处理，降低滤池进水浓度
3	跑砂漏砂，滤池出水中携带砂粒	（1）反冲强度过大 （2）滤料级配不当 （3）反冲洗水配水不均匀，使承托层松动导致漏砂 （4）气阻现象导致漏砂	（1）降低反冲强度 （2）调整更换填料 （3）及时停池检修 （4）消除气阻
4	滤速逐渐降低，工作周期缩短	（1）冲洗不良，滤池积泥或藻类孳生 （2）滤料强度差，颗粒破碎	（1）改善冲洗条件，用预加氯杀藻 （2）刮除表层滤料，补充部分合格滤料
5	出水水质下降	上述（1）～（4）问题都可导致水质下降	按上述不同现象对应解决

三、活性炭吸附

1. 功能及简介

利用活性炭的物理、化学吸附作用，去除水中溶解的有机物和其他杂质的方法，称之为活性炭吸附法。活性炭可吸附脱除原水中的色度、气味和一些溶解性有机物等。

活性炭以木材、煤、果壳等含碳物质为原料，经碳化和活化过程制成，呈黑色。活性炭具有巨大的比表面积和特别发达的孔隙，通常1g活性炭的表面积达500～2000m^2，这

正是活性炭吸附容量大的主要原因，活性炭能有效地去除水中的色、嗅、味及一些难以生物降解的有机物。

2. 活性炭装置

活性炭吸附装置类似于快滤池或压力滤池，水流方向可从下而上，也可自上而下。水和活性炭的接触时间为15～20min，滤床高度一般采用1～2m。

在中水处理系统中通常采用水流方向自上而下的降流式固定床活性炭装置。采用降流式固定床活性炭装置出水水质较好，但水头损失较大，为防止炭层堵塞，需定期进行反冲洗。

3. 运行管理要点

活性炭有一定的吸附容量，当所吸附的物质超过吸附容量时，活性炭的吸附能力就达到饱和，其表现为处理效果下降，这时应更换新的活性炭或将活性炭再生。中水处理系统中由于活性炭用量较少，再生成本较高，一般多为一次性使用，饱和后应及时更换新活性炭。

由于微生物可以使吸附在活性炭表面的污染物得到部分降解，使用生物活性炭可以延长活性炭的使用周期，在中水处理中生物活性炭已经得到应用。

四、膜分离

（一）功能及原理

膜分离过程利用一种特殊的半透膜将污染物与水隔开，使水渗透出来而得到净化。在中水处理中，常用的膜分离方法为超滤和微滤。一般认为，超滤和微滤主要靠物理筛分作用，在对污水施加一定压力后，大于膜孔径的悬浮颗粒及大分子物质被膜截留，而水与低分子物质从膜孔透过。

（二）膜分离装置

膜组件有管式、板框式、螺旋卷式、毛细管式、中空纤维式等多种，在中水处理中用得较多的是中空纤维式。中空纤维式膜是一种如发丝的空心纤维管，将很多中空纤维装入耐压容器中，将纤维开口端固定在圆板上后用树脂密封，成为中空纤维式组件。中空纤维式组件示意图如图5-25所示。

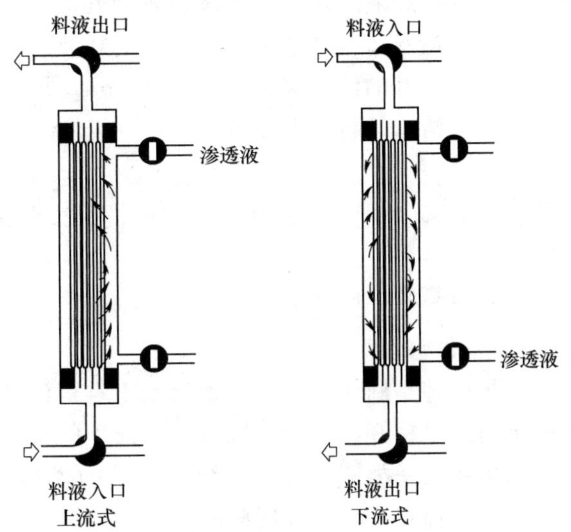

图5-25　中空纤维式组件示意图

（三）膜的清洗

膜的清洗是膜法分离工艺最重要的环节之一，膜必须定时清洗才能保证膜的水通量没有明显衰减，从而延长膜的使用寿命。膜的清洗方法主要有物理清洗和化学清洗两大类。物理清洗包括水浸泡、反冲洗等；化学清洗包括酸碱清洗、表面活性剂清洗、氧化剂清洗等。应根据膜组件的形式和膜的材质正确选择清洗方法。

1. 常用膜清洗方法

（1）注水冲洗。注水可采用膜透过水，也可采用清水，低压高速冲洗膜表面 30min，可使膜的透水性能得到一定的恢复。但这种清洗方法适用于初期污染的膜，经短期运转，膜的透水性会再次下降，因此这种方法并不完善。

(2) 混合冲洗。采用水和空气混合流体在低压下冲洗膜表面 15min，这种处理方法较简单，对于初期受有机物污染的膜是有效的。

(3) 海绵擦洗法。用海绵球对内压管膜进行清洗。海绵球的直径比膜管的直径略大些，在管内用水力让海绵球流经膜表面，对膜表面的污染物进行强制性去除。这种方法对软质垢几乎能全部去除，但对硬质垢易损伤膜表面，因此该法特别适用于以有机胶体为主要成分的污染膜表面的清洗。

(4) 柠檬酸溶液。在低压下，用 1%～2%的柠檬酸水溶液对膜进行连续或循环清洗，此法对污染有很好的清洗效果。

(5) 柠檬酸铵溶液。在柠檬酸的溶液中加入氨水或配成 pH 值为 4～5 的 0.1%～0.2%柠檬酸铵溶液加以使用，也有在该溶液中加入 HCl，调节 pH=2～2.5 后使用。用这种溶液在膜系统内循环清洗 6h，能获得很好的清洗效果，但清洗时间较长。

(6) 加酶洗涤剂。用加酶洗涤剂对有机物，特别是对蛋白质、多糖类、油脂类污染的膜清洗是有效的。

(7) 过硼酸钠溶液。适用于膜的细孔内存在胶体堵塞，过硼酸钠能很容易地渗入细孔而达到清洗的目的。

(8) 浓盐水。对浓厚胶体污染的膜采用浓盐水清洗是有效的，这是因为高浓度的盐水能减弱胶体间的相互作用，促进胶体凝聚形成胶团。

(9) 水溶性乳化液。对被油和氧化铁污染的膜十分有效。

(10) 双氧水水溶液。将 30%的 H_2O_2 用去离子水稀释 25 倍后对膜表面进行清洗。此法对被污水污染的膜具有良好的效果，对被有机物污染的膜也具有良好的效果。

2. 清洗步骤

膜的清洗应按照膜组件生产厂家提供的说明书的要求进行。典型的清洗步骤如下。

(1) 排空废液，用清水清洗膜管中残液。

(2) 用清水运行装置 10min，排空废液。

(3) 用配好的清洗液运行装置 30min，排空废液。

(4) 用清水运行装置 10min，排空废液。

第四节　生物处理工艺及运行管理

一、生物处理概述

1. 生物处理原理

生物处理是利用微生物处理污水中有机污染物的一种工艺，由于其运行费用低廉，降解有机物效果良好，已成为城市污水处理的主体工艺。

微生物是一类体形微小、结构简单的生物，其中大多为单细胞，有的虽然是多细胞的，但形体都很小，一般用肉眼看不见，只有在显微镜下把它们放大后才能看到。细菌的形状和细胞结构如图 5-26 所示，水中常见的微生物如图 5-27 所示。

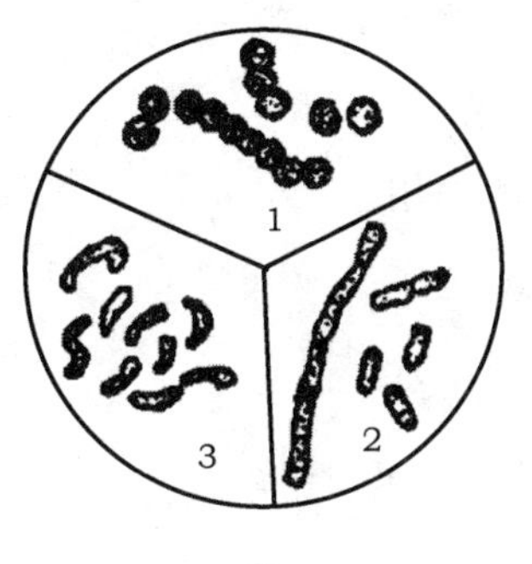

(a) 细菌的形状

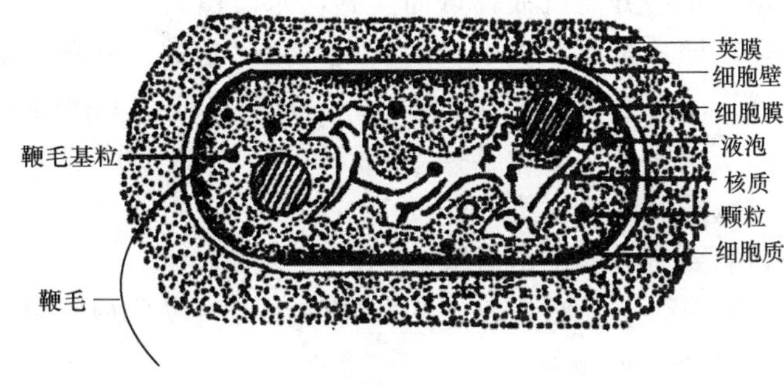

(b) 细菌的细胞结构

图 5-26　细菌的形状和细胞结构

1—球菌；2—杆菌；3—螺旋菌

- 水中的微生物
  - 植物
    - 藻类（和高等植物相同，含有叶绿素）
    - 菌类（一般不含叶绿素）
      - 细菌
        - 细菌（单细胞）
        - 高等细菌（有单细胞的，也有多细胞的菌体一般呈丝状）
      - 真菌
      - 霉菌
  - 动物
    - 原生动物（单细胞的动物）
    - 其他微小动物（多细胞的微小动物，如轮虫、线虫等）

图 5-27　水中常见微生物

微生物中有一种是有机营养型好气菌，在污水中它们主要是以水中有机物和极少量矿物质为食物，当污水中含有足够的溶解氧，环境适宜时，它们便会迅速生长繁殖。在这个过程中，一部分有机物被氧化分解成 CO_2、H_2O 等无机物，并放出能量供细菌所需；另一部分有机物被微生物吸收合成为新的细胞物质，同时也有一部分微生物的细胞物质被氧化分解，供应能量，将微生物的自身氧化分解称为内源呼吸，微生物好氧代谢过程如图 5-28所示。

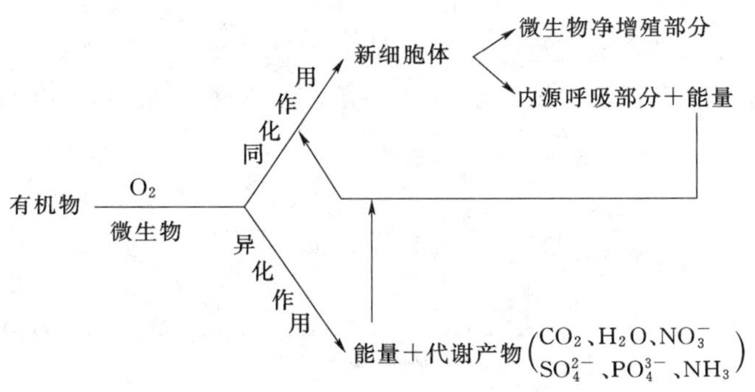

图 5-28　微生物好氧代谢过程图

细菌的氧化分解、合成作用，可把全部有机物无机化，但是需要一个相当长的时间才能完成，在工程实践中是不现实的。工程中多是利用微生物进行一定时间生化处理后，使绝大部分有机物被氧化和合成为新细胞原生质，而后使其出水进入沉淀池，利用微生物凝聚作用从水中分离沉淀，从而达到污水澄清有机质被去除的目的。

生物处理主要靠微生物的作用，微生物的适宜环境如下。

(1) pH ＝6.5～9.0，偏酸、偏碱都将抑制生物的新陈代谢作用。

(2) 要有足够的营养物，一般要求 C∶N∶P＝100∶5∶1。

(3) 适宜的温度为 20～35℃。

(4) 要有足够的溶解氧。

(5) 有毒物质浓度不得超过容许浓度，以免抑制微生物新陈代谢作用。

2. 生物处理分类

污水处理有厌氧处理与好氧处理之分，厌氧处理是利用厌氧菌，在无氧的条件下对有机物进行氧处理分解。中水处理中由于规模小，原水水质浓度较低，周围环境要求高，故很少采用厌氧处理法。

好氧处理根据微生物集聚状况，分为活性污泥法和生物膜法。

(1) 活性污泥法。微生物集聚成絮凝体形成活性污泥，在池内呈悬浮状态，在与污水接触过程中对污水中有机物进行处理。

(2) 生物膜法。以某种材料作为载体，微生物在载体表面生长、繁殖，形成以微生物为主体、对有机物有一定降解能力的薄膜，当污水流经这些薄膜时，污水中有机污染物得到去除，如生物滤池、生物转盘、接触氧化法等。

城市污水处理厂或区域集中回用水处理设施中常采用活性污泥法，而单独建筑的中水处理设施由于规模较小，多采用接触氧化法、生物滤池、生物转盘等。

二、活性污泥法

1. 活性污泥法简介

有机废水经过一段时间的曝气后，水中会产生以细菌等微生物为主体的浅褐色絮凝体，这种污泥絮体就是活性污泥。活性污泥是由大量微生物凝聚而成，具有很大的表面积，性能优良的活性污泥应具有较强的吸附性能和氧化分解有机物能力，同时还具有良好的凝聚沉降性能。

2. 活性污泥法处理系统

(1) 常规活性污泥法系统流程。由曝气池、供气系统、二沉池、污泥回流设施四部分组成，其流程如图 5－29 所示。该流程的特点是，水在曝气池中，连续进水，连续排水。

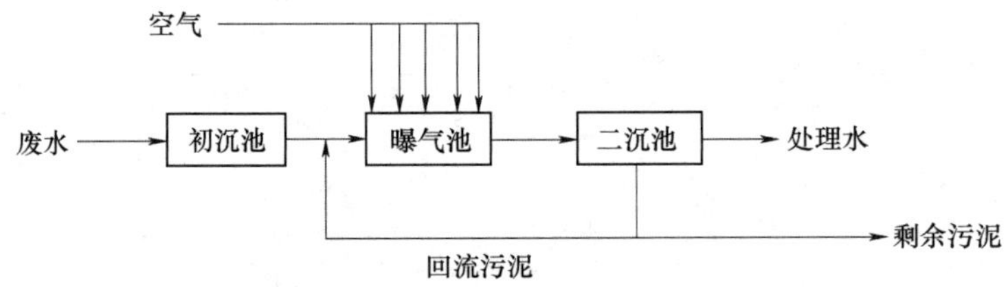

图 5－29　常规活性污泥法流程

(2) 改进型活性污泥法系统流程。为了适应小型污水处理的需要，依据自控技术的发展，出现了多种新型活性污泥的处理流程。其中 SBR 法流程的特点是，水在曝气池中，分批进水，分批排水，即序批法，其曝气时不排水，停气沉淀后排水和排剩余污泥。其

CASS法流程的特点是连续进水，分批排水；其曝气时不排水，停气沉淀后排水和排剩余污泥，进水则始终是连续的。

1）序批法（又称SBR）系统流程，如图5－30所示。该法不需要初沉池和二沉池，不需设污泥回流设备，能同时进行生物除氮脱磷。但通常要两组曝气池，以便轮流进水、轮流排水。

2）CASS法流程，如图5－31所示。

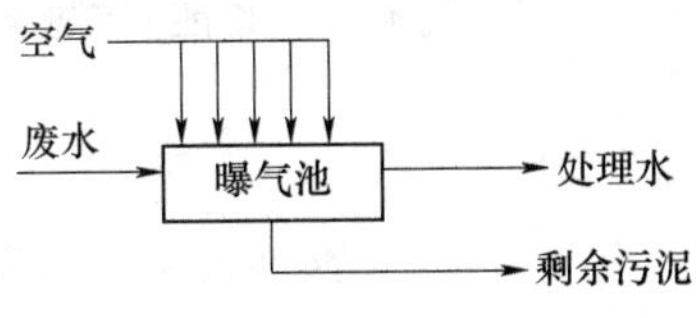

图5－30　SBR活性污泥法流程

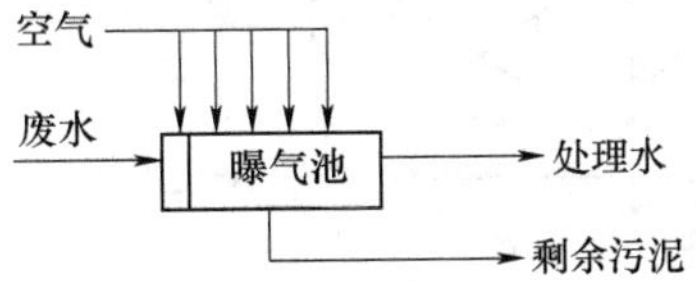

图5－31　CASS活性污泥法流程

3. 活性污泥的培养驯化

生物处理需要大量的微生物，但是污水中含量很少，因此在正常运行前首先要进行污泥培养，污泥的培养就是采取一定措施，使微生物大量繁殖，不仅有足够的数量，而且还要有良好的活性。污泥的驯化是使微生物逐步适应所处的环境，使其在特定环境中能繁殖生长。

污泥的培养按菌种来源可分为接种培养法与直接培养法两种。

接种培养法是从水质类似的生化处理厂拉运一定量的活性污泥，投入到曝气池内，而后进水，为使污泥适应并防止流失，可先间歇运行，即进一池水曝气，而后静止沉淀，排掉上清液，然后再进水，重复操作若干次后，可改为连续进水。当污泥具有一定数量，一般$MLSS$＝2000～3000mL/L，BOD、COD有一定的去除率，微生物组成良好，污泥的培养即告结束，可进入正式运行。当附近没有水质类似的生化处理厂时，也可以拉运干污泥，用水化开后投入池内进行接种培养。

当不具备上述条件时，可采用直接培养法。直接培养法就是利用污水中微生物，在有食料和溶解氧的情况下进行繁殖生长。规模大的污水处理厂多用直接培养法。

曝气池运行过程中，要注意保持池内有足够溶解氧，溶解氧低于0.5mg/L易造成池内厌氧，一般保持溶解氧为2mg/L，太高也不好，不仅浪费动力，而且在负荷低时还易造成微生物过氧化。

曝气池运行中要防止污泥膨胀，以免污泥在沉淀池内沉不下而随水出流，造成池内污泥减少，影响处理效果。污泥膨胀多发生在水温过高、溶解氧较低，碳氮比失调时，此时应加大曝气量，提高池内溶解氧量，在沉淀池进水处加入一些混凝剂，防止污泥流失。

三、生物接触氧化法

（一）生物接触氧化法概述

生物接触氧化法是生物膜法中的一种，也是目前中水处理中应用最为广泛的方法。

生物接触氧化法在池内设置填料，在填料上培养微生物并进行曝气，污水流经填料与填料上的生物膜接触，在生物膜的作用下，污水中有机质被氧化分解，污水得以净化。由于生物接触氧化法对冲击负荷适应力较强，剩余污泥量少，无污泥膨胀问题，不需要回流污泥，便于运行管理，故中水处理和其他小型污水处理系统中应用较多。

（二）生物接触氧化法处理装置

生物接触氧化法处理系统与活性污泥法类似，区别是由生物接触氧化池代替曝气池，此外污泥在二沉池沉淀后不再回流而直接排放或处置。

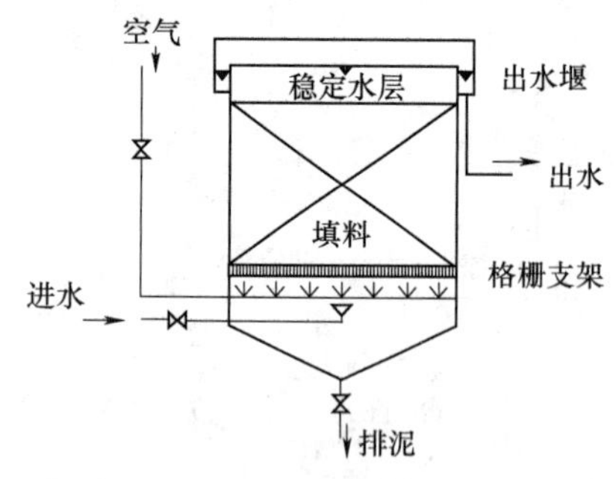

图 5-32　生物接触氧化池构造

生物接触氧化池是生物接触氧化法工艺的主要处理装置，生物接触氧化池由池体、填料和布水布气装置三部分组成。生物接触氧化池构造如图 5-32 所示。

1. 池体

生物接触氧化池可以是钢筋混凝土结构，也可以是钢结构。其断面形状有矩形、方形、圆形等。生物接触氧化池池壁一般安装有支撑填料的支架和进水、进气管的支座。池体高度通常为 3.5～6m。

2. 填料

填料是生物膜的载体，是微生物赖以栖息的场所。对载体填料的要求：易于生物膜附着、比表面积大、化学和生物稳定性好、经久耐用、价廉易得、施工方便。填料的材质主要是有机合成材料，如硬质聚氯乙烯、聚丙烯、环氧玻璃钢、环氧纸蜂窝等；还开发出软性填料、半软性填料、组合填料、弹性填料以及漂浮填料等多种新颖形式的填料。

硬性填料，如玻璃钢蜂窝状填料等，由于造价高、易堵塞，近年来应用逐渐减少。

软性填料是以化纤长丝为原料加工编结而成，最早产品为中心绳散丝打结，抗拉力不均匀，运转中受磨接易裂。现改为中心绳用专门加工的紧纺纤维绳固定连接，而纤维横向束采用塑料圆形小压扣压制工艺，使每束纤维分布均匀，克服了圆形填料横束在水中不易张展，纤维束集中、偏向、分布不均的缺点。

半软性填料由高分子聚合物制成，克服了软性填料在曝气池内结团、内部厌氧的缺点。但从目前使用看，存在造价高、不易挂膜、启动时间长的缺点。

组合填料是后来发展起来的一种填料，组合填料综合软性填料与半软性填料的优点，由两半软性圆片对合而成的中心环及周边扎紧的软性纤维填料组成，既可避免挂膜后结球、中心厌氧，又可降低半软性填料造价，增大表面积，克服半软性填料不易挂膜的缺点，但在选用产品时，要注意产品中心绳结扎牢固以及强度和横向纤维束的固定性。

3. 布水、布气装置

布水、布气的均匀性对生物接触氧化工艺十分重要，布水、布气不均匀将影响填料发挥作用，降低生物接触氧化池的工作效率。对生物接触氧化池供气不仅可以保持池内微生物所需要的溶解氧浓度（2～4mg/L），还起到搅拌形成紊流的作用，有利于均匀布水，使被处理水与生物膜充分接触，提高处理效果，同时可以防止填料堵塞，促进生物膜更新。

目前在生物接触氧化池中应用的布水方式分顺流和逆流两种。顺流指进水与进气同一方向，生物接触氧化池中水、气同向流动，此种方式填料不易堵塞，生物膜更新情况良好，较易控制；逆流指进水与进气方向相反，生物接触氧化池中水、气逆向流动，气液接

触条件好，增加了气、水与生物膜的接触，但不利于填料上生物膜的脱落更新。

（三）常用流程

生物接触氧化法的处理流程通常有两种，即一段法（一次生物接触氧化）和两段法（两次生物接触氧化）。

1. 一段法

一段法流程如图 5－33 所示。

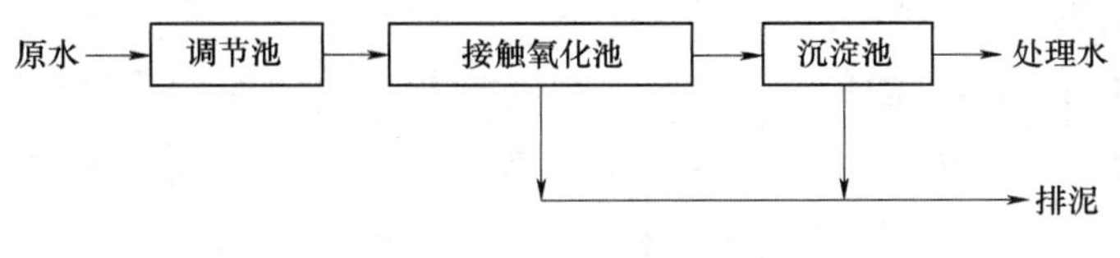

图 5－33　一段法流程

一段法也称一氧一沉法。待处理水进入生物接触氧化池处理后流入二次沉淀池进行泥水分离，分离后的水从池中溢出，污泥定期排出。

2. 两段法

两段法流程如图 5－34 所示。

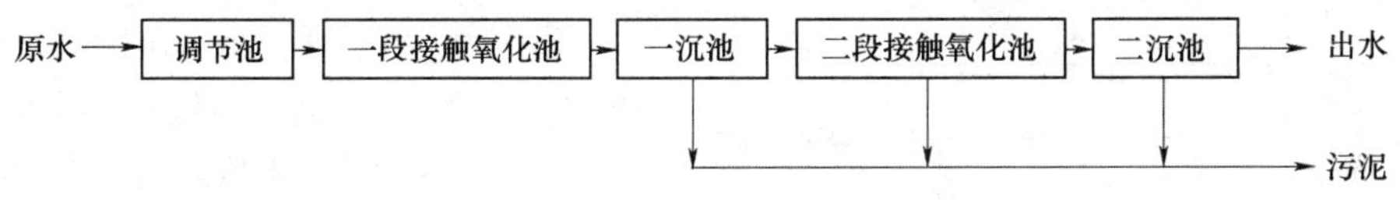

图 5－34　两段法流程

两段法也称二氧二沉法。待处理水进入第一生物接触氧化池处理后流入中间沉淀池，进行泥水分离，分离后的水进入第二生物接触氧化池，继续处理后流入二次沉淀池再次进行泥水分离，分离后的水从池中溢出，污泥定期排出。

当原水浓度较低时一般采用一段法处理流程即可满足要求；当原水浓度较高或出水水质较严格时一般采用两段法处理流程，以便增加生物氧化时间，提高处理效果，同时使微生物更加适应水质变化，出水效果更加稳定。

四、曝气生物滤池

（一）曝气生物滤池概述

曝气生物滤池是 20 世纪 80 年代初出现的一种新的好氧生物膜法处理工艺。该方法将生物接触氧化与过滤结合在一起，通过反冲洗实现滤池的周期更替。

污水通过滤料层时，滤料上附着的微生物降解水中的有机污染物，同时滤料截流污水中悬浮状态的污染物。曝气系统向池内持续供气，维持微生物对氧气的需求，也保证了水流处于紊动状态。

在污水的二级处理中曝气生物滤池表现出处理负荷高、出水水质好、装置结构紧凑、占地面积小等优点。曝气生物滤池已在中水处理中得到应用。

（二）曝气生物滤池运行方式

曝气生物滤池有两种运行方式。

1. 逆向流

逆向流也称下向流，污水从曝气生物滤池的上部进入，水流与从下部进入的空气逆向运行，逆向流曝气生物滤池出水水质较稳定，一般后面不需要设沉淀池。

2. 同向流

同向流也称上向流，污水从曝气生物滤池的下部进入，水流与从下部进入的空气同向运行，同向流曝气生物滤池出水水质不够稳定，必要时后面需设沉淀池。

（三）曝气生物滤池构造

曝气生物滤池由池体、滤料、布水布气装置、反冲装置四部分组成。曝气生物滤池构造如图 5－35 所示。

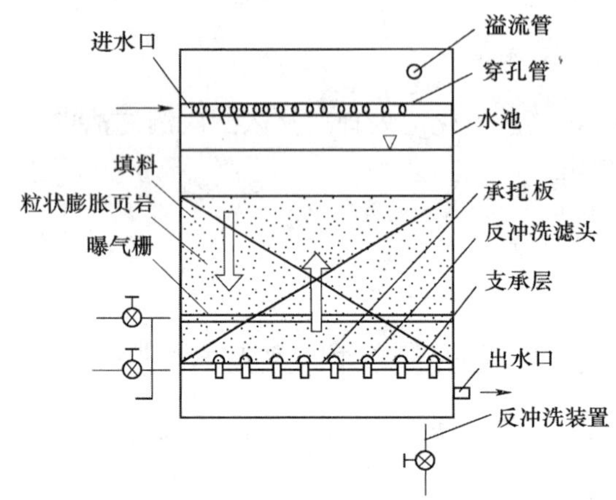

图 5－35　曝气生物滤池构造

1. 池体

曝气生物滤池可以是钢筋混凝土结构，也可以是钢结构。其断面形状有矩形、方形、圆形等。曝气生物滤池池壁一般安装有滤料承托层的支架和水、气管的支座。池体高度通常为 4～6m。

2. 滤料

曝气生物滤池一般采用砂粒、粒状膨胀页岩、陶粒、活性炭、沸石等作为滤料。滤料的粒径主要取决于曝气生物滤池的功能。研究结果表明，滤料粒径越小，曝气生物滤池的效果越好，但小粒径会使其工作周期变短，滤料也不易清洗，相应的反冲洗水量也会增加，因此应综合考虑各种因素以选定合适的滤料粒径。目前，曝气生物滤池普遍采用的滤料粒径为 3～6mm，滤层厚度为 3～4m。

3. 布水、布气装置

布水、布气的均匀性对曝气生物滤池工艺十分重要，布水、布气不均匀将影响填料发挥作用，降低曝气生物滤池的工作效率。供气不仅可以保持池内微生物所需要的溶解氧浓度（2～4mg/L），还起到搅拌形成紊流的作用，有利于均匀布水，使被处理水与生物膜充分接触，提高处理效果，同时可以防止填料堵塞，促进生物膜更新。

4. 反冲装置

曝气生物滤池的反冲装置与普通快滤池的反冲装置相似。目前，普遍采用的反冲洗方式是气水联合反冲洗，即先用气冲，再用气、水联合冲洗，最后再用水漂洗。不同形式、不同滤料的曝气生物滤池，其反冲洗强度、历时、周期各不相同，用水量和用气量也存在较大差异。

五、生物转盘

1. 生物转盘概述

生物转盘由许多平行排列浸没在水槽（氧化槽）中的圆形盘片组成。盘片的盘面近一半浸没在水面之下，盘片上长着生物膜。它的工作原理和生物滤池基本相同，盘片在与之

垂直的水平轴带动下缓慢地转动，浸入废水中那部分盘片上的生物膜便吸附废水中的有机物，当转出水面时，生物膜又从大气中吸收所需的氧气，使吸附于膜上的有机物被微生物所分解。随着盘片的不断转动，最终使槽内废水得以净化。

2. 生物转盘特点

同活性污泥法及生物滤池相比，生物转盘具有一定优越性，它不会发生如生物滤池中滤料堵塞的现象或活性污泥中污泥膨胀的现象，可忍受负荷的突变，脱落的生物膜比活性污泥易沉淀。但生物转盘投资较高，占地面积也较大，往往应用于小规模的污水处理工程。初期的中水处理工程中生物转盘有一些应用，但实践表明，生物转盘容易产生气味，影响周围环境，此外由于使用转动部件，机械维修工作量较大，近年建设的中水处理设施已较少应用。

3. 生物转盘构造

生物转盘由盘片、接触反应槽、转轴及驱动装置组成。盘片采用插片式连接，以中心管为转轴，转轴的两端安设在半圆形接触反应槽的支座上。生物转盘的转盘面积约 40% 浸没在槽内的污水中，转轴高出水面 10～25cm。生物转盘构造如图 5－36 所示。

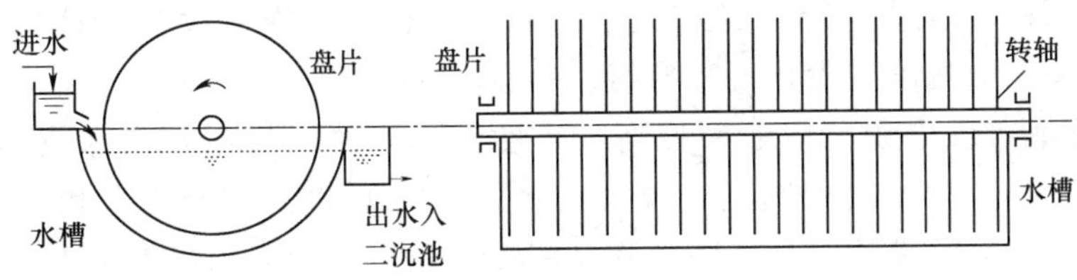

图 5－36　生物转盘构造

六、膜生物反应器

1. 膜生物反应器概述

膜生物反应器是一种将膜分离技术与活性污泥法相结合的新型生物处理工艺。一体化膜生物反应器将膜组件浸没在生物反应器内，微生物在反应器中氧化降解污水中的有机物，处理后的水从膜孔透过，从而使污水得到净化。

膜生物反应器工艺具有装置紧凑（不需要二沉池）、占地面积少、污染物去除效率高、耐冲击负荷、出水水质好、易于实现自动控制等诸多优点，已在中水处理中得到应用。

2. 膜生物反应器分类及构造

膜生物反应器的分类和构造详见第三章。

在中水处理中通常应用一体式膜生物反应器。一体式膜生物反应器构造示意图如图 5－37 所示。

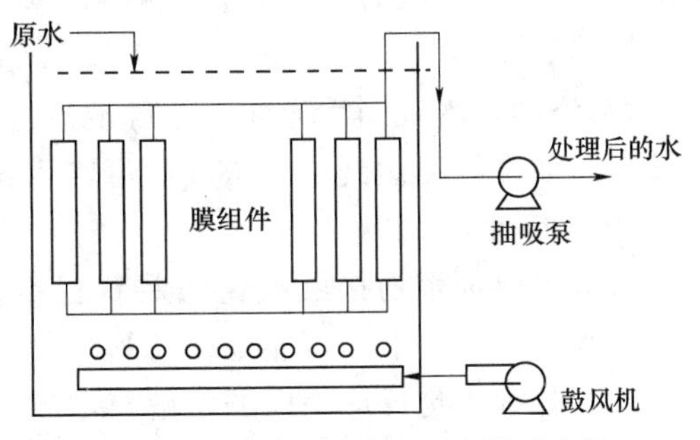

图 5－37　一体式膜生物反应器示意图

3. 膜污染与清洗

和物化处理中的膜分离工艺一样，膜生物反应器中的膜组件在运行一段时间后也会由于膜受到污染而导致膜通量降低，因此同样需要采取措施清除膜的污染。

在一体式膜生物反应器运行中，适当的曝气强度和有规律地间断曝气，都可以有效减缓膜污染进程。但运行一段时间后仍需对膜进行清洗，常用的物理清洗方法和化学清洗方法与物化处理中的膜组件清洗方法基本相同。由于膜生物反应器中有机污染更为严重，因此清洗时应注意采用针对有机污染的清洗方法。

七、生物处理设施的运行管理

好氧生物处理设施的运行管理在很多方面是相同的，在这里介绍适合于生物接触氧化法、一体式膜生物反应器、活性污泥法曝气池及部分其他生物处理工艺生物氧化池的运行管理内容。

1. 运行调试

(1) 系统空车调试。先检查各种设备的安装是否符合设计要求以及曝气管是否在同一高程上，其误差不得超过设计规定值。然后按照设备说明书的规定，对各种设备进行空车调试，达到要求后方可转入下一步。

(2) 清水联动试车。试车前应检查反应器系统自动控制和其他机械设备的运行状况。

1) 启动设备。应在做好启动准备之后进行。操作前应在开关处悬挂指示牌。操作人员启闭电器开关，应按电工操作规程执行。

2) 当氧化池（膜生物反应池，相当于活性污泥法的曝气池）内水位达规定水位时，手动开启出水泵，并调节出水阀门，观察出水泵进口处和出口处压力和出水口流量的变化。调节出水量至装置设计水量（膜生物反应器的膜片设计清水最大出水量）。

3) 生物接触氧化法要注意氧化池的布气均匀性，对布气管的水平度进行调整，对气量的不均匀用阀门进行调节，以防止氧化池有局部死水区存在。

4) 系统自动控制运行调试。当系统进入自动运行状态时，系统自动完成进水、曝气、出水、消毒等程序，然后进行带负荷调试运行直至达到设计要求。

(3) 接触氧化法生物膜的培养驯化。在正式处理污水之前，需用污水直接连续进行好氧微生物培养，使填料附着上成熟的生物膜。当膜的颜色由浅入深直至稳定时，即完成培养和驯化，可进入正式运行。

(4) 膜生物反应器（或活性污泥法）内活性污泥的培养驯化，可分为间隙式和连续式两段进行。

1) 间歇培养。在反应器（曝气池）内接种一定量的活性污泥，开启鼓风机曝气，控制溶解氧在适当范围内，随时检测溶解氧、pH 值、*MLSS* 和用显微镜观测生物相变化。间隙培养数日。

2) 连续培养。当反应池（曝气池）内有一定量的活性污泥时可连续培养。连续培养数日，当活性污泥达到一定浓度后可转入正常运行。

2. 运行管理

(1) 为保证生物接触氧化法装置稳定、高效地工作，应使氧化池进水流量连续、稳定，在水质、水量上尽可能地保持均匀。

(2) 各种生物反应池内的溶解氧浓度应保持在 2～4mg/L 范围内。

(3) 膜生物反应器可连续进水，应间断出水。出水运行时间宜占总时间的 80%～90%。

（4）处理系统自动运行时应具有下列功能。

1）调节池达下限水位时系统供水泵自动停止，达上限水位时恢复运行。

2）膜生物反应池达下限水位时，反应区出水泵自动停止，达上限水位时恢复运行。

3）中水池上限水位时系统供水泵自动停止向处理系统供水，反应池的出水泵与系统供水泵同时停止，两者实现联动。

4）膜生物反应器的膜堵塞造成出水泵吸水管负压上升达到0.04MPa时报警，且出水泵自动停止。

5）膜生物反应器可进行周期性出水，自动进行膜清洗。

（5）手动运行时应按操作规程依次开启设备按钮开关。先启动进水泵，再开启鼓风机；氧化池（膜生物反应池）水位正常后再启动出水泵。

（6）应根据进水量的变化和工艺运行情况调节出水泵水量。

（7）膜生物反应器（或活性污泥法）应通过调节污泥负荷、污泥龄或污泥浓度等方式进行工艺控制。

3．维护保养

（1）装置内氧化池填料使用年限一般为5年左右，届时依据实际情况进行更换或补充。

（2）应每年放空氧化池一次，清通和检修曝气装置。

（3）射流曝气器等曝气设备，应定期进行维修。

（4）膜生物反应器膜组件的维护。

1）反应器运行时应保持一定的活性污泥浓度。应在反应器运行基本稳定后开始膜的出水运行。

2）必须保持对膜面有良好水力冲刷作用的曝气量。

3）应保持操作条件稳定，以减少膜污染。

4）运行时吸水管负压应保持在规定的范围内，保证出水量。如出水量下降超过设计值或吸水管负压超过指定范围，则应对系统进行化学清洗。

（5）膜的化学清洗。

1）当膜污染严重而无法恢复设计出水量时，必须进行化学清洗。

2）化学清洗应由专业人员进行。

（6）膜的更换。

1）当膜的运行时间达到规定的使用寿命或在使用中造成损坏，化学清洗不能恢复其功能时，应对膜进行更换。

2）膜更换应由专业人员或生产厂家进行。

3）新膜投入运行前，应按要求进行调试和验收。

4．异常问题及对策

好氧生物处理运行管理中可能出现的异常现象、原因分析及对策见表5-3。

表 5－3　　好氧生物处理运行管理中异常现象、原因分析及对策

异常现象	原因分析	对　策
氧化池或曝气池产生臭味	供氧不足，水中溶解氧低	增加供气量，使水中溶解氧高于 2mg/L
填料上生物膜过厚或填料结球	(1) 氧化池中布水、布气不匀 (2) 氧化池曝气强度不够 (3) 填料形式不适合	(1) 改造布水、布气系统 (2) 瞬时或持续加大氧化池曝气强度 (3) 改善填料结构，必要时更换填料形式
氧化池或曝气池污泥发黑	水中溶解氧低，产生厌氧分解	增加供气量或加大回流量
氧化池中有上浮污泥	氧化池排泥不充分或排泥周期过长	加强氧化池排泥
氧化池或曝气池泡沫过多	进水洗涤剂过多	压力水冲或滴加消泡剂
活性污泥变白	丝状菌或固着型纤毛虫大量繁殖	采用调节营养配比、水中溶解氧值等方法控制丝状菌大量繁殖
沉淀池有大块黑色污泥上浮	沉淀池积泥，局部产生厌氧分解	防止沉淀池产生死角，必要时排泥后用水或压缩空气冲死角区
二沉池上清液浑浊，出水水质差	负荷过高，有机物氧化不完全	减少进水流量，减少排泥
二沉池有细小污泥不断外漂	污泥缺乏营养	投加营养物质或停开部分装置
膜生物反应器出水减少	膜污染或膜孔堵塞	采取膜清洗措施
膜生物反应器出水水质突然变坏	部分膜组件损坏	检查并更换损坏组件

第六章　中水利用与管理

第一节　中水安全使用管理

一、加强中水安全使用管理的必要性

中水作为一种水源，视觉及嗅觉感官应当是无色透明，闻着无不快感觉的“清水”，经过消毒后的细菌指标与饮用水是一样严格的。因此，只要是达到国家规定水质标准的中水，使用应该是安全的。

但是，建筑中水的水源来自于生活污水和城市污水，是经过二级处理后再经过滤、消毒等工艺之后的深度处理。这些工艺主要是去除常规污染物质，对重金属及难降解的有毒、有害物质处理效果有限。消毒工艺是以氯化消毒为主，由于中水所含的有机物种类较多，对消毒效果及消毒副产物的生成有明显影响。在中水中仍可能含有重金属、消毒副产物、有机污染物和氮、磷、无机盐等情况下，中水对环境和人体健康仍存有潜在威胁，因此，加强其安全使用管理是十分必要的。

此外，考虑到建筑中水规模小、管理人员技术水平不一、水质不达标的情况时有发生，这就更需要我们增强责任感，加强对中水设施运行维护和安全使用的管理力度。

中水的安全使用管理应从多方面入手：一方面要加强管路及取水口的标识和巡视检查；另一方面要加强宣传和告知，要尽量避免中水在使用中的安全事故，避免与人体的直接接触，防止误饮、误用、误接。

二、中水使用安全管理的各项措施

建筑中水管理单位应对所辖范围内的中水管路、取水口、中水用途、使用方式、用水安全等方面进行严格管理，使各项措施到位，保证中水的安全使用。应当采取以下措施。

（1）对于中水管路和取水口，主要采取明显标识。中水管线中的井盖、水箱、管道及出水口等设施上，应涂成规定颜色，在显著位置给予标识，标注“非饮用水”或“中水”等字样。此外，对管线和各取水口要有专人巡视检查防止误用，尤其是对居民家庭装修，在改动管路时应跟踪检查。对于隐蔽管路的连接处，应在隐蔽前做好检查验收工作。装修完成后，要进行中水管路与生活饮用水管路的误接排除，防止误接、误饮的可能。

（2）对于中水用途，除了标识、巡视检查、广泛的宣传告知外，还要对管路采用措施，避免不适当地使用。如室外和公共场所的取水口应采取加锁或管路设置专用阀门方式进行控制，使室外和公共场所的管路和取水口完全由专人控制，以防止各种误用的发生。

（3）对于使用方式的要求，主要是指绿化用水。绿化方式可采用滴灌或喷灌，但应尽量避免喷灌，以减少对空气的污染。如无法采用滴灌方式时，要避开人群活动频繁的时间

进行，最好是在晚间，以避免中水与人体的直接接触，在喷水口附近 10m 范围内，不宜设居民饮食和饮水点。工作人员自身也应采取必要的防护措施。

三、物业单位应告知装修公司和居民注意事项

（1）告知室内装饰、装修人（或企业）：不得擅自拆改中水管道和设施，禁止将中水管道与生活饮用水管道连接；不得将废弃涂料、溶剂等物质倒入中水原水收集管道中。

（2）向使用中水或可能接触中水的人员做好中水安全使用的告知和宣传，告知内容包括中水用途、水质标准、安全防护和注意事项等。特别要提示中水禁止用于饮用、洗菜、做饭、洗澡、洗衣服、擦桌子和擦洗汽车内部等。长期无人使用的便器水箱应将所存中水放空。

第二节　中水检测标准与方法

一、水质标准

中水是可回用的再生水，根据不同回用用途国家有关部门制定了不同的水质标准。为确保卫生、安全供水，必须保证处理后的水达到规定的水质标准。

依《城市污水再生利用 城市杂用水水质》（GB/T 18920—2002），城市杂用水水质标准见表 6－1。景观环境用水的再生水水质指标见表 6－2。

表 6－1　　城市杂用水水质标准

序号	指　　标		冲厕	道路清扫、消防	城市绿化	车辆冲洗	建筑施工
1	pH 值（无量纲）		6.0～9.0				
2	色度/度	≤	30				
3	嗅		无不快感				
4	浊度/NTU	≤	5	10	10	5	20
5	溶解性总固体/(mg/L)	≤	1500	1500	1000	1000	—
6	5 日生化需氧量 BOD_5/(mg/L)	≤	10	15	20	10	15
7	氨氮/(mg/L)	≤	10	10	20	10	20
8	阴离子表面活性剂/(mg/L)	≤	1.0	1.0	1.0	0.5	1.0
9	铁/(mg/L)	≤	0.3	—	—	0.3	—
10	锰/(mg/L)	≤	0.1	—	—	0.1	—
11	溶解氧/(mg/L)	≥	1.0				
12	总余氯/(mg/L)		接触 30min 后≥1.0，管网末端≥0.2				
13	总大肠菌群/(个/L)	≤	3				

注　混凝土拌和用水还应符合《混凝土用水标准》（JGJ 63—2006）JGJ63 的有关规定。

表 6-2　　　　景观环境用水的再生水水质指标

序号	项　　目	观赏性景观环境用水			娱乐性景观环境用水		
		河道类	湖泊类	水景类	河道类	湖泊类	水景类
1	基本要求	无漂浮物，无令人不愉快的嗅和味					
2	pH 值（无量纲）	6～9					
3	5 日生化需氧量 BOD_5/(mg/L)	≤10	≤6		≤6		
4	悬浮物 SS/(mg/L)	≤20	≤10		—		
5	浊度/NTU	—			≤5.0		
6	溶解氧/(mg/L)	≥1.5			≥2.0		
7	总磷（以 P 计）/(mg/L)	≤1.0	≤0.5		≤1.0	≤0.5	
8	总氮/(mg/L)	≤15					
9	氨氮（以 N 计）/(mg/L)	≤5					
10	粪大肠菌群/(个/L)	≤10000		≤2000	≤500		不得检出
11	余氯/(mg/L)	≥0.05					
12	色度/度	≤30					
13	石油类/(mg/L)	≤1.0					
14	阴离子表面活性剂/(mg/L)	≤0.5					

二、日常水质检测项目的简易检测方法

根据北京市关于中水设施管理的相关规定，中水设施运行管理单位对正常运行的中水设施需定期化验水质，按国家城市污水再生利用水质标准，每年进行中水水质监测不得少于一次。但是，中水设施的运行单位若高频次地将中水水样送往有资质监测单位监测是不可能的。因此，要求各单位加强中水水质的常规项目的日常检测，严格控制中水出水水质，保证安全供水。目前，根据单位的实际情况和监控能力，应将 pH 值、色、嗅、浊度、总余氯作为日常水质监测项目，并应掌握上述项目的简易检测方法。

1. pH 值的简易测定

pH 值常用测定方法是氢离子选择电极法（或称电位计法）这里给大家介绍一种简易测定方法——试纸法。这种试纸在普通的化学试剂商店均有售。在试纸的包装盒上设有 pH 值 1～14 各种示值的色标。测定时，用玻璃棒蘸取少量试液，点在试纸上。稍等片刻，就会在试纸上成色，然后和标准色标比较，就会得出待测试液的 pH 值数值。

这种方法简单易行，但灵敏度及准确度均较差。

2. 余氯的简易测定

余氯的测定方法较多。现介绍一种简易测定方法——余氯检测盒。在检测盒中，设有一组有梯度色差的安瓿瓶（盛液约 5mL）分别代表不同浓度。还有一支 5mL 的试管。测定时在试管中装入 5mL 有代表性的水样，滴入 2～3 滴成色剂（检氯盒中有备），放置 10min 后，和标准系列比较就可得出被测水样的总余氯值（水样温度最好是 15～20℃）。

这种检测盒体积小、重量轻、携带方便、容易操作，但是精确度及准确度均较差。适合测定浓度值在盒中规定范围的水样。因测定使用液较少（约为标准法的 1/10）超标水样的稀释测定就显得更困难。

3. 嗅的测定

嗅是水的一项感观性状指标。测定时约取 100mL 水样，置 250mL 的锥形瓶中，振摇后嗅其气味，用文字描述嗅的结果。

4. 浊度的测定

浊度也是水的一项感观性状指标。通常用浊度仪或分光光度法测定。

5. 色（度）测定

色（度）是指溶解状态的物质，使水产生的颜色。常由铂-钴标准比色法测定。由铂-钴标准溶液配成一个色阶。色阶的每一支管（通常选用盛液 50mL）代表一个色度值。取与标准色阶中同体积的水样，和标准色阶进行比较，就可得出水样的色度值。

第三节　中水检测与管理

一、水样取样点的标志和位置

1. 取样点的标志

水样的取样点应有清晰的标志，便于正确操作和提高数据的可比性，也便于水质检验部门的检查和监督。

2. 取样点的位置

按不同的检测目的和监测项目，应有不同的取样位置。具体要求和原因如下。

（1）原水取样应在调节池出水口。原水水质随不同时间而有相应的变化，在一天内不同时间取得的水样检测结果会不同。调节池对水质有均衡作用，原水经过调节池后，水质相对均衡，能反映一定时段内的平均水质。为了更好地反映每天的水质情况，若在调节池出口处一天内取数个样进行混合后化验，则更能说明一天的平均水质，以消除短时间内变化的影响。

（2）中水取样应在中水池进水口前。在中水池内，由于有补水系统，可能使得水样中混有自来水，不能准确反映水质处理的效果。为了确定中水处理系统的处理效果，应在中水池进水口前取样。

（3）余氯指标测定取样点应包含：控制点——管网末端的测定点；辅助控制点——中水站内的消毒接触反应池后。

余氯是对中水水质的一项特殊控制指标。水中的余氯在管道输送过程中，由于管路或水中杂质对余氯的消耗，余氯会逐渐降低。在出中水站时余氯合格，但到了管网末端，水中的余氯就可能不合格。所以，为保证用户的用水安全，对余氯的取样要求在管网的末端，也就是中水最远处的用户，此处水中余氯应该是满足标准要求才算是合格的。因此，对中水消毒药剂的投加量要以管网末端为控制依据点。

中水消毒的操作实际是在中水站内进行的，要在中水站内对管网末端的余氯进行控制，应该通过自动控制仪表实现，也就是由管网末端设置余氯检测装置，通过线路传递信号到中水站内，对中水站内的消毒药剂的投加量进行自动控制。但实际工程中，为了节省费用，往往没有自动控制装置，因此，在中水内要增加一个辅助控制点。在调试时，找出

控制点余氯合格值和辅助控制点余氯实际值的对应关系，以辅助控制点的余氯值控制消毒药剂的投加量。所以，在没有余氯自控装置时必须有一个辅助控制点。

在辅助控制点的余氯实际值，必须大于余氯标准值，才有可能使管网末端的余氯合格。在管网情况相对稳定时，这两点的余氯值有一个大致的对应关系，可作为投药量控制的参考，但两者的对应关系要定期进行核定。因为，在水质和水温等因素变化时中水输送过程中余氯的消耗量会发生变化，故对应关系也会发生变化。

二、水质检测项目、方法、周期和检测单位的资质

（1）取样和检测方法应符合国家有关标准规定。目前，国家已颁布实施了中水作为城市杂用和景观用水的水质标准，包括《城市污水再生利用 城市杂用水水质》（GB/T 18920—2002）和《城市污水再生利用 景观环境用水》（GB/T 18921—2002）。水质检测方法也在标准中作了相应的规定，这两个标准是当前水质检测的重要依据。

（2）水质检测项目与周期，应符合《建筑中水运行管理规范》（GB11/T 384—2006）的规定。不同的项目其周期也不同，日常监测项目必须每日进行检测，而全项指标检测项目应每年不少于一次。日常检测项目是嗅、色度、pH 值、浊度和余氯。

（3）全项水质项检测报告应由具备相应资质的单位出具。国家对水质检测单位的资质有专门的管理制度和办法，要想进行水质检测的单位，必须取得国家管理单位的资质认证。只有取得资质认证后，所出具的报告才有法律效应。

（4）日常水质监测方法参见《建筑中水运行管理规范》（DB11/T 384—2006）的附录 E。该方法由运行操作人员为了控制运行状况所采用的简易方法，不作为正式数据，只作参考。

三、北京市对中水水质检测的要求

（1）中水运行管理及供水单位应接受北京市水行政主管部门的水质监督和抽检。

（2）已经正常供水的中水设施，一经检出中水水质不合格，应立即停止供应中水，改供自来水，并及时整改、调试。调试后，中水水质经全项检测合格后方可供水。

（3）必要时应对中水及其原水进行同步检测。

第四节　消毒及设施运行管理

消毒是用物理和化学的方法杀灭水中绝大多数病原微生物的过程，消毒的目的是避免对人的健康产生危害。消毒的方法有氯消毒、臭氧消毒、紫外线消毒等，由于中水标准中对余氯有一定要求，故氯消毒应用较多，且产品价格低廉，消毒效果良好，使用也较方便。

需要特别指出的是，无论采用哪种氯消毒方法，其投加量应使中水系统末端（即中水使用点）余氯达到中水水质标准（余氯大于 0.2mg/L）。加氯后接触时间应大于 30min，中水水质标准规定接触 30min 后余氯应不小于 1.0mg/L。投加量过小将影响消毒效果，而投加量过大不但浪费药剂，还会造成二次污染。

一、主要消毒剂及其使用方法

（一）氯（Cl_2）

1. 消毒原理

氯是人们最熟悉、应用于大规模给排水消毒的一种强氧化性消毒剂，历史最为悠久。

虽然近年来认为氯及其次氯酸盐在使用过程中会产生有害的卤代烃（三氯甲烷），但是，由于氯具有杀菌能力强、价格低廉、来源方便等一系列优点，至今仍是应用最广泛的一种消毒剂。氯进入水中以后，水解生成盐酸和次氯酸，即

$$Cl_2 + H_2O \rightleftharpoons HCl + HClO$$

次氯酸在水中极不稳定，会进一步电离，生成 H^+ 和 ClO^- 两种离子，即

$$HClO \rightleftharpoons H^+ + ClO^-$$

次氯酸及其次氯酸根均是氯作为杀生剂的有效成分。它们具有相当的活性，能透过微生物的细胞壁迅速与原生质化合，引起细胞内部的严重损伤，同时还能氧化对微生物呼吸作用必不可少的酶的巯基，使微生物死亡。

2. 使用方法

由于氯在标准状况下是气体，使用时加压液化装瓶送至用户，通过加氯机进入水处理系统。根据文献报道，次氯酸的杀生效率是次氯酸根的数十倍。水的 pH 值直接影响着次氯酸的电离度，低的 pH 值对于次氯酸的酸式存在有利。当 pH 值为 5.0 时，次氯酸的电离度很小，故杀生效果很好；在 pH 值为 7.5 时，水中次氯酸的浓度和次氯酸根的浓度几乎相等；当 pH 值为 9.5 时，次氯酸几乎全部电离为次氯酸根，故杀生作用较差。一般地说，从消毒角度来讲，pH 值的控制范围以 6.5～7.5 为最佳。

3. 注意事项

氯剧毒！常在大规模水处理系统及地处偏僻的地方使用，并要求有良好的通风系统，所以建筑中水系统没有应用。

（二）次氯酸钠

1. 次氯酸盐

次氯酸盐在水中水解生成次氯酸根和次氯酸，它们都有很强的氧化能力，可以有效杀灭水中绝大多数病原微生物。消毒原理与氯相似。

2. 次氯酸钠

次氯酸钠是氯碱化工生产过程中的副产物，市场销售为溶液，有国家规定的质量标准，来源充足，价格便宜，使用方便，只需做适当调配就可以很容易地得到所需的使用液。鉴于此，中水工程中使用次氯酸钠溶液的越来越多。

（1）次氯酸钠消毒液含量分析。次氯酸钠溶液在出厂时的含量一般都有标示。但是，次氯酸钠很不稳定，在运输储存过程中很容易失效。为了准确配得次氯酸钠的使用液，需要对次氯酸钠原液做含量分析。如果出厂时间不长，也可以使用出厂时的浓度值配制。

1）试剂。

a. 盐酸 1＋1 溶液，指溶质体积＋溶液体积，如 1 份体积盐酸和 1 份体积水混合。

b. 碘化钾溶液（浓度为 100g/L）。

c. 硫代硫酸钠标准滴定液 $C(Na_2S_2O_3)$（浓度为 0.1mol/L）。

d. 可溶性淀粉指示液（浓度为 10g/L）。

2）分析步骤。

a. 试样制备。取样品 20mL，置内装 20mL 水并已称量（精确至 0.01g）的 100mL 烧杯中，称量（精确至 0.01g），然后全部转入 500mL 容量瓶中，用水稀释至刻度。

b. 测定。吸取试样溶液 10mL，置于内装 50mL 水的 250mL 的碘量瓶中，加 4mL 的盐酸溶液，迅速加入 10mL 的碘化钾溶液，盖紧瓶盖，加水封，于暗处静置 5min，用硫代硫酸钠标准溶液滴定至浅黄色，加 2mL 可溶性淀粉溶液继续滴定至蓝色消失即为终点。

c. 计算。

$$W_1=\frac{C\times V\times 0.03545}{m\times\frac{10.0}{500}}\times 100\%=\frac{177.25\times C\times V}{m}\%$$

式中　W_1——有效氯含量；

C——硫代硫酸钠标准溶液的实际浓度，mol/L；

V——硫代硫酸钠标准溶液的用量，mL；

m——试液的质量，g。

两次平行测定结果的算术平均值为报告结果。

（2）次氯酸钠消毒液的配制与投加。为了得到最佳消毒效果，消毒剂宜采用计量泵自动定比投加方法。要求投加消毒剂的计量泵与中水泵联动。按照中水设计规范的要求投加量为 5～8mg/L（以有效氯计）。在反应池接触 30min 以后，要求余氯量不小于 1mg/L，管网末端余氯不小于 0.2mg/L。一般情况下，只要按照 5～8mg/L 投入，就能保证接触 30min 后及管网末端的需要。管网末端余氯不小于 0.2mg/L 是消毒的硬性水质指标（表 6-3）。只要做到以下几点，就可以得到满意的效果。

1）根据消毒剂有效氯的实际含量和使用方法配制消毒使用液，再根据投加量的要求，确定计量泵运行参数。

2）采用自动定比投加方法。

3）对管网末端的余氯含量进行监视性监测（自动或手动），为及时调整加氯提供科学依据。

我国现行次氯酸钠溶液标准见表 6-3。

表 6-3　　我国现行次氯酸钠溶液标准（HG/T 2498—1993）

项　目	指　标		
	Ⅰ型	Ⅱ型	Ⅲ型
有效氯含量（以氯计）/%，≥	13.0	10.0	5.0
游离碱含量（以 NaOH 计）/%，≥	0.1～1.0		
铁含量/%，≤	0.010		

（3）次氯酸钠发生器消毒。次氯酸钠发生器是一种在现场制备消毒剂的设备。由电解槽、整流器、储液箱及盐水供应系统、冷却水循环系统、自控系统组成，生产的次氯酸钠溶液为淡黄色、透明状液体，含有效氯 6～11mg/mL。由于制备过程中食盐水具有很强的腐蚀作用，且能耗较高，因此目前建筑中水系统中应用较少。

使用次氯酸钠发生器的注意事项如下。

1）次氯酸钠发生器产生的氢气有爆炸性，必须及时排除，排氢管应畅通并通到室外。

2）发生器间应设排风扇，排风扇应设在天花板下缘且进风口应在排风扇对面。

3）整流器应与发生器分设在不同房间或适当分离，但距离不宜太远，以便节省电能。严防整流器接触水或盐水。

4）发生器的正负极不能接反；否则对发生器的寿命有极大影响。

5）经常检查整流器的工作情况，测量电解管表面温度和冷却水的进出水温度，发现问题及时排解。

6）经常检查直流电流接点处的温度，如发现温度过高，可能是接触不良引起，应拧紧螺母。

7）次氯酸钠溶液应存放在阴凉处，不宜长期存放。

8）次氯酸钠溶液使用前应测定有效氯含量。

9）现场制备的次氯酸钠不宜久储，夏天当天生产，当天用完；冬天储存时间不得超过7d，且必须避光储存。

3. 漂白粉和漂白精

漂白粉和漂粉精均为白色粉末，有氯的气味，漂白精的成分是次氯酸钙，分子式为$Ca(ClO)_2$，次氯酸钙是一种高效的漂白剂和杀菌消毒剂。漂白粉的分子式为$CaO \cdot 2Ca(ClO)_2 \cdot 3H_2O$，投入水中后，它们在水中均能生成次氯酸根和次氯酸，有很强的氧化能力，可以有效杀灭水中绝大多数病原微生物。漂白粉有效氯理论含量为56%。漂粉精理论含量为99.3%。

（1）使用方法。使用漂白粉和漂粉精时，需配成溶液投加，溶解时先调成糊状，然后再加水配成含量为1%～2%（有效氯为0.2%～0.5%）的溶液，再通过计量设备注入水中。市售漂白粉含有有效氯25%～30%，储存时受潮会部分失效，一般计算用量时可按20%～25%含量考虑。

（2）注意事项。漂白粉和漂粉精易受光、热和潮气作用而分解，有效氯随之降低，因此均须放在阴凉、干燥和通风良好的地方保存。

二、氯片

氯片是将消毒剂制成片状，使其在水中逐渐溶解扩散，从而实现杀菌作用的消毒方法。由于多种消毒剂均可制成片状，因此有不同品种和组分的氯片。氯片往往由新型高效消毒剂制成。例如，氯化异氰尿酸及其盐类，在水中能水解成次氯酸和异氰尿酸，次氯酸扩散到细菌表面，穿过细胞膜进入细菌内部，由于氯原子的氧化作用破坏细菌中的酶系统，导致细菌死亡。异氰尿酸又是氯的稳定剂，可使药剂中所含的氯逐渐释放出来，从而保证了水中的余氯量。

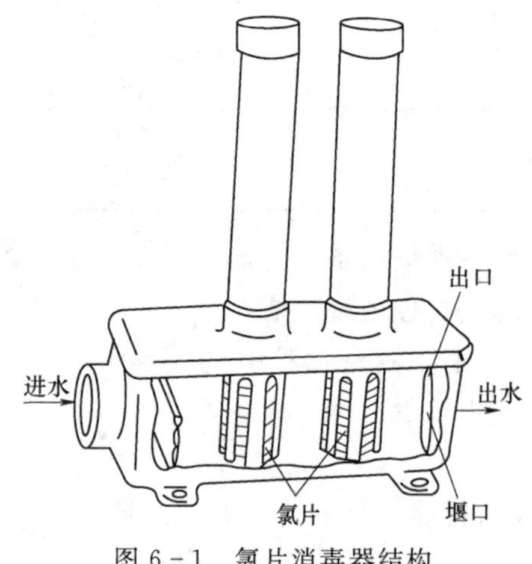

图6－1 氯片消毒器结构

氯片价格较高，储存稳定性较好，使用方便，溶解性好，因此氯片消毒方法一般用于小型中水处理设施。氯片消毒器结构如图6－1所示。

（一）使用方法

1. 直接投入法

根据反应池容积酌量直接投入，这个方法简

单，但可靠度差。

2. 系篮冲溶法

在反应池（或清水池）入口处，加一吊篮（耐腐蚀），内盛消毒剂片。水流入时溶入其消毒剂。这种方法比直接投入法好，但仍定量较差。

3. 氯片消毒器冲溶法

将氯片装入氯片消毒器，当污水流过消毒器时，氯片逐渐溶解，氯片的溶解速度与水流速度、水深及氯片的组分等因素有关，水量越大，流速越快，水深越大，氯片溶解越快；反之氯片溶解越慢。用这种方法可以使流过消毒器的水中保持相对稳定的消毒剂浓度，以便达到有效杀菌目的。

（二）注意事项

为了使氯片与水量成比例溶化，被消毒水的进口和出口水面应有 0.2～0.3m 以上的高差，消毒器后面必须有接触池，以保证水和消毒剂有足够的接触时间。

三、二氧化氯

二氧化氯的分子式为 ClO_2，二氧化氯常温下为黄绿色或橘红色气体，有强烈的刺激性气味，易溶于水，在 20℃和 30mmHg 压力下，二氧化氯在水中的溶解度为 2.9g/L，溶解后形成黄绿色的溶液。在空气中的体积浓度超过 10%时便有爆炸性，但在水溶液中则无危险性。

二氧化氯是优良的消毒剂和强氧化剂，其理论氧化能力是氯的 2.6 倍，使用时受 pH 值影响较小，用 2mg/L 的二氧化氯作用 30min 后，几乎能杀灭 100%的微生物。

1. 使用方法

由于二氧化氯具有易挥发、易爆炸的特性，故不宜储存，应采取现场制取立即使用的方法。二氧化氯可以用化学药剂制取，也可用二氧化氯发生器制取。为便于储存和运输，也可将二氧化氯制成“二元”制剂。

投加二氧化氯时必须将其控制在防爆浓度之下，二氧化氯水溶液浓度一般采用 6～8mg/L。

2. 注意事项

二氧化氯的挥发性较强，稍一曝气即从溶液中逸出。温度升高、曝光或与有机质相接触，会发生爆炸。因此，在实际应用中二氧化氯须避光保存，一般情况下现使用现制备。

四、紫外线消毒

紫外线消毒的原理是利用波长为 2000～2950Å 的射线作用于细菌，它可破坏微生物的结构，具有强烈的杀菌作用，从而达到消毒的目的。杀菌效率与紫外灯的功率、悬浮物浓度、微生物数量和生理特性以及水的光学密度或水的吸收特性有关。

（一）使用方法

水的紫外线消毒是通过紫外线对水的照射进行的。紫外线灯管是紫外线消毒的核心部件，作用是把电能转化为紫外线的光能。灯管内充有惰性气体和汞蒸气，管壳用石英玻璃制造。

紫外线灯管的安装方法有以下两种。

1. 浸水式

将紫外线灯管置于水中，这种安装方式紫外线利用率较高，杀菌效能好，但设备较为复杂。

2. 水面式

将紫外线灯管置于水面上，这种安装方式由于光线散射及反光罩吸收紫外线而影响紫外线利用，杀菌效能不如浸水式。

（二）注意事项

（1）紫外线灯管须水平安装，两端应留有空间，以便更换灯管。

（2）石英套管及灯管均为易碎品，在安装和运输过程中应注意保护。

（3）在安装紫外线灯管时应格外注意保护灯管的抽气口（管壁的一端有一明显突起），严禁碰撞抽气口，否则将永久性地损坏灯管。

（4）使用过程中，严禁超过工作压力，以防损坏石英套管。

五、臭氧消毒

臭氧又名三原子氧，分子式是O_3。臭氧在常温常压下为无色或淡蓝色气体，臭氧极不稳定，分解时产生氧化能力很强的初生态氧。臭氧是一种广谱、高效的杀菌气体，其杀菌的机理是作用于细菌的细胞膜，使细胞膜构成受到损坏，导致新陈代谢障碍抑制其生长，直至死亡。

1. 使用方法

臭氧由臭氧发生器产生，国内已有不同规模的多种型号臭氧发生器定型产品可供选用。

使用臭氧消毒时将臭氧直接通入水中，但由于臭氧在水中的溶解度的限制，通入水中的臭氧不能全部被利用，为了提高臭氧的利用率，将臭氧通过专门设计的扩散器扩散到接触反应池中，经与水充分接触后将水消毒。

2. 注意事项

（1）接触反应池排出的剩余臭氧须做消除臭氧处理。

（2）臭氧的稳定性极差，在常温下可自行分解为氧气，因此臭氧不能储存，一般现场生产，立即使用。

六、消毒设施的运行管理

1. 调试准备

（1）检查消毒混合和反应区是否已设置，反应区停留时间是否够，如有问题应进行必要的调整。当反应时间不够而中水池容积足够大时，可在中水池内设置导流墙，以保证在水面处于下限水位时仍有足够的反应时间。如无条件在中水池内设置反应区时，应采用能快速反应的消毒工艺，如“紫外线＋余氯补加”的工艺。

（2）对落后的消毒液就地发生器，如早期的电解法次氯酸钠发生器等，要及时更新，有条件时应采用“紫外线＋余氯补加”的消毒方式。其紫外线消毒设备，应具有自动清洗和灯管紫外线辐射能力降低的自动报警功能。

（3）如采用电解法次氯酸钠发生器，要注意电极寿命，推荐采用全自动无结垢型发生器。发生器内部应设有反冲洗系统和冷却系统，而且冷却水应有回收措施。

（4）对于以亚氯酸钠为原料的纯二氧化氯发生器，为减少可能发生的事故，应更换为以氯酸钠为原料的复合型二氧化氯发生器。

（5）二氧化氯是由水射器带出并溶于水的，所以设备间必须有足够的压力自来水，如水压不够0.2MPa，需加设管道泵。

（6）消毒投药应与该处理设备的进水泵联动，使投药与设备出水同时动作，以免药液的过量投加。

2. 运行调试

（1）如无余氯自动控制设备，要在调试中反复测定管网末端的余氯情况，以确定中水池前的余氯投加量。如有条件应采用余氯在线监控仪等在线自动控制设备。

（2）对就地发生消毒剂的设备，由厂家的专业人员进行调试和对操作人员进行培训。培训合格后操作人员方可上岗。

（3）如果由于补水量大于中水用量的20%，造成余氯不足，应通过供水管线的调整，压缩补水量，以实现余氯的正确控制。

3. 运行管理

（1）药剂的选购和保管。

1）在使用次氯酸钠溶液消毒时，应经常分析化验其有效氯含量，以便掌握有效氯的衰减情况，确定每次的最佳送货量和送货周期，减少氯的损失。

2）商品次氯酸钠应在21℃左右避光储存，与易燃、还原性物质分开存放，存放在通风良好处。

（2）如无余氯投加自控装置，对于次氯酸钠的投加量设定，必须依据有效氯含量和处理水量水温的变化情况，及时调整，以保证投药效果。

（3）在加氯计量泵运行中，要注意泵的运行是否正常，有无异常声音，进药管滤头是否有堵塞。有问题应及时处理。

（4）消毒液就地发生器的运行管理。

1）二氧化氯发生器的运行管理，应严格按出厂说明书进行。

2）次氯酸钠发生器的盐水溶液进入发生器前，应经沉淀、过滤处理，并应经常清洗电极。运行中应经常观察电解电流与电压是否符合规定值，观察盐液及冷却水流通情况，严防污垢堵塞电解槽通道及排放流通管道。

（5）紫外线灯管应及时清洗表面，在辐射强度不足时要及时更换。

4. 安全操作

（1）对二氧化氯就地发生器要加强安全管理，由于二氧化氯在空气中和水中浓度达到一定程度会发生爆炸，因此有严格的安全管理要求。

1）二氧化氯制备系统中要严格控制原料稀释浓度，防止误操作。要求操作人员熟悉原料的配比和操作规程。

2）要求发生器的反应室完全密闭，并确保整个反应在真空下迅速进行，直接投加产物到使用点，从而保证整台设备的安全操作和使用，设备还应具有缺水停机、欠压停机、水泵过载保护等多种安全措施，并有对应的声、光显示报警，以确保设备安全正常运行。

3）在设备内要安装排气装置，定时地进行通风排气，使箱内凝结的残液和运行过程中产生的可爆炸气体，经过专门设置的通风管道被安全地排出系统外。化学法纯二氧化氯发生器，因原料为强氧化性或强酸化学品，储存间必须考虑分开安全储放。

4）对二氧化氯发生器，由于安全的原因，在开始使用及再次使用之前，须由专人对发生器进行检查。

（2）电解法次氯酸钠发生器应安装直接排氢管道，通到室外安全位置，以便及时排除在设备运行过程中产生的可爆炸气体；同时也应有自动保护措施：当盐水供应中断、电力负荷过载、反应超温、管网水泵突然停止工作时，设备均可自动采取相应的保护措施，并有对应的声、光显示报警，以确保设备安全正常运行。

（3）消毒剂就地发生器应设在专门的操作间，操作间照明应用安全防爆灯，室内严禁烟火。

5. 维护保养

（1）电解法次氯酸钠发生器的维修保养必须按说明书要求进行。一般在工作过程中电极会逐步结垢，需要定期清洗电极，一般 1～3 个月清洗一次。其方法是将稀盐酸通过防腐泵打入电解槽中浸泡一定时间进行溶解。如采用无结垢全自动型，可免清洗。

（2）二氧化氯发生器设备较为复杂，其维护保养必须配备专人负责，严格按产品说明要求进行定期检查维护。

（3）氯的投加装置必须按产品说明要求进行维护和保养。

第七章　设备仪表运行管理

第一节　水　　泵

一、水泵的分类

水泵是污水处理中应用最为普遍的动力设备，用于污水处理的泵主要可以分为叶片泵、容积泵和螺旋泵三大类。

（1）叶片泵是指通过泵轴旋转带动叶片旋转的泵，如离心泵、混流泵、轴流泵、旋涡泵等。按工作介质又可分为清水泵、污水泵、砂泵、泥浆泵等。

（2）容积泵是利用工作室容积的周期性变化来输送液体的，主要有螺杆泵、隔膜泵及转子式容积泵等，主要用来输送污泥、浮渣等。

（3）螺旋泵是利用螺旋推进的原理输送液体的泵，主要输送介质有活性污泥与污水等。

二、离心泵工作原理

在中水处理设施中应用最普遍的是叶片泵，叶片泵中最常用的是离心泵。

离心泵是利用叶轮旋转而使水产生离心力来工作的。离心泵在启动前，先向泵体内充满被输送的液体，叶轮在泵轴的带动下高速旋转，使被输送的液体由叶轮中心被甩到叶轮外缘，这时叶轮中心产生负压，液体从泵的吸入口流向叶轮中心。泵轴不停地转动，叶轮就会连续地吸入液体和排出液体。

三、离心泵的构造和分类

离心泵的主要部件包括叶轮、泵体、轴、轴承、吸入室、压出室、密封装置和平衡装置等。离心泵又分为很多种类，按泵轴方位分为卧式泵和立式泵；按叶轮的多少分为单级泵和多级泵；按扬程的大小分为低压泵、中压泵和高压泵；按工作介质分为清水泵、污水泵、泥浆泵等。

卧式单级离心泵的剖面如图 7－1 所示。

四、离心泵运行调试及管理

1. 运行调试

（1）水泵的液位控制器浮球位置应调整到合适位置。

（2）对水泵的出口压力和流量等性能进行检验，对潜污泵的绝缘性能进行测试。

（3）根据水量需要的情况，调节水泵阀门的开启程度。

2. 运行管理

（1）水泵在运行中，必须严格执行巡回检查制度，并符合下列规定。

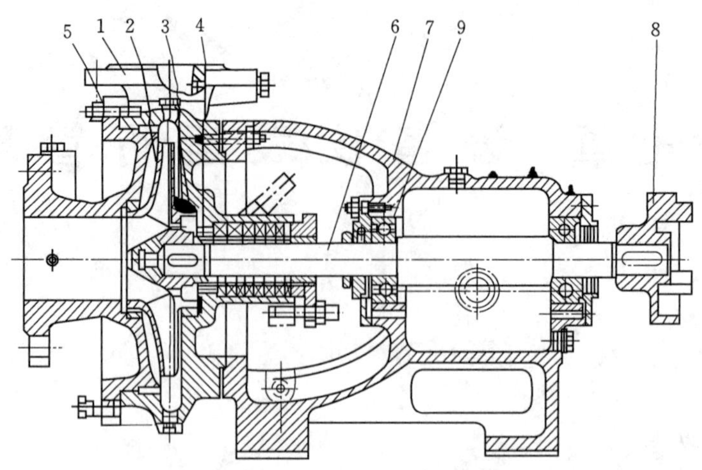

图 7-1 卧式单级离心泵的剖面图

1—泵体；2—叶轮；3—密封环；4—轴套；5—泵盖；6—泵轴；7—托架；8—联轴器；9—轴承

1）应注意观察各种仪表显示是否正常、稳定。

2）轴承温升不得超过环境温度 35℃，总和温度最高不得超过 75℃。

3）水泵机组不得有异常的噪声或震动。

（2）应及时清除叶轮、闸阀、管道的堵塞物。

3. 安全操作

（1）水泵启动和运行时，不得接触转动部位。

（2）水泵断电或发生事故时，应打开事故排放口闸阀，完全关闭进水口闸阀，并及时向主管部门报告，不得擅自接通电源或修理设备。

（3）操作人员在水泵开启运行尚未稳定前不得离开。

（4）严禁频繁启动水泵。

（5）水泵运行中发现下列异常情况，应立即停泵。

1）水泵发生断轴故障。

2）突然发生异常声响。

3）轴承温度过高。

4）压力表、电流表的显示值过低或过高。

5）机房管线、闸阀发生大量漏水。

6）电机发生严重故障。

4. 维护保养

（1）水泵日常保养应符合的规定。

1）水泵每运行 3000h 对机械密封进行检查，届时依据实际情况进行更换。特别是使用潜水泵，要按说明书规定进行定期检查和维护。主要应检查水泵接地电阻，当电阻小于 0.5MΩ 时，应及时取出检查机械密封状况。如发现有噪声等异常情况也要及时取出进行检查。

2）备用泵应每月至少进行一次试运转。环境温度低于 0℃时，必须放掉泵壳内的存水。

（2）应至少半年检查、调整、更换水泵进出水闸阀填料一次。

（3）集水池浮子液位计应定期检修。

五、常见故障及排除

离心泵使用过程中常见故障、产生原因及排除方法见表7-1。

表7-1　离心泵使用过程中常见故障、产生原因及排除方法

常见故障	产生原因	排除方法
启动后水泵不出水或出水量少	（1）启动前没有引水或引水不足	（1）重新引水
	（2）底阀堵塞或漏水	（2）清除杂物或修理
	（3）吸水管路及填料函漏气	（3）检修漏气，压紧填料或清通水封管
	（4）水泵转向不对	（4）检查接线，改变转向
	（5）水泵转速太低	（5）检查电压是否太低
	（6）叶轮吸入口及流道堵塞	（6）打开泵盖，清除杂物
	（7）叶轮及减漏环磨损	（7）更换磨损零件
	（8）水泵安装高度过高	（8）调整水泵安装高度
	（9）水面产生旋涡，空气带入泵内	（9）加大吸水口淹没深度或采取防止措施
	（10）吸水管路安装不当，积存空气	（10）改装吸水管路，消除隆起部分
水泵开启不动或启动后轴功率过大	（1）填料压得太紧，泵轴弯曲，轴承磨损	（1）松动压盖，矫直泵轴，更换轴承
	（2）联轴器间隙太小	（2）调整联轴器间隙
	（3）电压太低	（3）与电工联系，检查电路
	（4）流量太大，超过使用范围过多	（4）关小出水阀门
水泵机组振动或者噪声较大	（1）地脚螺栓松动或没有填实	（1）拧紧并填实地脚螺栓
	（2）基础松软	（2）加固基础
	（3）安装不良，联轴器不同心或泵轴弯曲	（3）检查调整同心度，矫直或换轴
	（4）水泵发生气蚀	（4）降低安装高度，减少水头损失
	（5）轴承损坏或润滑不良	（5）更换或修理轴承，加注润滑油
	（6）叶轮损坏或不平衡	（6）修理、更换叶轮或对叶轮进行静平衡试验
	（7）泵内有严重摩擦	（7）检查摩擦部位
轴承发热	（1）轴承损坏	（1）更换轴承
	（2）轴承润滑不良（润滑油过多或过少）	（2）按规定加油
	（3）油质不良，有杂质	（3）更换合格润滑油
	（4）轴弯曲或联轴器未调正	（4）矫直或更换泵轴，调正联轴器
	（5）滑动轴承的甩油环不起作用	（5）放正甩油环位置或更换油环
电动机过载	（1）转速高于额定转速	（1）检查电路及电动机
	（2）水泵流量过大	（2）关小阀门
	（3）电动机或水泵发生机械损坏	（3）检查电动机及水泵

续表

常见故障	产生原因	排除方法
填料函发热，漏水过少或过多	(1) 填料压得过紧	(1) 调整松紧度，使滴水呈滴状连续渗出
	(2) 水封环位置不对	(2) 调整水封环位置，使其对准水封管口
	(3) 水封管堵塞	(3) 疏通水封管
	(4) 填料函与泵轴不同心	(4) 检修、调整，使其同心
	(5) 劣质填料损坏轴套	(5) 更换合格填料
	(6) 填料磨损过大或轴套磨损	(6) 更换填料或轴套
泵轴被卡住泵转不动	(1) 叶轮和密封环间隙太小或不均匀	(1) 修理或更换密封环
	(2) 叶轮和密封环间隙被杂物卡住	(2) 清除杂物并修理密封环
	(3) 泵轴弯曲	(3) 校正泵轴
	(4) 水泵长期未用，泵轴被锈住	(4) 除锈加油
	(5) 轴承损坏	(5) 更换轴承

第二节 风 机

一、风机分类

按作用原理，风机分为容积式和透平式两类。容积式风机依靠在汽缸内做往复或旋转运动的活塞作用，使气体体积缩小而提高压力；透平式风机靠高速旋转的叶轮作用，提高气体的压力和速度，随后在固定元件中使一部分速度进一步转化为气体的压力能。

按结构形式，容积式风机分为回转式和往复式。回转式风机中又分成罗茨式、滑片式和螺杆式；往复式风机又分成活塞式、隔膜式和自由活塞式。透平式风机分为离心式、轴流式和混流式。

按达到的压力，风机分为通风机、鼓风机和压缩机。通风机压力最小，鼓风机压力较大，压缩机压力最大。

二、罗茨鼓风机构造及工作原理

风机种类不同，作用原理也不同。在中水处理设施中，应用较多的是罗茨鼓风机。

罗茨鼓风机是低压容积式鼓风机，罗茨鼓风机主要由汽缸和端盖、转子、轴、轴承、同步齿轮等组成。

罗茨鼓风机的工作原理：装在两根平行轴上的两个8字形转子相互啮合，以相反方向旋转，随着转子的旋转交替形成吸气气穴，吸入一定容积的气体，气体在汽缸内被推移、压缩和升压，最后从排气口排出。两个转子用一对同步齿轮保持相互位置，转子互相不接触。转子与转子、转子与汽缸之间都有一定间隙。罗茨鼓风机的工作原理示意图如图7-2所示。

一般的罗茨鼓风机噪声较大，新型三叶罗茨鼓风机采用固定螺旋形式，使其压缩原理在很大程度上消除了原来罗茨风机所存在的因压力变化而形成的噪声源和产生的脉冲，叶

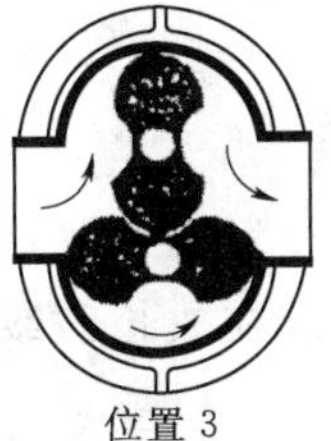

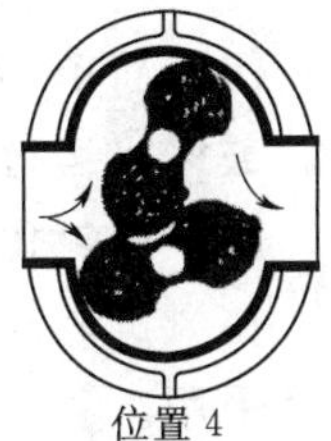

图 7－2　罗茨鼓风机的工作原理示意图

轮也采用了组合的新型线。

三、低噪声回转式鼓风机

1. 构造和外形

其又称为滑片式鼓风机，它的构造与罗茨鼓风机不同，回转式鼓风机结构精巧，主要由六部分组成，即电机、空气过渡器、鼓风机本体、空气室、底座（兼油箱）、滴油嘴。它是靠汽缸内偏置的转子偏心运转，并使转子槽中的叶片之间的容积变化将空气吸入、压缩、吐出。在运转中利用鼓风机的压力自差自动将润滑油送到滴油嘴，滴入汽缸内以减少摩擦和噪声，同时可减少汽缸内气体的回流。其外形如图 7－3 所示。

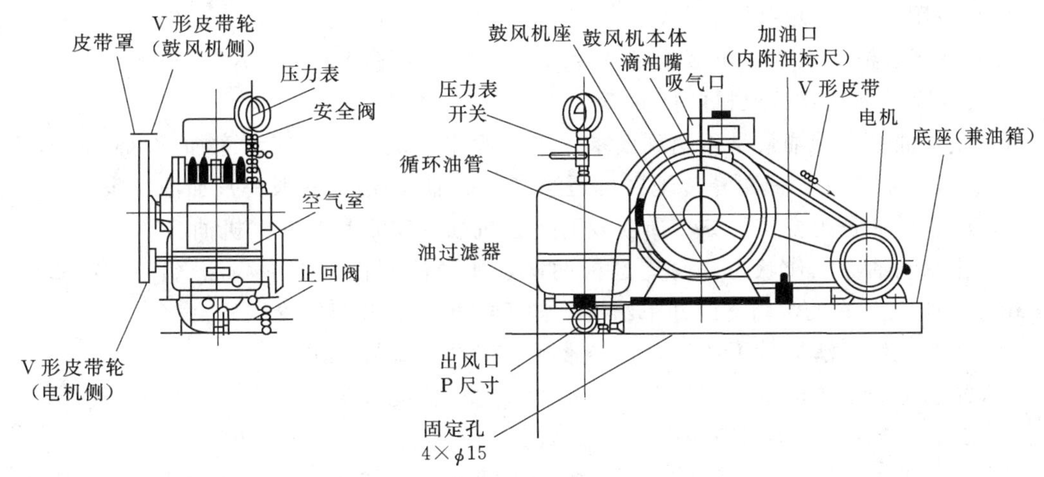

图 7－3　低噪声回转式鼓风机外形

2. 风机的特点

（1）体积小、风量大、噪声低、耗能省（回转式鼓风机采用运转压缩空气的原理，虽然体积小，但风量大、节能，静音运转是其他形式的风机无法比拟的）。

（2）运转平稳，安装方便（小型机种运转时只要放置妥当，则振动很小，不需要加装防振装置，安装方便）。

（3）抗负荷变化，风量稳定（如污水处理曝气槽压力变化，则负荷变化，但风量随压力变化而变化甚微）。

（4）附有空气室，散气平稳（全部机种附有空气室，可防止空气脉动，散气平稳）。

（5）材质精良，结构巧妙，性能卓越（鼓风机全部采用优质的材料，结构精巧，坚固耐用，性能卓越，长期使用故障少）。

（6）保养简单，故障少，寿命长（低转速，磨损小，寿命长）。

四、鼓风机运行管理

（1）应根据氧化池的需氧量调节风量。

（2）在风机启动时，以及在放长假或其他需要减少供氧量时，需减少供气量。其做法有数种可采用。

1）设置旁通管路，使旁通管直接进入调节池内，使气体直接向调节池内排放。

2）也可从氧化池底风管排水管路排出，只需打开阀门，空气从走向地沟的排水管中放走一部分。

（3）应检查风机的润滑系统、油位、滴加速度等，及时采取措施。

（4）发现异常情况不能排除时应立即停机。

五、鼓风机安全操作

（1）必须在有润滑油情况下，方可转动皮带轮。

（2）清洗或调换空气过滤器，必须在停机时，并要采取防尘措施。

（3）应经常检查冷却、润滑系统是否通畅，温度、压力、流量是否满足要求。

六、鼓风机维护保养和进水处理

（1）备用风机应每周转动一次。

（2）冷却、润滑系统的机械设备及设施应定期检修与清洗。

（3）低噪声回转式鼓风机的保养事项。

1）注意油箱内储油量是否达到要求，半月检查一次，不足应注意加油（机油牌号为ISO 标准 N68 润滑油，低温寒冷地区可适当降低机油牌号），一般一月加油一次。

2）注意机油是否变质，如变质应及时更换机油，三个月换一次机油。

3）注意滴油嘴工作状态，每周巡检两次，如滴油不正常或不滴油（正常为 12～18 滴/min），应立即关机，调整或卸下清洗。如不能解决，应与厂家联系。

4）注意机油过滤器是否清洁，要经常拆下清洗，每月一次。

5）注意检查三角皮带松紧状态，要调整合适；新皮带开始使用后，7～10d 要作适当调整，长期工作后，半年调整一次。

6）注意进气口滤清器的清洁，要经常卸下清洗（每月一次），保持进气状态良好（卸滤清器时注意不要把脏物掉进风机主机内）。

7）注意检查安全阀的灵活状态，如不灵活请清洗调试，以保证可靠的启闭，三个月检查一次。

8）每日巡检风机及电机的运行状态，如发现噪声、温度不正常时要及时停机检修。

9）对于长期停用的风机，每月使用一次，使用时间不少于 2h，压力调整在 0.3～0.5kg/cm^2 范围内，以便风机防锈、润滑。

（4）低噪声回转式鼓风机进水解决办法。

1）抽干风机房内积水。

2）电机的处理方法。把电机从底座上拆下，打开电机的前后端盖，取出转子，把端盖螺丝全部拧入定子两端螺孔（防止定子立起时碰伤绕组）。把定子立起放在阳光下两端

各曝晒 12h，用兆欧表测量绕组与外壳的绝缘电阻不得低于 20MΩ。如不行则继续放在阳光下曝晒至达标。

3）风机主机处理方法。把回油管从底座处拔下，放掉主机及空气室内的油和水，取下空气滤清器，用手快速正向转动风机带轮 10r 左右后，从进风口慢慢倒入机油（68 号抗磨液压油 5L）同时不断正向转动风机带轮，排出所有清洗油。

4）油箱的处理方法。用扳手先卸下油标，再拆下一个油过滤器，倾斜底座，尽量放尽油箱内的废油，同时用新机油清洗油箱。装上油过滤器、回油管、空气滤清器，在油箱中注入机油至油箱 3/4 处，拧紧油标（一定要用扳手拧紧，防止漏气）。

七、罗茨鼓风机常见故障及排除

罗茨鼓风机常见故障、产生原因及排除方法见表 7－2。

表 7－2　　罗茨鼓风机常见故障、产生原因及排除方法

故　　障	原 因 分 析	排 除 方 法
齿轮损坏	润滑油油量过少或油质不好	定期检查润滑油，选用合格润滑油
轴承过热、间隙超限、表面剥蚀	过载和温度过高	避免过载，将润滑油钢管改成胶管，减少振动造成的破损
转子啮合错位，转子摩擦、碎裂、轴向窜动	零部件超过使用年限或产品质量差	更换合格零部件，增加油压报警装置
壳体内部磨损、碎裂	空气过滤效果差或过滤器堵塞	检修和改善空气过滤系统
润滑系统异常，油压低，油温高，油色度浊度大，油管接头断裂漏油	叶轮和机壳结垢严重且不均匀，或有大块杂物进入	检修风机，清除结垢和杂物
风量、风压达不到要求	进气吸空，装配不当	提高安装精度，保证风机与电机中心线重合，整机底座水平
异常噪声和振动	地脚螺栓松动 基础及系统无减振措施	紧固地脚螺栓 安装减振和消声隔音装置
频繁跳闸	电源不稳	检查供电线路
电机不转或反转	电机损坏 线路连接不当	修理或更换电机 检查和调整线路连接

第三节　曝　气　设　备

一、曝气设备作用与分类

曝气设备即空气扩散装置，是好氧生物处理的管件设备，其主要作用如下。

（1）充氧。将空气里的氧气转移到好氧生物处理装置的液体中，成为溶解状态的氧，供给微生物呼吸的需要。

（2）搅拌混合。通过空气扩散装置造成好氧生物处理装置的液体剧烈混合，使污水中的有机污染物、微生物、溶解氧三者充分接触，同时也起到防止污泥沉淀的作用。

污水处理中使用的曝气设备种类很多，主要分为鼓风曝气和机械曝气两大类。

二、鼓风曝气设备

鼓风曝气系统由供气设备、空气扩散装置和连接管路组成，供气设备将空气通过管道输送到处理装置中，再通过空气扩散装置使空气形成不同尺寸的气泡，气泡的尺寸取决于空气扩散装置的形式。

鼓风曝气系统的空气扩散装置主要分为微气泡、中气泡、大气泡、水力剪切、水力冲击及空气升液等类型。常用鼓风曝气装置如下。

1. 微气泡曝气装置

微气泡曝气装置也称微孔曝气器，常用多孔性材料如陶瓷、钛合金及合成材料支撑扩散板、扩散管及扩散罩等形式。微孔曝气器构造示意图如图 7－4 所示。

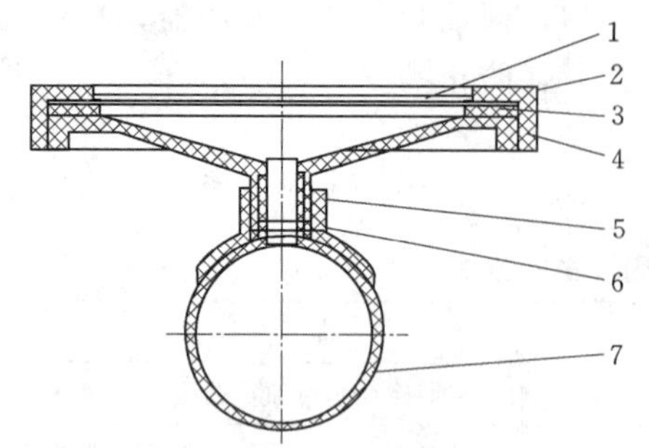

图 7－4　微孔曝气器构造
1—曝气盘；2—上压盖；3—橡胶垫；4—底垫；5—连接座；6—橡胶垫圈；7—进气管

这类扩散装置的主要特点是产生微小气泡，气液接触面积大，氧利用率较高，可达 10%以上。缺点是气压损失较大，易堵塞，送入的空气需预先经过滤处理。

2. 中气泡曝气装置

穿孔管是应用最为广泛的中气泡曝气装置，一般由管径为 25～50mm 的钢管或塑料管制成，在管壁两侧向下 45°方向开孔，孔眼直径为 3～5mm。

穿孔管构造简单，不易堵塞，阻力小，但氧的利用率低，只有 4%～6%，动力效率也低。

3. 水力剪切式曝气装置

水力剪切式曝气装置利用本身构造特征，产生水力剪切作用，将大气泡切割成小气泡。通常使用的水力剪切式曝气装置如倒盆式曝气器、倒伞式曝气器和固定螺旋曝气器等。

水力剪切式曝气装置一般构造简单，不易堵塞，氧的利用率在穿孔管与微气泡曝气装置之间。

4. 水力冲击式曝气装置

水力冲击式曝气装置包括密集多喷嘴扩散装置和射流扩散装置两种。在中水系统中用得较多的是射流扩散曝气装置。射流曝气装置利用水泵打入水流进入射流器，经射流器喷嘴高速喷射，吸入大量空气，水与气在喉管中强烈混合搅动，形成微细气泡。

射流曝气装置氧的利用率高达 20%以上。但动力效率不高。

三、机械曝气设备

机械曝气设备安装在生物处理装置的水上或水下，在动力驱动下转动，通过不同方式使空气中的氧转移到水中。按照机械曝气设备在水中安装的位置可以分为表面曝气设备和水下曝气设备。

1. 表面曝气设备

表面曝气设备包括泵型叶轮曝气机、倒伞形叶轮曝气机、平板形叶轮曝气机、转刷曝气机、转碟曝气机等。

各种表面曝气设备构造不同，充氧的原理也不同。以泵（E）型叶轮曝气机为例，泵（E）型叶轮曝气机主要设备有电动机、联轴器、减速器、升降装置、机座、泵型叶轮、

电气控制等部件构成，泵型叶轮由叶片、上平板、上压罩、下压罩、导流锥以及进气孔、进水口等部件组成。立于曝气池表面以下一定深度的叶轮在传动装置的带动下转动，强烈搅动产生的涡流使污水由叶轮进水口经流道从出口高速甩出形成水跃，使液面不断更新，导致污水和大气充分接触，完成污水的充氧。

2. 水下曝气设备

依据作用原理不同，水下曝气设备分为离心式和射流式两种。

离心式曝气机由电机直接带动叶轮高速旋转，旋转的叶轮产生的离心力在叶轮的进口处形成负压吸入空气和水，利用叶轮的动能在混合室里将一定比例的气水混合。在强大的离心力下，气水两相流沿叶轮的切线方向经流道整流后，向圆周方向扩散，细碎的微小气泡充分与水融合，从而达到充氧目的。

潜水射流曝气机由潜水泵、射流器、空气管组成。在泵叶轮高速旋转下，液体以高的速度从喷嘴喷出，高速流动的液体通过混气室时，会在混气室形成真空，由导气管吸入大量空气，空气进入混气室后，在喉管处与液体剧烈混合，形成气液混合体，由扩散管排出，空气在水体中以细微气泡上升，使氧气溶解到水中，其氧利用率可达 30%以上。潜水射流曝气机如图 7-5 所示。

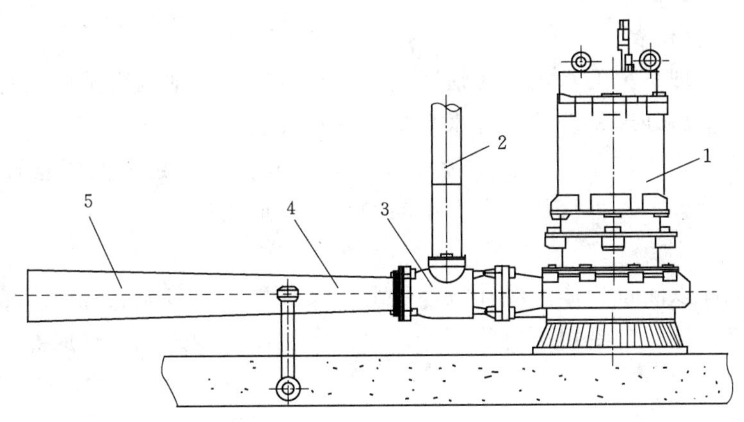

图 7-5 潜水射流曝气机

1—潜水泵；2—空气管；3—出水管；4—射流器；5—扩散管

四、曝气设备运行管理

1. 鼓风曝气设备

（1）安装或检修完成后，运行前在曝气池内放入清水，水面至设备 300～500mm，通气检查设备高度是否在同一水平面上，检查管道和接口是否漏气、气泡是否均匀，根据检查情况进行调整。

（2）微气泡曝气装置的扩散板、扩散管及扩散罩容易堵塞，因此鼓风机送入的空气必须经过过滤，滤料可采用玻璃纤维、尼龙纤维、无纺布等，保证空气洁净。

（3）曝气池停止运行时，为避免堵塞，可用正常气量的 1/6～1/4 维持曝气。

2. 机械曝气设备

（1）启动前检查减速箱内油位应在油标的 1/2 上；检查各部分螺栓、连接件是否紧固；表面曝气机需检查液位高度是否符合设备要求的浸没深度。

（2）运转过程中应经常检查曝气机的轴承处有无温升过高，有无异常振动、漏油和连接螺栓松动等异常现象。

五、曝气设备维护与保养

（1）定期检查和更换曝气机减速箱齿轮油。定期更换润滑油，新机组运转 300～600h 更换，以后每运转 2000～5000h 更换一次，具体更换时间依实际工作情况而定，最长不宜超过 18 个月。

（2）各种射流曝气机和水下曝气机，均应注意堵塞问题，发现堵塞应及时清理。

第四节 监 控 仪 表

随着技术的发展，中水系统管理的科学性和自动化程度不断提高，监控仪表在保证处理装置的高效、稳定运行中起着重要的作用。运行管理人员应了解常用仪表的性能，正确掌握维护与保养方法。

一、常用监控仪表种类

（一）流量测量仪表

准确地掌握处理系统的水量变化情况，对水量资料和其他运行资料进行综合分析，对挖掘节水潜力、提高处理系统的管理水平是十分重要的。

流量计包括差压式流量计、转子流量计、电磁流量计、超声波流量计、容积式流量计、速度式流量计等，各种流量计具有不同的特点及适用场合。

1. 差压式流量计

差压式流量计以测量流体流经孔板、喷嘴、文丘里管等节流装置所产生的静压差来显示流量大小的流量计。它沿用历史悠久，是目前在生产中测量流量较成熟、应用较广泛的流量测定仪表。

2. 转子流量计

转子流量计由自下而上扩大的垂直锥形管和锥形转子组成，转子随流体流量大小而浮在锥形管的不同位置，流量越大，转子停留的位置越高。在中水处理装置及投药设备中常用转子流量计。

3. 电磁流量计

电磁流量计基于法拉第电磁感应定律而制作。这种流量计适用于导电流体介质的流量测定，其测量结果不受温度、压力、黏度、密度的影响，腐蚀性介质也可使用，如图 7-6 所示。

4. 超声波流量计

超声波流量计是一种新型流量计。它依据超声波在某一测量介质中传播速度与流体速度相关的原理制作，由转换器和传感器两大部分组成，利用两个超声波转换器交替发送信号，测量沿转换器正反两方向的传播速度差，通过传感换算成液体流速，如图 7-7 所示。

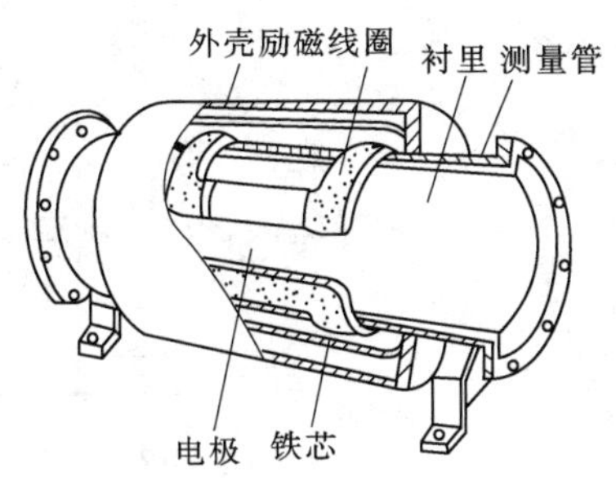

图 7-6 一体型短管式电磁流量计

图 7-7 手持式超声流量计

在开口渠道用明渠式超声波流量计，管道测量则用管道式明渠式超声波流量计。管道钳夹式超声波流量计如图 7-8 所示。

（二）液位测量仪表

中水系统中有一些构筑物和处理单元需要观察或控制液位，因此液位计也是中水系统中一类重要的监控仪表。常用的液位计包括玻璃液位计、浮力式液位计、差压式液位计，此外还有沉筒式液位计、电容液位计、超声波液位计等。

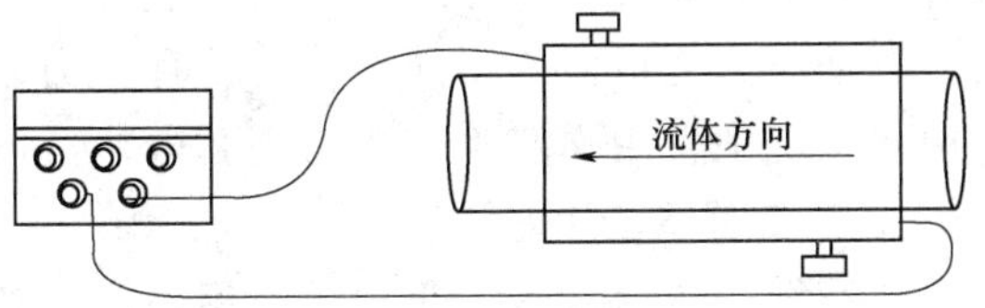

图 7-8 管道钳夹式超声波流量计

1. 玻璃液位计

玻璃液位计是一个与设备相连的透明管，两端分别与被测容器的气相和液相连通，根据连通器的原理显示容器的液位高低。玻璃液位计结构简单、价格便宜、维修方便，在中水系统处理装置上用得较多，如图 7-9 和图 7-10 所示。

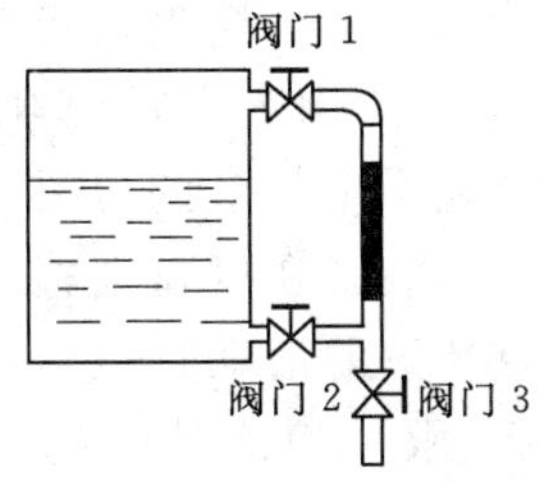

图 7-9 玻璃管式液位计

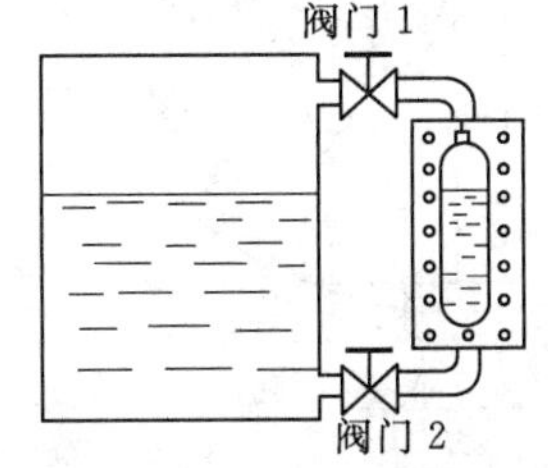

图 7-10 玻璃板式液位计

2. 浮力式液位计

浮力式液位计分为两种：一种是浮力不变的恒浮力液位计，如浮标式液位计和浮球式液位计；另一种是变浮力液位计，如沉筒液位计。浮力式液位计结构简单、价格便宜、维修方便，在中水系统调节池、中水池等构筑物上用得较多，如图 7-11 和图 7-12 所示。

3. 差压式液位计

差压式液位计是利用容器内液位改变时液柱产生的静压相应变化的原理制作的，压力差通过差压变送器转换成液位高度，在二次仪表上显示液位。

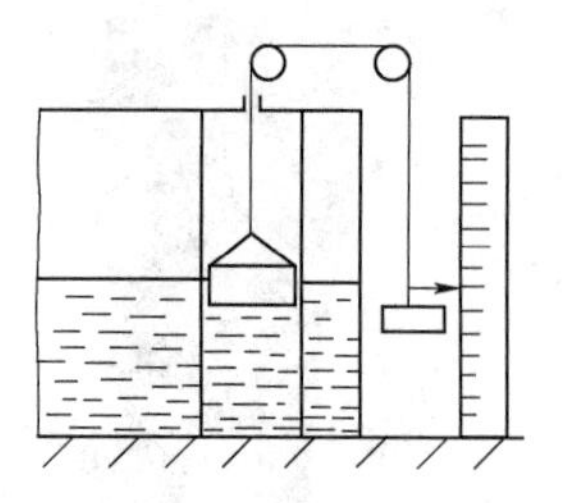

图 7－11　普通浮标式液位计

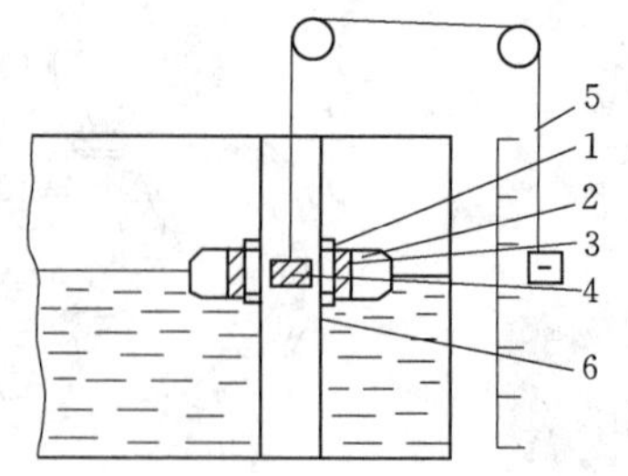

图 7－12　密封浮标式液位计

1—导轮；2—浮标；3—磁铁；4—铁心；5—导线；6—管子

（三）压力测量仪表

压力测量仪表主要应用在液体、气体等介质的检测和控制中，其感测元件有弹簧管、膜片、膜盒、波纹管等，压力测量仪表分为弹簧管式压力表、膜片式压力表、电接点压力表、电动压力变送器等不同种类，各种压力表适用于不同的介质和不同的使用要求。在小型中水系统中常用弹簧管式压力表和电接点压力表。

1. 弹簧管式压力表

弹簧管式压力表是工业领域应用最广泛的压力测量仪表，以单圈弹簧管式应用最多。单圈弹簧管是弯成圆弧形的管子，管子封闭端为自由端，即位移输出端；另一端为固定端，作为被测压力的输入端。由于自由端位移与被测压力之间具有比例关系而使压力测定得以实现。弹簧管式压力表结构如图 7－13 所示。

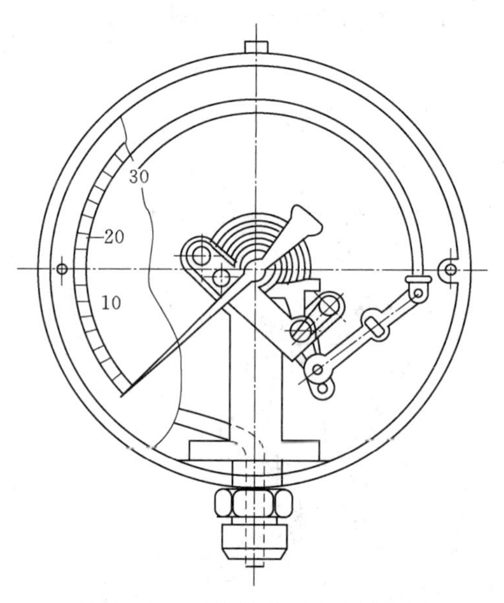

图 7－13　弹簧管式压力表结构图

2. 电接点压力表

电接点压力表的工作原理与弹簧管式压力表相同，只是多一套电接点装置，与相应的电气器件配套使用。当被测压力作用于弹簧管时，其末端产生相应的位移，经传动机构放大后，由指示装置在度盘上指示出来，在指针带动电接点装置的活动触点与设定指针上的触头（上限或下限）相接触的瞬时，使控制系统接通或断开电路，以达到自动控制和发信报警的目的。

3. 压力变送器

压力变送器是可以将压力信号远传的压力测量仪表。压力变送器的种类很多，包括弹簧管式压力变送器、波纹管式压力变送器、电容式压力变送器、电阻式压力变送器等。压力变送器结构各异，但工作原理都是将被测压力信号转换成位移信号，再由电子线路将与压力信号成正比的位移信号转换成电流信号远传。随着自动化程度的提高，压力变送器将更广泛地得到采用。

二、监控仪表运行管理

（1）仪表的调试必须由专业人员进行。

（2）现场仪表的检测点应按工艺要求布设，不得随意变动。

（3）各类检测仪表的一次传感器均应按要求清污除垢。

（4）操作人员应定时对显示记录仪表进行现场巡视和记录，发现异常情况应及时处理。

三、监控仪表安全操作

（1）操作人员应熟悉各种仪表的检测点和检测项目。

（2）检测仪表出现故障，不得随意拆卸变送器和转换器。

（3）检修现场的检测仪表，应采取防护措施。

（4）长期不用或因使用不当被水淹泡的各种仪表，启用前应进行干燥处理。

四、监控仪表维护

（1）各部件应完整、清洁、无锈蚀，表盘标尺刻度清晰，铭牌、标记、铅封完好；中央控制室应整洁；微机系统工作应正常；仪表应清洁，无积水。

（2）长期不用的传感器、变送器应妥善管理和保存。

（3）应定期检修仪表中各种元件、探头、转换器、计数器、传导电视和二次仪表。

（4）仪器仪表的维修工作应由专业技术人员负责。引进的精密仪器出现故障无把握排除的，不得自行拆卸。

（5）仪表经鉴定超过允许误差时应修理。现场鉴定发现问题后应换用合格仪表。

第五节 变配电设备

一、常用变配电设备

为了满足中水设备用电需求，通过变配电设备将中水系统与电网相连接。变配电设备包括变压器、配电柜等。

1. 变压器

变压器是变换电压的设备，可将输电线路上的高电压变换为污水处理系统电力设备所需要的低电压。变压器一般由器身、油箱、冷却装置、保护装置和出线装置组成。器身是变压器的主体，包括铁心、绕组、绝缘、引线及分接开关等重要部件。

2. 配电柜

配电柜在电力系统中也称低压配电柜，其主要功能是分配电能、保护用电设备、监视供电工况和记录负载用电量。低压配电柜由配电开关板、保护元件板、指示仪表以及柜体等组成。

在保护元件板上装有各种保护元件。为防止电流超过最大安全电流，每条线路都设有过流保护装置，常用的过流和短路保护装置是空气开关和熔断器。当电流超过空气开关设定的最大电流时，电路被断开，空气开关跳闸后查出问题通过简单的复位可继续使用；当电流超过熔断器承载的最大电流时，熔丝或熔片烧毁，电路被切断。螺旋式熔断器外形及结构如图 7-14 所示，无填料封闭管式熔断器外形及结构如图 7-15 所示。

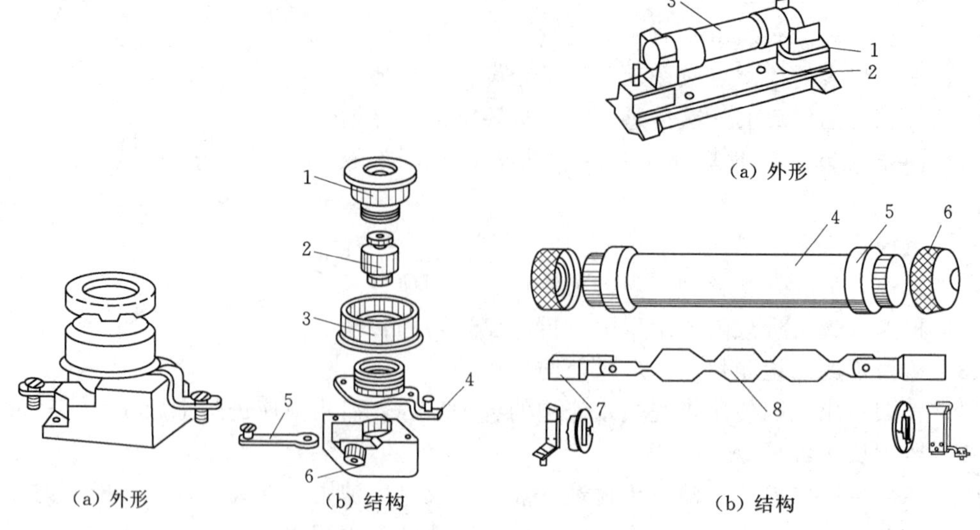

图 7-14　螺旋式熔断器

1—瓷帽；2—熔管；3—瓷套；4—上接线端；5—下接线端；6—底座

图 7-15　无填料封闭管式熔断器

1—夹座；2—底座；3—熔管；4—钢纸管；5—黄铜管；6—黄铜帽；7—触刀；8—熔体

二、变配电设备运行管理

(1) 变配电设备的调试应由专业人员进行。

(2) 变配电装置的工作电压、工作负荷和控制温度应在额定值的允许变化范围内运行。

(3) 操作人员应对变配电装置内的主要电气设备每班巡视检查两次，并做好运行记录。

(4) 变配电设备及其周围环境应保持整洁、卫生。

(5) 操作人员应按时记录电气设备的运行参数，并记录有关的命令指示。严禁漏记、编造和涂改。

三、变配电设备安全操作

(1) 变配电装置在运行中发生因气体继电器动作或跳闸、电容器或电力电缆断路跳闸时，在未查明原因前不得重新合闸运行。

(2) 隔离开关接触部分过热，应断开断路器，切断电源。不允许断电时，则应降低负荷并加强监视。

四、变配电设备维护

电气设备的绝缘电阻、各种接地装置的接地电阻，应按电业部门的有关规定，定期测定并应对安全用具、保护电器进行检查或做耐压实验。

参 考 文 献

[1] 谷峡．排水工程 [M]．2版．北京：中国建筑工业出版社，2001.

[2] 龙腾锐．排水工程 [M]．北京：中国建筑工业出版社，2011.

[3] 张宝军．水污染控制技术 [M]．北京：中国环境科学出版社，2007.

[4] 北京市节约用水管理中心．建筑中水设施运行与管理 [M]．北京：中国建筑工业出版社，2008.

[5] 蒋克彬．农村生活污水分散式处理技术及应用 [M]．北京：中国建筑工业出版社，2008.